新・数理/工学ライブラリ［理工基礎数学］＝4

ステップ&チェック
ベクトル解析

畑上　到　著

数理工学社

サイエンス社・数理工学社のホームページのご案内
https://www.saiensu.co.jp
ご意見・ご要望は　suuri@saiensu.co.jp　まで.

まえがき

本書は，理工系の学部学生向けのベクトル解析の入門的な教科書（自習書）である．ベクトルについては高校数学ですでに学習しており，内積や空間内の直線・平面の方程式も同時に学んでいる．また力学や電磁気学の分野ではベクトルを用いて説明することが必要不可欠であるので，基礎知識は十分に備わっているものと思われる．

ベクトル解析の主たる内容は，大学１年次で学んだ，主に２変数の多変数関数の微分積分を３変数以上の場合に拡張したものである．従って，内容そのものは初めて接するようなものではないので，偏微分や重積分をきちんと理解して計算できるようになっていれば比較的学習しやすい，と思われる．しかしながらベクトル解析の中に現れる概念や用語は数多くあり，またすぐには消化できないため，初学者はそれらを暗記することに力を使ってしまいがちになる．これらの概念が物理学等において理論を構成する上で非常に有用なものであるにもかかわらず，計算はできてもそれが何を意味しているのか理解できていなければ有力な解析手段とはならないであろう．つまり「概念が意味することがクリアとなる」ような直感的な理解が重要であり，それができていれば暗記に費やす労力は少なくてすむのである．

以上のようなことから，本書では種々の概念や項目に対してできる限り直感的に理解できるように工夫した．例えば極性ベクトルと軸性ベクトル（擬ベクトル）の差異，スカラー場の勾配，ラプラシアン，ベクトル場の発散，回転，各積分定理等の意味についての説明に多くの紙面を割いた．また説明の一部において離散的な考え方も用いたが，このようなアプローチは計算機による数値シミュレーション技法を学ぶ上での基礎であるので，応用面においても参考になるであろう．

それぞれの概念の物理的な理解を深める上では，具体例で納得することが有効であるが，そのために採用した例については初学者が共通に学んでいると思われる基本的な力学や静電気学等の内容を中心にした．それ以外の，例えば流れを例にする場合でも，流体力学を学んでいなくても理解できる程度の内容に限定している．従って物理，工学の各分野へのベクトル解析の応用については記載していない．読者諸君がそれぞれの専門分野でベクトル解析の概念がどのように利用されているかについて改めて考察してもらえれば幸いである．

本書では学習を効果的に進められるように，各単元の冒頭に学ぶ内容と注意点などをまとめた．説明は「ステップ」を明示して，各概念等の「公式」や「定理」および「物理的な意味」等へ到る流れを一目で認識できるようにした．その論理の展開を把握した後で，その流れを反芻するように「例題」と「チェック問題」を解けば，無理なく考察の流れが身につき，ベクトル解析の各概念をより深く理解できるようになると思う．さらに復習する際に，強調した項目の部分に沿って流れを追うことにより考え方を再確認できるので，それができれば別の問題に対してもスムーズに解答できる力がついていると期待できる．なお各章の章末に演習問題をつけてあるが，ここには例題の類題以外に，本文中の内容を発展させた内容について紹介した問題も含めた．その解答についてはできるだけ詳細に記述しているので是非取り組んでいただきたい．

本書は主に 2 年次以降の学生を対象に書かれており，大学初年度まででで共通して習得しているであろう偏微分，重積分等の微分積分の基礎知識をもとにしている．しかしながら多変数関数の微積分についての理解が不十分である場合には，必要に応じて微分積分学の教科書等で復習しながら読み進めていただきたい．

本書が読者にとって理解しやすい本であることを望んでいるが，そうでない場合には是非巻末の参考文献を参考に自分に合った参考書を選んでいただきたいと思う．なお，本書の内容に対して忌憚ないご意見，ご批判をよせていただければ幸いである．

本書の出版にあたって，数理工学社編集部の田島伸彦氏，鈴木綾子氏，西川遣治氏および仁平貴大氏には，筆者の遅筆のために大変なご迷惑をおかけしてしまった．ここに心よりお詫び申し上げ，皆様方の忍耐強い励ましに心より感謝申し上げる．

2022 年 9 月

畑上到

目　　次

第１章
ベクトルとその１次結合

本章では３次元空間内の大きさと向きをもつベクトルの性質について説明する．ベクトルは数学のみならず，力学や電磁気学等，物理学の分野でも重要な役割を担う概念であり，従ってベクトルのもつ性質を理解する上では具体的な物理量と結びつけて考察することが有効である．また３次元空間に直交座標系を導入してベクトルを成分で表すことは，解析的な取扱いとして，特に近年の電子計算機を用いて大規模計算を行う上で必要不可欠であるが，その計算方法の習得だけでなく，幾何的な意味を理解することも重要である．また成分を用いた数値的な表現を連立１次方程式の解空間や，行列式の性質等の線形代数学で学んだ概念と結びつけて考察すると，数学的な意味もわかりやすくなる．

[1 章の内容]

スカラーとベクトル

ベクトルの和とスカラー倍

１ 次 結 合

1.1 スカラーとベクトル
—ベクトルの意味と表現方法を習得する

スカラーとベクトル

本書では3次元空間における大きさと向きをもつ量であるベクトルを扱う．力や速度ベクトル等はその大きさや方向を直感的に理解しやすいが，力のモーメントや角速度のように回転に関係する量もベクトルで表現される．本節では3次元空間内でそれらを表現する上で点Oを原点とする右手系の直交座標系（O-xyz）を導入し，その場合の成分による表現方法を学ぶ.

力学で扱われる物体の質量，密度，速さ，圧力，各種エネルギー等，また電磁気学で扱われる電荷，電位等は，大きさのみをもった量であり，これらを一般に**スカラー**という[1)]．本書では，スカラー（実数）について，例えば質量は m のように太字体（ボールド体）でない通常の斜字体（イタリック体）で表すことにし，一般のスカラーを主に $a, b, \ldots$ 等で表す.

一方，力学で扱われる速度ベクトル，運動量，力，力のモーメント，角速度，渦度等，また電磁気学で扱われる電場，磁場等は，大きさと方向の両方をもった量であり，これらを一般に**ベクトル**という．本書では，ベクトルについて，例えば速度ベクトルは $\boldsymbol{v}$ のように太字体の斜字体で表すことにし，一般のベクトルを主に $\boldsymbol{A}, \boldsymbol{B}, \ldots$ 等で表す[2)]．ベクトルを幾何的に表現する上では，その方向を直感的に示す必要があるので図1.1に示すような**有向線分**で表すことにする．すなわち始点をA，終点をBとし，その大きさを長さで，向きをAからBへの矢印を付けた線分で表し，この場合のベクトルは $\overrightarrow{\mathrm{AB}}$ のようにかくことにする.

ベクトル $\boldsymbol{A}$ の大きさを $|\boldsymbol{A}|$ で表すが，この物理的な意味は，表す物理量の基

1) 物理学では，例えば質量ではキログラムのようなある基準となる量を単位として，大きさがその何倍であるかの数値で表すことになる.

2) このように，スカラーとベクトルの表記を区別することによって，演算や微分を伴う量を表現する上で間違いが少なくなる.

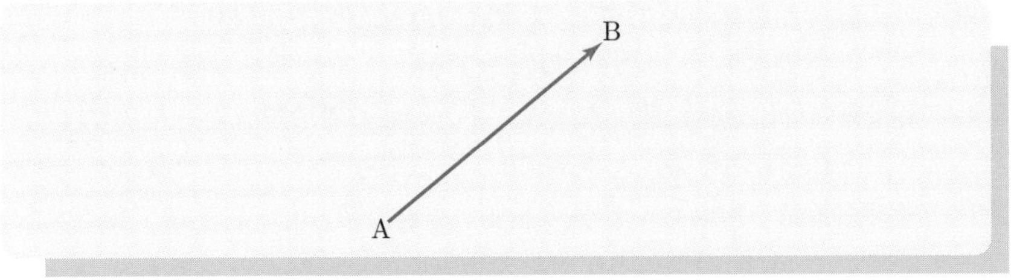

図 1.1　有向線分によるベクトルの表現

準となる量の何倍であるかの数値である．このようにして与えた基準となるベクトルの大きさを 1 とし，このような大きさが 1 のベクトルを**単位ベクトル**という．一方ベクトルの向きについては，その定まり方によって 2 種類に分類される．まず力や速度ベクトル等は，ベクトルの向きが力が作用する方向であったり，物体が瞬間的に移動する方向であることから直感的に理解できる．このような性質のベクトルを**極性ベクトル**という．それに対して，力のモーメントや角速度ベクトルは，それ自身が直感的に捉えられる向きをもっているものではない．従ってベクトルの向きは回転により定義される規則によって定められる．このような性質のベクトルを**軸性ベクトル**という[3]．始点と終点が同じ場合のベクトルは大きさが零であり，このベクトルを**零ベクトル**といい，$\mathbf{0}$ とかく．零ベクトルの向きは定義されない．

一方有向線分であるベクトルの始点の位置について，例えば物体に作用する力を考えると，その始点の位置は力が現実に作用している点であるので，ベクトルの始点を空間内のその点に固定して特定されることが必要となる．このように始点が固定されたベクトルを**束縛ベクトル**という．また 3 次元空間内において，ある 1 点 O を決め，点 O から任意の点 P への有向線分で表されるベクトルを点 O に対する点 P の**位置ベクトル**という．位置ベクトルは束縛ベクトルである．これに対して，始点の位置を固定しないベクトルを**自由ベクトル**という[4]．

以上のようにベクトルの位置や向きの意味はベクトルのもつ性質によって様々であり，それらを定義する上では 3 次元空間内に原点 O を定めた直交座

---

[3] 極性ベクトルと軸性ベクトルについては 2.4 節で改めて説明する．

[4] 始点の位置に特別な意味が生じない場合には自由ベクトルとして取り扱う．

標系を考えることが有効となる[5]．3 次元の直交座標系の取り方には図 1.2 に示すように 2 種類あり，いずれも親指を x 軸，人差し指を y 軸，中指を z 軸として各指が互いに直角に開いたときに正方向が右手の場合か，左手の場合かによって，それぞれ**右手系**，**左手系**とよぶ．これまで学んできた微分積分学や物理学では右手系を用いているが，本書でも座標系として右手系を採用する．図 1.2 に示すように右手系の各座標軸の正方向の単位ベクトルを $\boldsymbol{i}$, $\boldsymbol{j}$, $\boldsymbol{k}$ で表し[6]，これらを**基本ベクトル**という[7]．詳細はベクトルの外積（ベクトル積）のところで説明するが，軸性ベクトルの向きは右手系によってその向きが定義される．なお 2 次元の xy 平面については右手系において，z 軸の正方向から見たときの xy 平面を考えることにするが，これについてもこれまで微分積分学等で学んできたものと同じである．

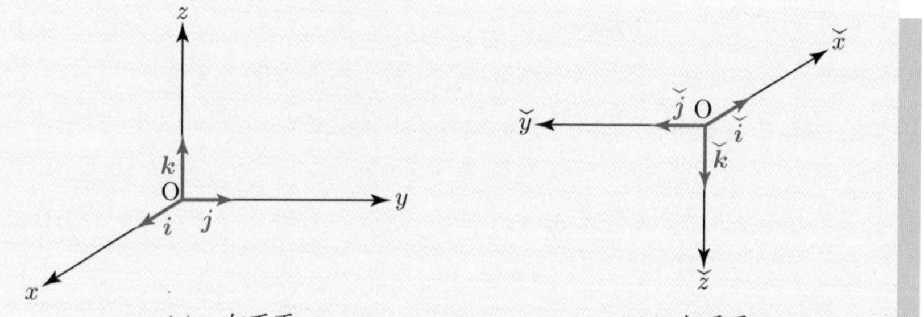

(a) 右手系　　(b) 左手系

図 1.2　右手系と左手系

直交座標系を導入することによって 3 次元空間内のベクトルを成分で表すことができる．図 1.3 に示すように空間内のベクトル（自由ベクトル）$\boldsymbol{A}$ の始点

---

[5] 各軸が直線である場合には直交曲線座標系と区別して直交直線座標系とよばれることがあるが，本書では簡単のため直交直線座標系を直交座標系と表記する．

[6] 本書では左手系の座標と基本ベクトルを右手系のそれらと区別してそれぞれ $\breve{x}$, $\breve{y}$, $\breve{z}$ および $\breve{\boldsymbol{i}}$, $\breve{\boldsymbol{j}}$, $\breve{\boldsymbol{k}}$ で表す．

[7] 右手系では，$\boldsymbol{i}$ を $\boldsymbol{j}$ に $\frac{\pi}{2}$ だけ回転させて重ねるときに右ネジが進む方向が $\boldsymbol{k}$ の正方向となる．また本書では原点 O に対する位置ベクトル $\overrightarrow{\mathrm{OP}}$ をしばしば $\boldsymbol{r}$ で表す．

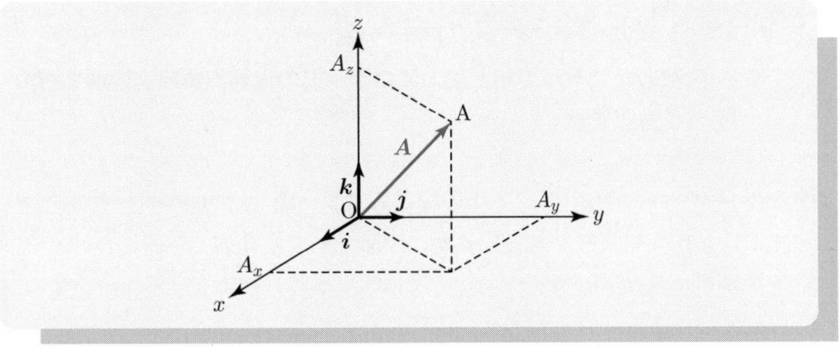

図 1.3　ベクトルの成分表示

を原点 O に平行移動させたときの終点 A の座標を $(A_x,\ A_y,\ A_z)$ とする．このとき

$$\boldsymbol{A} = \overrightarrow{\mathrm{OA}} = (A_x,\ A_y,\ A_z)$$

と表し，これをベクトル $\boldsymbol{A}$ の**成分表示**という．またこのときの A_x を $\boldsymbol{A}$ の x 成分，A_y を y 成分，A_z を z 成分という[8]．$\boldsymbol{A}$ の大きさは線分 OA の長さで与えられ，

$$|\boldsymbol{A}| = \sqrt{A_x^2 + A_y^2 + A_z^2} \tag{1.1}$$

である．

空間内の 2 つのベクトル $\boldsymbol{A} = (A_x,\ A_y,\ A_z)$ と $\boldsymbol{B} = (B_x,\ B_y,\ B_z)$ について，向きが同じで大きさも等しいとき，$\boldsymbol{A}$ と $\boldsymbol{B}$ は**等しい**といい，

$$\boldsymbol{A} = \boldsymbol{B}$$

とかく．このとき

$$A_x = B_x, \quad A_y = B_y, \quad A_z = B_z$$

であり，一方の始点にもう一方の始点を平行移動すると 2 つのベクトルは完全に重なる．

---

[8] 零ベクトル $\mathbf{0}$ の成分は，(0, 0, 0) である．また 3 つの基本ベクトルの成分表示は，$\boldsymbol{i} = (1,\ 0,\ 0)$, $\boldsymbol{j} = (0,\ 1,\ 0)$, $\boldsymbol{k} = (0,\ 0,\ 1)$ である．

1.2 ベクトルの和とスカラー倍

—複数のベクトルの和と差，スカラー倍の幾何的意味を理解し解析手法を習得する

ベクトルの和とスカラー倍

すでに高校の数学で学んでいるが，本節ではまず3次元空間におけるベクトルの和やスカラー倍についての幾何的な意味，法則を理解する．またその成分による表し方を習得し，確実に計算できるようにする．

(I)　ベクトルの和と差

2つのベクトル $\boldsymbol{A}$ と $\boldsymbol{B}$ について，図1.4(a)に示すように $\boldsymbol{A}=\overrightarrow{\mathrm{PQ}}$ の終点Qが $\boldsymbol{B}$ の始点となるように平行移動したとき，$\boldsymbol{A}$ の始点Pから $\boldsymbol{B}$ の終点Rへのベクトル $\overrightarrow{\mathrm{PR}}$ を

$$\boldsymbol{A}+\boldsymbol{B}$$

で表し，$\boldsymbol{A}$ と $\boldsymbol{B}$ の和という．また $\boldsymbol{B}$ の始点をPとしたときの終点Sが $\boldsymbol{A}$ の始点となるように平行移動したとき，$\boldsymbol{A}$ の終点は**平行四辺形の法則**からRとなる．このときのベクトル $\overrightarrow{\mathrm{PR}}$ を $\boldsymbol{B}+\boldsymbol{A}$ で表す．従って，ベクトルの和については**交換法則**

$$\boldsymbol{A}+\boldsymbol{B}=\boldsymbol{B}+\boldsymbol{A} \tag{1.2}$$

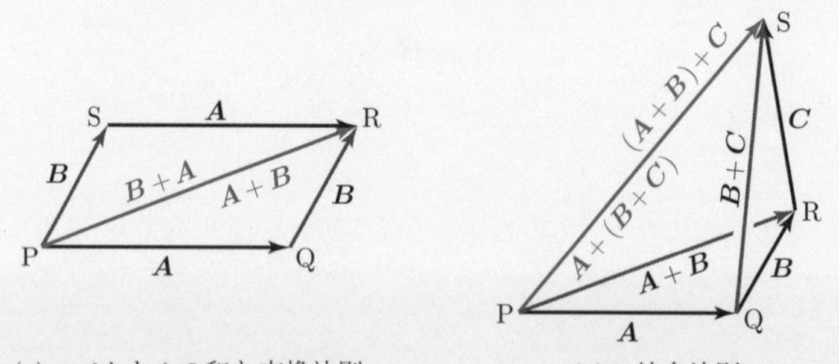

(a)　ベクトルの和と交換法則　　(b)　結合法則

図 1.4　ベクトルの和

が成立する．また図 1.4 (b) に示すように，次の**結合法則**が成り立つ．

$$(\boldsymbol{A}+\boldsymbol{B})+\boldsymbol{C}=\boldsymbol{A}+(\boldsymbol{B}+\boldsymbol{C}). \tag{1.3}$$

$\boldsymbol{B}$ と大きさが等しく，反対の向きをもつベクトルを $-\boldsymbol{B}$ で表す[9]．このとき，$\boldsymbol{A}$ と $-\boldsymbol{B}$ の和を

$$\boldsymbol{A}+(-\boldsymbol{B})=\boldsymbol{A}-\boldsymbol{B}$$

とかき，$\boldsymbol{A}$ から $\boldsymbol{B}$ を引いた差という．図 1.5 に示すように $\boldsymbol{A}$ と $\boldsymbol{B}$ の始点を P としたとき，(1.2) 式，(1.3) 式より

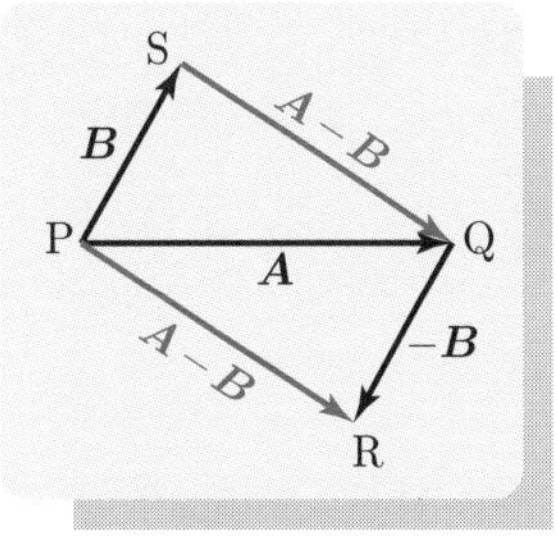

図 1.5　ベクトルの差

$$\begin{aligned}\boldsymbol{B}+(\boldsymbol{A}-\boldsymbol{B})&=(\boldsymbol{A}-\boldsymbol{B})+\boldsymbol{B}\\&=\boldsymbol{A}+(-\boldsymbol{B}+\boldsymbol{B})=\boldsymbol{A}\end{aligned}$$

であるので，$\boldsymbol{A}-\boldsymbol{B}$ は $\boldsymbol{B}$ の終点 S から $\boldsymbol{A}$ の終点 Q へのベクトル $\overrightarrow{\mathrm{SQ}}$ である．

(II)　ベクトルのスカラー倍

ベクトル $\boldsymbol{A}$ とスカラー（実数）λ に対して，$\boldsymbol{A}$ の λ 倍を

$$\lambda\boldsymbol{A}$$

とかく．図 1.6 (a) に示すように $\lambda\boldsymbol{A}$ の大きさは $|\boldsymbol{A}|$ の $|\lambda|$ 倍であり，向きについては $\lambda>0$ のときは $\boldsymbol{A}$ と同じ向きのベクトル $\overrightarrow{\mathrm{PQ'}}$，$\lambda<0$ のとき $\boldsymbol{A}$ と反対の向きであるベクトル $\overrightarrow{\mathrm{PQ''}}$ である[10]．また図 1.6 (b) に示すように[11]

$$\lambda\boldsymbol{A}+\lambda\boldsymbol{B}=\overrightarrow{\mathrm{PQ'}}+\overrightarrow{\mathrm{Q'R'}}=\overrightarrow{\mathrm{PR'}}$$

である．$\triangle\mathrm{PQR}$ と $\triangle\mathrm{PQ'R'}$ は相似な三角形であるから，$\overrightarrow{\mathrm{PR'}}=\lambda\overrightarrow{\mathrm{PR}}$ より分配法則

$$\lambda(\boldsymbol{A}+\boldsymbol{B})=\lambda\boldsymbol{A}+\lambda\boldsymbol{B}$$

が成立する[12]．

---

[9] これを**逆ベクトル**といい，$\boldsymbol{B}+(-\boldsymbol{B})=\boldsymbol{0}$ である．

[10] $\lambda=0$ の場合はスカラー倍は零ベクトル $\boldsymbol{0}$ である．

[11] 図では $\lambda>0$ の場合を示しているが，$\lambda<0$ の場合も同様である．

[12] 2 つのスカラーと 1 つのベクトルについても，結合法則 $(\lambda\mu)\,\boldsymbol{A}=\lambda\,(\mu\boldsymbol{A})$ および分配法則 $(\lambda+\mu)\,\boldsymbol{A}=\lambda\boldsymbol{A}+\mu\boldsymbol{A}$ が成立する．各自図を描いて確認せよ．

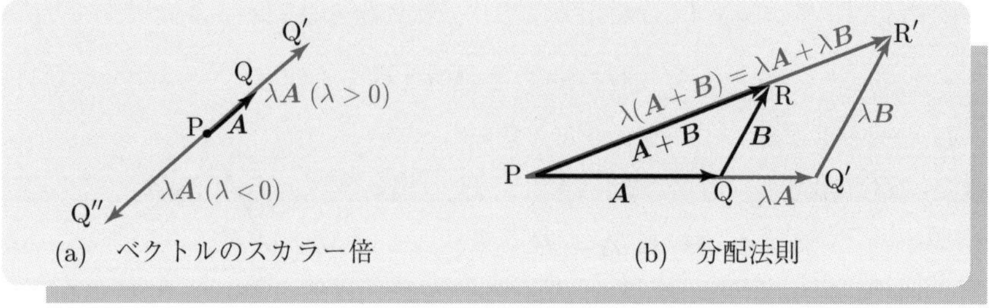

(a)　ベクトルのスカラー倍　　(b)　分配法則

図 1.6　ベクトルのスカラー倍

以上のベクトルの和とスカラー倍に関する性質をまとめておく．

ステップ 1：法則　ベクトルの和とスカラー倍の性質

ベクトル $\boldsymbol{A}$, $\boldsymbol{B}$, $\boldsymbol{C}$ およびスカラー λ, μ について，次が成立する．

交換法則：　$\boldsymbol{A}+\boldsymbol{B}=\boldsymbol{B}+\boldsymbol{A}$

結合法則：　$\begin{cases}(\boldsymbol{A}+\boldsymbol{B})+\boldsymbol{C}=\boldsymbol{A}+(\boldsymbol{B}+\boldsymbol{C}) \\ (\lambda\mu)\,\boldsymbol{A}=\lambda\,(\mu\boldsymbol{A})\end{cases}$

分配法則：　$\begin{cases}\lambda\,(\boldsymbol{A}+\boldsymbol{B})=\lambda\boldsymbol{A}+\lambda\boldsymbol{B} \\ (\lambda+\mu)\,\boldsymbol{A}=\lambda\boldsymbol{A}+\mu\boldsymbol{A}\end{cases}$

0 倍：　$0\boldsymbol{A}=\boldsymbol{0}$

(III)　ベクトルの和とスカラー倍の成分表示

ベクトルの和とスカラー倍によって，図 1.3 に示された 3 次元直交座標系のベクトル $\boldsymbol{A}$ の成分表示は基本ベクトルを用いて次で表される．

$$\boldsymbol{A}=(A_x,\ A_y,\ A_z)=A_x\boldsymbol{i}+A_y\boldsymbol{j}+A_z\boldsymbol{k}. \tag{1.4}$$

また 2 つのベクトル $\boldsymbol{A}=(A_x,\ A_y,\ A_z)$ と $\boldsymbol{B}=(B_x,\ B_y,\ B_z)$ の和と $\boldsymbol{A}$ の λ 倍の成分表示はベクトルの和とスカラー倍の性質（(1.2), (1.4) 式）により

$$\begin{aligned}\boldsymbol{A}+\boldsymbol{B}&=(A_x\boldsymbol{i}+A_y\boldsymbol{j}+A_z\boldsymbol{k})+(B_x\boldsymbol{i}+B_y\boldsymbol{j}+B_z\boldsymbol{k})\\&=(A_x+B_x)\,\boldsymbol{i}+(A_y+B_y)\,\boldsymbol{j}+(A_z+B_z)\,\boldsymbol{k}\\&=(A_x+B_x,\ A_y+B_y,\ A_z+B_z)\,,\\\lambda\boldsymbol{A}&=\lambda\,(A_x\boldsymbol{i}+A_y\boldsymbol{j}+A_z\boldsymbol{k})=\lambda A_x\boldsymbol{i}+\lambda A_y\boldsymbol{j}+\lambda A_z\boldsymbol{k}\\&=(\lambda A_x,\ \lambda A_y,\ \lambda A_z)\,.\end{aligned}$$

例 1.1　$\mathbf{0}$ でないベクトル $\boldsymbol{A} = (A_x,\ A_y,\ A_z)$ と同じ向きをもつ単位ベクトルを $\boldsymbol{e}$ とすると，

$$\boldsymbol{e} = \frac{\boldsymbol{A}}{|\boldsymbol{A}|} = \frac{A_x}{|\boldsymbol{A}|}\boldsymbol{i} + \frac{A_y}{|\boldsymbol{A}|}\boldsymbol{j} + \frac{A_z}{|\boldsymbol{A}|}\boldsymbol{k} = \left(\frac{A_x}{|\boldsymbol{A}|},\ \frac{A_y}{|\boldsymbol{A}|},\ \frac{A_z}{|\boldsymbol{A}|}\right)$$

である．このとき，ベクトル $\boldsymbol{A}$ と基本ベクトル $\boldsymbol{i},\ \boldsymbol{j},\ \boldsymbol{k}$ がなす角をそれぞれ $\alpha,\ \beta,\ \gamma$ とすると，

$$\boldsymbol{e} = (\cos\alpha,\ \cos\beta,\ \cos\gamma) = \cos\alpha\boldsymbol{i} + \cos\beta\boldsymbol{j} + \cos\gamma\boldsymbol{k}$$

である．この $\cos\alpha,\ \cos\beta,\ \cos\gamma$ を $\boldsymbol{A}$ の**方向余弦**といい，次が成立する．

$$\cos^2\alpha + \cos^2\beta + \cos^2\gamma = \frac{A_x^2 + A_y^2 + A_z^2}{|\boldsymbol{A}|^2} = 1.$$ □

例題 1.1

2 つのベクトル $\boldsymbol{A} = (A_x,\ A_y,\ A_z) = \overrightarrow{\mathrm{OP}},\ \boldsymbol{B} = (B_x,\ B_y,\ B_z) = \overrightarrow{\mathrm{OQ}}$ について，線分 PQ を $m : n$ に内分する点を R，外分する点を S とするとき，$\overrightarrow{\mathrm{OR}}$ と $\overrightarrow{\mathrm{OS}}$ を $\boldsymbol{A}$ と $\boldsymbol{B}$ を用いて表せ．またそれらを成分で表せ．

解答　内分点については，

$$\begin{aligned}\overrightarrow{\mathrm{OR}} &= \overrightarrow{\mathrm{OP}} + \frac{m}{m+n}\overrightarrow{\mathrm{PQ}} = \overrightarrow{\mathrm{OP}} + \frac{m}{m+n}\left(\overrightarrow{\mathrm{OQ}} - \overrightarrow{\mathrm{OP}}\right)\\ &= \boldsymbol{A} + \frac{m}{m+n}(\boldsymbol{B} - \boldsymbol{A}) = \frac{n}{m+n}\boldsymbol{A} + \frac{m}{m+n}\boldsymbol{B}\\ &= \left(\frac{nA_x}{m+n} + \frac{mB_x}{m+n},\ \frac{nA_y}{m+n} + \frac{mB_y}{m+n},\ \frac{nA_z}{m+n} + \frac{mB_z}{m+n}\right).\end{aligned}$$

外分点については，$m \neq n$ であり，

$$\begin{aligned}\overrightarrow{\mathrm{OS}} &= \overrightarrow{\mathrm{OP}} + \frac{m}{m-n}\overrightarrow{\mathrm{PQ}} = \overrightarrow{\mathrm{OP}} + \frac{m}{m-n}\left(\overrightarrow{\mathrm{OQ}} - \overrightarrow{\mathrm{OP}}\right)\\ &= \boldsymbol{A} + \frac{m}{m-n}(\boldsymbol{B} - \boldsymbol{A}) = -\frac{n}{m-n}\boldsymbol{A} + \frac{m}{m-n}\boldsymbol{B}\\ &= \left(-\frac{nA_x}{m-n} + \frac{mB_x}{m-n},\ -\frac{nA_y}{m-n} + \frac{mB_y}{m-n},\ -\frac{nA_z}{m-n} + \frac{mB_z}{m-n}\right).\end{aligned}$$ □

✔ **チェック問題 1.1**　$\boldsymbol{A} = (1,\ 0,\ -1) = \overrightarrow{\mathrm{OP}},\ \ \boldsymbol{B} = (-2,\ 1,\ 3) = \overrightarrow{\mathrm{OQ}}$ とする．$3\boldsymbol{A} + \boldsymbol{B} = \overrightarrow{\mathrm{OR}}$ を成分で表せ．また線分 PQ を $1 : 2$ に外分する点を S とするとき，$\overrightarrow{\mathrm{OS}}$ を成分で表し，大きさ $\left|\overrightarrow{\mathrm{OS}}\right|$ を求めよ．

1.3 1次結合
—ベクトルの1次独立，1次従属の幾何的な意味を理解する

1次結合

前節で学んだベクトルの和とスカラー倍から1次結合を導入する．線形代数学でも学んだように，1次関係式から，1次独立の場合と1次従属の場合について3次元空間におけるベクトル間の関係の幾何的な意味を理解することができる．それにより3次元空間における直線や平面についてパラメータ（媒介変数）を用いてベクトルで表現することを習得する．さらにそれらを成分で表現したものが高校の数学で学んだ表現と同じになることを確認しながら，それらのもつ数学的意味について線形代数学の知識を基礎に復習する．

$\mathbf{0}$ でない n 個のベクトル $\boldsymbol{A}_1, \boldsymbol{A}_2, \ldots, \boldsymbol{A}_n$ および実数 $\lambda_1, \lambda_2, \ldots, \lambda_n$ に対して，スカラー倍と和で得られるベクトル $\lambda_1\boldsymbol{A}_1 + \lambda_2\boldsymbol{A}_2 + \cdots + \lambda_n\boldsymbol{A}_n$ を $\boldsymbol{A}_1, \boldsymbol{A}_2, \ldots, \boldsymbol{A}_n$ の**1次結合**（**線形結合**）という．この1次結合のベクトルが $\mathbf{0}$ となるときの関係式

$$\lambda_1\boldsymbol{A}_1 + \lambda_2\boldsymbol{A}_2 + \cdots + \lambda_n\boldsymbol{A}_n = \mathbf{0}$$

をベクトル $\boldsymbol{A}_1, \boldsymbol{A}_2, \ldots, \boldsymbol{A}_n$ の**1次関係式**という．$\boldsymbol{A}_1, \boldsymbol{A}_2, \ldots, \boldsymbol{A}_n$ が与えられたとき，この1次関係式は成分表示すると，3個の式で与えられる n 元同次連立1次方程式である．この式を満足する実数（未知変数）$\lambda_1, \lambda_2, \ldots, \lambda_n$ を求め，その場合の幾何的な意味を考える．

まず $\lambda_1 = \lambda_2 = \cdots = \lambda_n = 0$ は $\boldsymbol{A}_1, \boldsymbol{A}_2, \ldots, \boldsymbol{A}_n$ がどんなベクトルであっても1次関係式を満足することは明らかである．これを**自明な1次関係**という．これに対して，自明でない1次関係，すなわち $\lambda_1 = \lambda_2 = \cdots = \lambda_n = 0$ 以外の $\lambda_1, \lambda_2, \ldots, \lambda_n$ の解はいつでも存在するとは限らない．$\boldsymbol{A}_1, \boldsymbol{A}_2, \ldots, \boldsymbol{A}_n$ の間に自明でない1次関係が存在するとき，$\boldsymbol{A}_1, \boldsymbol{A}_2, \ldots, \boldsymbol{A}_n$ は**1次従属**であるといい，自明でない1次関係が存在しないとき**1次独立**であるという．線形代数学で学んだように，同次連立1次方程式の式の個数と未知変数の個数の関係から，3次元空間のベクトルにおいて $n \geq 4$ の場合には，n 個のベ

クトルは必ず 1 次従属である．従って，$n = 2$ および $n = 3$ の場合についてベクトルの幾何的な関係について説明する．

(i)　$n = 2$ の場合

2 つのベクトル $\boldsymbol{A}_1$, $\boldsymbol{A}_2$ の 1 次関係式

$$\lambda_1 \boldsymbol{A}_1 + \lambda_2 \boldsymbol{A}_2 = \boldsymbol{0} \tag{1.5}$$

について考える．

1 次従属の場合，$\lambda_1 = \lambda_2 = 0$ 以外の解が存在するので，$\lambda_1 \neq 0$ とすると，(1.5) 式は

$$\boldsymbol{A}_1 = -\frac{\lambda_2}{\lambda_1}\boldsymbol{A}_2 = t\boldsymbol{A}_2$$

となり，$\boldsymbol{A}_1$ が $\boldsymbol{A}_2$ のスカラー倍となる．これは 2 つのベクトルの始点を同じ点にとったとき 2 つのベクトルが同一直線上に乗ることを表している．このように

ステップ 2：キーポイント　**平行なベクトルと共線ベクトル**

2 つのベクトルが 1 次従属であるとき，これらは平行であり，**共線ベクトル**という．

例 1.2　$\boldsymbol{0}$ でない 2 つのベクトル $\boldsymbol{A} = (A_x,\, A_y,\, A_z)$ と $\boldsymbol{B} = (B_x,\, B_y,\, B_z)$ が平行であるとき，

$$(A_x,\, A_y,\, A_z) = t\,(B_x,\, B_y,\, B_z)$$

であるので，成分同士を比較して t を消去すれば

$$\frac{A_x}{B_x} = \frac{A_y}{B_y} = \frac{A_z}{B_z} \tag{1.6}$$

が得られる．ただし，零である成分があるときには（例えば $A_x = B_x = 0$），その成分を除いて，零でない成分について (1.6) 式の関係が得られる．　□

点 $\mathrm{A}(x_0,\, y_0,\, z_0)$ を通り，$\boldsymbol{d} = (a,\, b,\, c)$（$a, b, c$ はすべて零ではないとする）に平行な直線上の点を $\mathrm{P}(x,\, y,\, z)$ とすると，$\overrightarrow{\mathrm{AP}} \mathbin{/\!/} \boldsymbol{d}$ であるので，

$$(x - x_0,\, y - y_0,\, z - z_0) = t\,(a,\, b,\, c)$$

となり，(1.6) 式から直線の方程式

$$\frac{x-x_0}{a}=\frac{y-y_0}{b}=\frac{z-z_0}{c}$$

が得られる．ただし，$\boldsymbol{d}$ に零である成分があるときには（例えば $a=0$，すなわち $x=x_0$），その成分を除いた零でない成分について (1.6) 式の関係が得られ，零の成分（$x=x_0$ 等）の式が加わる．

また，

ステップ3：キーポイント　直線のベクトル方程式

点 A を通りベクトル $\boldsymbol{d}$ に平行な直線上の点 P について，$\overrightarrow{\mathrm{OA}}=\boldsymbol{A}$，$\overrightarrow{\mathrm{OP}}=\boldsymbol{r}$ とおいた

$$\boldsymbol{r}=\boldsymbol{A}+t\boldsymbol{d} \tag{1.7}$$

をパラメータもしくは媒介変数[13] t を用いた**直線のベクトル方程式**という．

2点 A, B を通る直線では，$\boldsymbol{A}=\overrightarrow{\mathrm{OA}}$, $\boldsymbol{B}=\overrightarrow{\mathrm{OB}}$ とするとき，(1.7) 式より

$$\overrightarrow{\mathrm{OP}}=\overrightarrow{\mathrm{OA}}+t\overrightarrow{\mathrm{AB}}=\boldsymbol{A}+t\,(\boldsymbol{B}-\boldsymbol{A})=(1-t)\,\boldsymbol{A}+t\boldsymbol{B}$$

であるので，ベクトル方程式は

$$\boldsymbol{r}=\lambda\boldsymbol{A}+\mu\boldsymbol{B}\quad \text{ただし，}\lambda+\mu=1$$

とかける．

例題 1.2

2点 A(1, −1, 3), B(0, 2, 3) を通る直線の方程式を求めよ．

解答　$\overrightarrow{\mathrm{OA}}=(1,\,-1,\,3)$, $\overrightarrow{\mathrm{AB}}=\boldsymbol{d}=(0-1,\,2-(-1),\,3-3)=(-1,\,3,\,0)$ より，

$$-(x-1)=\frac{y+1}{3},\quad z=3$$

である．　□

[13] 本書ではパラメータに統一する．

✔ **チェック問題 1.2**　2 つのベクトル

$$\boldsymbol{A} = (a-1,\ 3b+1,\ 4)\,,\quad \boldsymbol{B} = (2,\ -2b-4,\ a+1)$$

が平行であるとき a, b の値を求めよ.

一方 2 つのベクトルが 1 次独立の場合には，始点を同じ点 P にとったとき（共線ベクトルではないので，）2 つのベクトルの乗る点 P を通る直線（l_1, l_2 とする）は一致しない．従って，始点を P とする 2 つのベクトルの 1 次結合で表されるベクトルの終点は，交点 P を通る 2 つの直線 l_1, l_2 で決まる平面上の点である[14)]．

(ii)　$n=3$ の場合

3 つのベクトル $\boldsymbol{A}_1$, $\boldsymbol{A}_2$, $\boldsymbol{A}_3$ の 1 次関係式

$$\lambda_1\boldsymbol{A}_1 + \lambda_2\boldsymbol{A}_2 + \lambda_3\boldsymbol{A}_3 = \boldsymbol{0} \tag{1.8}$$

について考える．$\boldsymbol{A}_1$, $\boldsymbol{A}_2$, $\boldsymbol{A}_3$ が 1 次従属であるとき，$n=2$ の場合と同様に，$\lambda_1 \neq 0$ とすると，(1.8) 式は

$$\boldsymbol{A}_1 = -\frac{\lambda_2}{\lambda_1}\boldsymbol{A}_2 - \frac{\lambda_3}{\lambda_1}\boldsymbol{A}_3 = s\boldsymbol{A}_2 + t\boldsymbol{A}_3$$

となるので，ベクトル $\boldsymbol{A}_1$ は $\boldsymbol{A}_2$ と $\boldsymbol{A}_3$ の 1 次結合で表される．従って，3 つのベクトルの始点を同じ点 P とすると，$\boldsymbol{A}_1$ は $\boldsymbol{A}_2$ と $\boldsymbol{A}_3$ が張る平面上にあるベクトルである．なお 3 つのベクトルのうちのいずれか 2 つのベクトルが共線ベクトルであれば，$n=2$ の場合に帰着し同一平面上にある[15)]．まとめると，

ステップ 4：キーポイント　**共面ベクトル**

3 つのベクトルが 1 次従属であるとき，これらの始点を同じ点とするとき同一平面上にあり，これを**共面ベクトル**であるという．

1 点 $\mathrm{A}(x_0,\ y_0,\ z_0)$ を通り，点 A を始点とする 2 つの 1 次独立なベクトル $\boldsymbol{u}$, $\boldsymbol{v}$ が張る平面上の点を $\mathrm{P}(x,\ y,\ z)$ とすると，3 つのベクトル $\overrightarrow{\mathrm{AP}}$, $\boldsymbol{u}$, $\boldsymbol{v}$ は共面ベクトルであるから

---

14) この平面をベクトル $\boldsymbol{A}_1$ と $\boldsymbol{A}_2$ が張る平面という．

15) 3 つのベクトルが共線ベクトルである場合も存在する．

$$\overrightarrow{\mathrm{AP}} = s\boldsymbol{u} + t\boldsymbol{v}$$

である．

ステップ 5：キーポイント　平面のベクトル方程式

点 A を通りベクトル $\boldsymbol{u}$ と $\boldsymbol{v}$ が張る平面上の点 P について，$\overrightarrow{\mathrm{OA}} = \boldsymbol{A}$, $\overrightarrow{\mathrm{OP}} = \boldsymbol{r}$ とおいた

$$\boldsymbol{r} = \boldsymbol{A} + s\boldsymbol{u} + t\boldsymbol{v} \tag{1.9}$$

をパラメータ s, t を用いた**平面のベクトル方程式**という．

例 1.3　同一直線上にない 3 点 $\mathrm{A}(x_1, y_1, z_1)$, $\mathrm{B}(x_2, y_2, z_2)$, $\mathrm{C}(x_3, y_3, z_3)$ を通る平面上の点を $\mathrm{P}(x, y, z)$ とすると，3 つのベクトル $\overrightarrow{\mathrm{AP}}$, $\overrightarrow{\mathrm{AB}}$, $\overrightarrow{\mathrm{AC}}$ は共面ベクトルであるから 1 次従属である．従って，この 3 つのベクトルの 1 次関係式（同次連立 1 次方程式）の係数行列の行列式が零になる．

$$\overrightarrow{\mathrm{AP}} = \overrightarrow{\mathrm{OP}} - \overrightarrow{\mathrm{OA}} = (x - x_1,\ y - y_1,\ z - z_1)$$

等から

$$\begin{vmatrix} x - x_1 & x_2 - x_1 & x_3 - x_1 \\ y - y_1 & y_2 - y_1 & y_3 - y_1 \\ z - z_1 & z_2 - z_1 & z_3 - z_1 \end{vmatrix} = 0 \tag{1.10}$$

となるので，これが 3 点を通る平面の方程式である．

また，$\boldsymbol{A} = \overrightarrow{\mathrm{OA}}$, $\boldsymbol{B} = \overrightarrow{\mathrm{OB}}$, $\boldsymbol{C} = \overrightarrow{\mathrm{OC}}$ とするとき，(1.9) 式より

$$\begin{aligned} \overrightarrow{\mathrm{OP}} &= \overrightarrow{\mathrm{OA}} + s\overrightarrow{\mathrm{AB}} + t\overrightarrow{\mathrm{AC}} \\ &= \boldsymbol{A} + s\,(\boldsymbol{B} - \boldsymbol{A}) + t\,(\boldsymbol{C} - \boldsymbol{A}) \\ &= (1 - s - t)\,\boldsymbol{A} + s\boldsymbol{B} + t\boldsymbol{C} \end{aligned}$$

であるので，ベクトル方程式は

$$\boldsymbol{r} = \lambda\boldsymbol{A} + \mu\boldsymbol{B} + \nu\boldsymbol{C} \quad \text{ただし，} \lambda + \mu + \nu = 1$$

とかける．□

例題 1.3

3 点 A(1, 1, −1), B(−1, 0, −1), C(2, −1, −3) を通る平面の方程式を求めよ．

解答　(1.10) 式より

$$\begin{aligned}\begin{vmatrix} x-1 & -1-1 & 2-1 \\ y-1 & 0-1 & -1-1 \\ z+1 & -1+1 & -3+1 \end{vmatrix} &= \begin{vmatrix} x-1 & -2 & 1 \\ y-1 & -1 & -2 \\ z+1 & 0 & -2 \end{vmatrix} \\ &= \{2\,(x-1)+4\,(z+1)\} - \{4\,(y-1)-(z+1)\} \\ &= 0.\end{aligned}$$

従って，

$$2x - 4y + 5z + 7 = 0$$

である．□

チェック問題 1.3　次の 3 つのベクトルが共面ベクトルであるかどうか調べよ．

(1)　$\boldsymbol{A} = (2, 1, 1)$, $\boldsymbol{B} = (4, 0, -2)$, $\boldsymbol{C} = (6, 3, 0)$

(2)　$\boldsymbol{A} = (5, 6, -1)$, $\boldsymbol{B} = (5, 2, 3)$, $\boldsymbol{C} = (9, 4, 5)$

一方 3 つのベクトルが 1 次独立の場合には，始点を同じ点 P にとったとき共面ベクトルではない．従って，始点を P とする 3 つのベクトルの 1 次結合で表されるベクトルの終点は，3 次元空間の任意の点を表すことになる[16)]．

---

16) 前述のように，**0** でない任意の 4 つのベクトルは 1 次従属であるので，そのうちの 1 つのベクトルは他の 3 つのベクトルの 1 次結合で表されることに注意しよう．

1章の演習問題

□**1**

$$\overrightarrow{\mathrm{OA}} = (2+a,\ 1-a,\ -3+3a),$$
$$\overrightarrow{\mathrm{OB}} = (-1-b,\ 2b,\ -1+2b),$$
$$\overrightarrow{\mathrm{OC}} = (2c,\ -2-2c,\ -c)$$

とする．次の問に答えよ．

(1)　$\overrightarrow{\mathrm{OA}} + 2\overrightarrow{\mathrm{AB}} + 3\overrightarrow{\mathrm{BC}} = 4\overrightarrow{\mathrm{OC}}$ であるとき，a, b, c の値を求めよ．

(2)　(1) のとき，$\overrightarrow{\mathrm{OA}}$, $\overrightarrow{\mathrm{OB}}$ および $\overrightarrow{\mathrm{OC}}$ の方向余弦をそれぞれ求めよ．

□**2**　AB // CD（AB > CD）である台形ABCDについて，辺ADと辺BCを延長した直線の交点をOとする．$\boldsymbol{A} = \overrightarrow{\mathrm{OA}}$, $\boldsymbol{B} = \overrightarrow{\mathrm{OB}}$ および $\mathrm{OA} : \mathrm{OD} = 1 : \lambda$ とするとき，次の問に答えよ．

(1)　ACとBDの交点をPとするとき，$\overrightarrow{\mathrm{OP}}$ を $\boldsymbol{A}$, $\boldsymbol{B}$ および λ を用いて表せ．また，辺AB，辺CDの中点をそれぞれQ, Rとするとき，Q, RはOPを通る直線上にあることを示せ．

(2)　点Pが△OABの重心であるとき λ の値を求めよ．

□**3**　次の問に答えよ．

(1)　点A$(-1, 5, 1)$ を通り，$\boldsymbol{d} = (-3, 2, 1)$ に平行な直線 ℓ のベクトル方程式を求めよ．

(2)　(1) の直線 ℓ 上の点Pと原点Oの距離が最小となるときのPの座標とそのときの距離を求めよ．

□**4**　次の4点が同一平面上にあるかどうかを判定せよ．またもし同一平面上にあるときは，パラメータを s, t とする平面のベクトル方程式を求めよ．

(1)　A$(-1, 0, 1)$, B$(-2, 3, 0)$, C$(3, 1, 5)$, D$(0, -1, 4)$

(2)　A$(5, 1, -1)$, B$(-1, 1, -3)$, C$(-1, -2, -2)$, D$(2, -2, -1)$

□**5**　$\boldsymbol{A} = \overrightarrow{\mathrm{OA}}$, $\boldsymbol{B} = \overrightarrow{\mathrm{OB}}$, $\boldsymbol{C} = \overrightarrow{\mathrm{OC}}$ とするとき，次の問に答えよ．

(1)　$\boldsymbol{A}$, $\boldsymbol{B}$ は共線ベクトルではないとする．原点を始点とするベクトル $\lambda\boldsymbol{A} + 3\boldsymbol{B}$ の終点Pが2点A, Bを通る直線上にあるとき，λ の値を求めよ．

(2)　$\boldsymbol{A}$, $\boldsymbol{B}$, $\boldsymbol{C}$ は共面ベクトルではないとする．原点を始点とするベクトル $4\boldsymbol{A} + \mu\boldsymbol{B} - 2\boldsymbol{C}$ の終点Qが3点A, B, Cを通る平面上にあるとき，μ の値を求めよ．

第2章

ベクトルの内積・外積

この章ではベクトルの内積と外積およびその応用について学ぶ．内積は高校の数学ですでに学んでいるが，その性質について証明も含めて再確認する．外積はベクトル積ともいい，2つのベクトルの積で1つのベクトルを与える演算である．内積と同様に外積も力学等でよく現れる項目であり，例えば力のモーメント等はベクトル積で定義される量である．この例からもわかるように，外積には「回転」という操作が関係しており，このことをふまえて右手系での成分表示も習得する．さらに本章では3個以上のベクトルの積にも言及する．その際に重要なことは，内積と外積を括弧できちんと区別して演算の順序を間違えないことであり，またその幾何的な意味を演算の流れに従って把握することである．最後に第1章で簡単にふれた極性ベクトルと軸性ベクトルの違いについてもふれ，面積ベクトルの定義についても学ぶ．

［2章の内容］

ベクトルの内積
ベクトルの外積
3個以上のベクトルの積
極性ベクトルと軸性ベクトル

2.1 ベクトルの内積
—複数のベクトルの内積の幾何的意味とその成分表示による計算方法を再確認する

ベクトルの内積

高校数学で学んだ内積の性質やその成分を用いた表示について再確認する．ここでは，改めて内積の性質の個々の細かい内容について証明も含め説明していく．

(I) ベクトルの内積

零ベクトルでない2つのベクトル $\boldsymbol{A}=\overrightarrow{\mathrm{PQ}}$ と $\boldsymbol{B}=\overrightarrow{\mathrm{PR}}$ から $\left|\overrightarrow{\mathrm{PQ}}\right|$ と $\left|\overrightarrow{\mathrm{PR}}\right|$ と $\cos\angle\mathrm{QPR}$ の積で与えられるスカラーを $\boldsymbol{A}$ と $\boldsymbol{B}$ の**内積**（**スカラー積**）といい[1]，$\boldsymbol{A}\cdot\boldsymbol{B}=\overrightarrow{\mathrm{PQ}}\cdot\overrightarrow{\mathrm{PR}}$ とかく．すなわち，$\angle\mathrm{QPR}=\theta$（ベクトル $\boldsymbol{A}$ と $\boldsymbol{B}$ のなす角といい，$0\leq\theta\leq\pi$ とする）とすると，

$$\boldsymbol{A}\cdot\boldsymbol{B}=|\boldsymbol{A}|\,|\boldsymbol{B}|\cos\theta \tag{2.1}$$

である．なお $\boldsymbol{A}=\boldsymbol{0}$ または $\boldsymbol{B}=\boldsymbol{0}$ のときは $\boldsymbol{A}\cdot\boldsymbol{B}=0$ と定める．

$\boldsymbol{A}\cdot\boldsymbol{B}=|\boldsymbol{A}|\,(|\boldsymbol{B}|\cos\theta)$ とみたときの $|\boldsymbol{B}|\cos\theta$ について説明する．

(i) $0\leq\theta<\frac{\pi}{2}$ のとき

図2.1(a)に示すように，ベクトル $\boldsymbol{B}$ の終点Rから PQ 上に垂線 RR$'$ をひくと，線分 PR$'$ の長さが $|\boldsymbol{B}|\cos\theta$ であり，$\boldsymbol{A}\cdot\boldsymbol{B}>0$ である．

(ii) $\frac{\pi}{2}<\theta\leq\pi$ のとき

図2.1(b)に示すように，PR$'$ の長さの -1 倍が $|\boldsymbol{B}|\cos\theta$ であり，$\boldsymbol{A}\cdot\boldsymbol{B}<0$ である．

(iii) $\theta=\frac{\pi}{2}$ のとき

$\boldsymbol{A}$ と $\boldsymbol{B}$ は直交し[2]，$\boldsymbol{A}\cdot\boldsymbol{B}=0$ である．

---

1) 本書では内積に統一する．

2) このとき $\boldsymbol{A}\perp\boldsymbol{B}$ とかく．

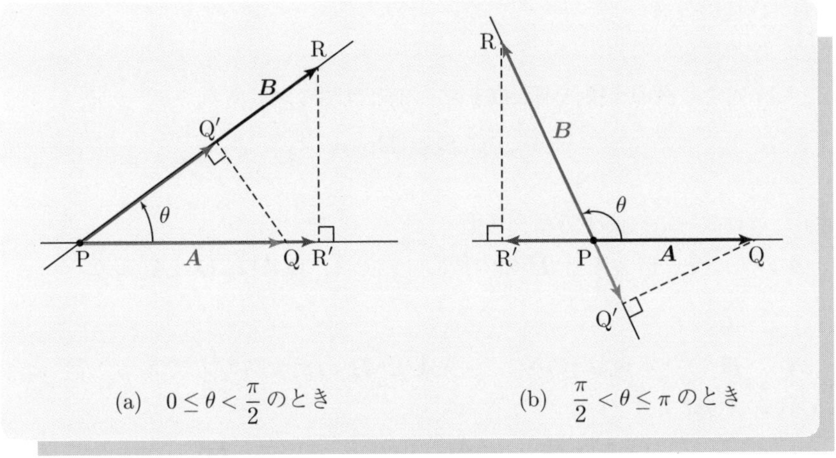

図 2.1　正射影

この $\overrightarrow{\mathrm{PR'}}$ をベクトル $\boldsymbol{B}$ の $\boldsymbol{A}$ 上への**正射影**という．また

$$\boldsymbol{A}\cdot\boldsymbol{B} = |\boldsymbol{B}|\,(|\boldsymbol{A}|\cos\theta)$$

とみれば，$\boldsymbol{A}\cdot\boldsymbol{B}$ は $|\boldsymbol{B}|$ と $\boldsymbol{A}$ の $\boldsymbol{B}$ 上への正射影 $\overrightarrow{\mathrm{PQ'}}$ の大きさの積の ±1 倍で与えられる（ただし $+$ は $0 \leq \theta < \frac{\pi}{2}$ のとき，$-$ は $\frac{\pi}{2} < \theta \leq \pi$ のとき）．

例 2.1　質点に力 $\boldsymbol{F}$ が作用し点 P から点 Q まで直線上を移動したときに力のする**仕事** W は，$\boldsymbol{F}$ の変位の方向への有効な成分 F_{t} と移動した距離 PQ の積で与えられる．（変位の方向に垂直な力の成分は仕事には寄与しない）

$$F_{\mathrm{t}} = |\boldsymbol{F}|\cos\theta \quad (\theta \text{ は } \boldsymbol{F} \text{ と } \overrightarrow{\mathrm{PQ}} \text{ のなす角})$$

より

$$W = F_{\mathrm{t}}\left|\overrightarrow{\mathrm{PQ}}\right| = \boldsymbol{F}\cdot\overrightarrow{\mathrm{PQ}}$$

である．　□

同じベクトル同士の内積は (2.1) 式より

$$\boldsymbol{A}\cdot\boldsymbol{A} = |\boldsymbol{A}|\,|\boldsymbol{A}|\cos 0 = |\boldsymbol{A}|^2 \geq 0 \quad (\text{等号は } \boldsymbol{A} = \boldsymbol{0} \text{ のとき})$$

であるので，

$$|\boldsymbol{A}| = \sqrt{\boldsymbol{A}\cdot\boldsymbol{A}}. \tag{2.2}$$

(II) 内積の性質

(A) 交換法則

(2.1) 式より次の交換法則が成り立つことは明らかである.

$$\boldsymbol{A}\cdot\boldsymbol{B}=\boldsymbol{B}\cdot\boldsymbol{A}.$$

(B) スカラー倍に関する結合法則

$\boldsymbol{A}$ のスカラー倍 $\lambda\boldsymbol{A}$ と $\boldsymbol{B}$ の内積については，$|\lambda\boldsymbol{A}|=|\lambda|\,|\boldsymbol{A}|$ より

(i) $\lambda>0$ のとき

$\boldsymbol{A}$ と $\boldsymbol{B}$ のなす角 θ に対して，$\lambda\boldsymbol{A}$ と $\boldsymbol{B}$ のなす角も θ である．従って，$|\lambda\boldsymbol{A}|=\lambda\,|\boldsymbol{A}|$ より

$$(\lambda\boldsymbol{A})\cdot\boldsymbol{B}=\lambda\,|\boldsymbol{A}|\,|\boldsymbol{B}|\cos\theta=\lambda\,(\boldsymbol{A}\cdot\boldsymbol{B})\,.$$

(ii) $\lambda<0$ のとき

$\boldsymbol{A}$ と $\boldsymbol{B}$ のなす角 θ に対して，$\lambda\boldsymbol{A}$ と $\boldsymbol{B}$ のなす角は $\pi-\theta$ となる．従って，$|\lambda\boldsymbol{A}|=-\lambda\,|\boldsymbol{A}|$ より

$$(\lambda\boldsymbol{A})\cdot\boldsymbol{B}=-\lambda\,|\boldsymbol{A}|\,|\boldsymbol{B}|\cos(\pi-\theta)=\lambda\,(\boldsymbol{A}\cdot\boldsymbol{B})\,.$$

(iii) $\lambda=0$ のとき

$$(0\boldsymbol{A})\cdot\boldsymbol{B}=\boldsymbol{0}\cdot\boldsymbol{B}=0=0\,(\boldsymbol{A}\cdot\boldsymbol{B})\,.$$

以上から，次のスカラー倍に関する結合法則が成立する.

$$(\lambda\boldsymbol{A})\cdot\boldsymbol{B}=\lambda\,(\boldsymbol{A}\cdot\boldsymbol{B})\,. \tag{2.3}$$

(C) 分配法則

図 2.2 に示すように，$\boldsymbol{A}=\overrightarrow{\mathrm{PQ}}$, $\boldsymbol{B}=\overrightarrow{\mathrm{PR}}$, $\boldsymbol{C}=\overrightarrow{\mathrm{RS}}$ とする．$\boldsymbol{B}$ の $\boldsymbol{A}$ 上への正射影を $\overrightarrow{\mathrm{PR'}}$ とし，始点を $\mathrm{R'}$ とする $\boldsymbol{C}=\overrightarrow{\mathrm{R'S'}}$ の $\boldsymbol{A}$ 上への正射影を $\overrightarrow{\mathrm{R'S''}}$ とする．図より，3 点 S, S$'$, S$''$ を通る平面は $\boldsymbol{A}$ に垂直であるので，$\boldsymbol{B}+\boldsymbol{C}=\overrightarrow{\mathrm{PS}}$ の $\boldsymbol{A}$ 上への正射影は $\overrightarrow{\mathrm{PS''}}$ となる．従って，

$$\left|\overrightarrow{\mathrm{PS''}}\right|=\left|\overrightarrow{\mathrm{PR'}}\right|+\left|\overrightarrow{\mathrm{R'S''}}\right|$$

より上式の両辺に $|\boldsymbol{A}|$ を掛けると

左辺 $=|\boldsymbol{A}|\left|\overrightarrow{\mathrm{PS''}}\right|=\boldsymbol{A}\cdot(\boldsymbol{B}+\boldsymbol{C})\,,$

右辺 $=|\boldsymbol{A}|\left(\left|\overrightarrow{\mathrm{PR'}}\right|+\left|\overrightarrow{\mathrm{R'S''}}\right|\right)=|\boldsymbol{A}|\left|\overrightarrow{\mathrm{PR'}}\right|+|\boldsymbol{A}|\left|\overrightarrow{\mathrm{R'S''}}\right|=\boldsymbol{A}\cdot\boldsymbol{B}+\boldsymbol{A}\cdot\boldsymbol{C}$

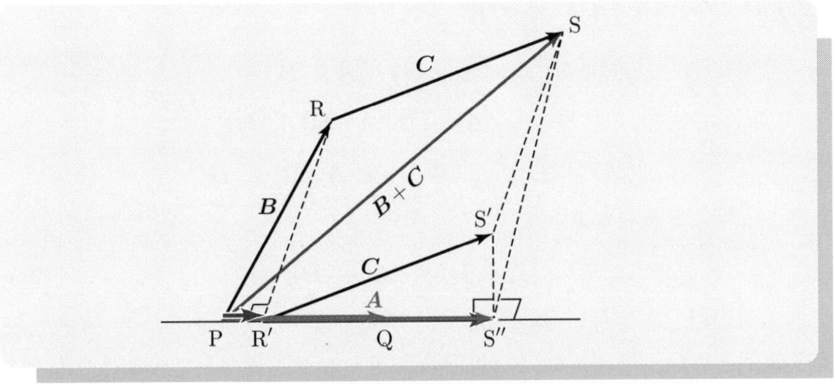

図 2.2　内積の分配法則

であるから，分配法則

$$\boldsymbol{A}\cdot(\boldsymbol{B}+\boldsymbol{C})=\boldsymbol{A}\cdot\boldsymbol{B}+\boldsymbol{A}\cdot\boldsymbol{C}$$

が成立する．$\boldsymbol{A}$ と $\boldsymbol{B}$ のなす角もしくは $\boldsymbol{A}$ と $\boldsymbol{C}$ のなす角が鈍角の場合も同様に証明できる．

(D)　シュワルツの不等式

(2.1) 式 で $|\cos\theta|\leq 1$ であるので，

$$|\boldsymbol{A}\cdot\boldsymbol{B}|\leq|\boldsymbol{A}|\,|\boldsymbol{B}| \tag{2.4}$$

であるが，これを**シュワルツの不等式**という．等号は 2 つのベクトルのなす角が零もしくは π のときなので，$\boldsymbol{A}\,/\!/\,\boldsymbol{B}$ の場合である．

以上の内積の性質をまとめておく．

ステップ 1：法則　内積の性質

ベクトル $\boldsymbol{A}$, $\boldsymbol{B}$, $\boldsymbol{C}$ およびスカラー λ について，

(A)　交換法則：$\boldsymbol{A}\cdot\boldsymbol{B}=\boldsymbol{B}\cdot\boldsymbol{A}$

(B)　スカラー倍に関する結合法則：$(\lambda\boldsymbol{A})\cdot\boldsymbol{B}=\lambda(\boldsymbol{A}\cdot\boldsymbol{B})$

(C)　分配法則：$\boldsymbol{A}\cdot(\boldsymbol{B}+\boldsymbol{C})=\boldsymbol{A}\cdot\boldsymbol{B}+\boldsymbol{A}\cdot\boldsymbol{C}$

(D)　シュワルツの不等式：$|\boldsymbol{A}\cdot\boldsymbol{B}|\leq|\boldsymbol{A}|\,|\boldsymbol{B}|$

が成立する．

例 2.2 2つのベクトル $\boldsymbol{A}$ と $\boldsymbol{B}$ について,

$$
\begin{aligned}
|\boldsymbol{A}+\boldsymbol{B}|^2 &= (\boldsymbol{A}+\boldsymbol{B})\cdot(\boldsymbol{A}+\boldsymbol{B}) \\
&= |\boldsymbol{A}|^2 + 2\,(\boldsymbol{A}\cdot\boldsymbol{B}) + |\boldsymbol{B}|^2, \\
(|\boldsymbol{A}|+|\boldsymbol{B}|)^2 &= |\boldsymbol{A}|^2 + 2\,|\boldsymbol{A}|\,|\boldsymbol{B}| + |\boldsymbol{B}|^2
\end{aligned}
$$

よりシュワルツの不等式から,

$$
|\boldsymbol{A}+\boldsymbol{B}| \leq |\boldsymbol{A}| + |\boldsymbol{B}| \tag{2.5}
$$

である. ただし, 等号は $\boldsymbol{A}$ と $\boldsymbol{B}$ のなす角が零のときである. (2.5) 式は**三角不等式**といい, 幾何的には三角形の 2 辺ともう 1 辺の長さの関係を表している.

また $\boldsymbol{A}$, $\boldsymbol{B}$, $\boldsymbol{A}-\boldsymbol{B}$ で構成される三角形について, $\boldsymbol{A}$ と $\boldsymbol{B}$ のなす角を θ とすれば,

$$
\begin{aligned}
2\boldsymbol{A}\cdot\boldsymbol{B} &= |\boldsymbol{A}|^2 + |\boldsymbol{B}|^2 - |\boldsymbol{A}-\boldsymbol{B}|^2 \\
&= 2\,|\boldsymbol{A}|\,|\boldsymbol{B}|\cos\theta
\end{aligned}
$$

より, 余弦定理

$$
\cos\theta = \frac{|\boldsymbol{A}|^2 + |\boldsymbol{B}|^2 - |\boldsymbol{A}-\boldsymbol{B}|^2}{2\,|\boldsymbol{A}|\,|\boldsymbol{B}|}
$$

が得られる. □

(III) 内積の成分を用いた表示

次に内積をベクトルの成分を用いて表そう. 直交座標系における基本ベクトル $\boldsymbol{i}$, $\boldsymbol{j}$, $\boldsymbol{k}$ については, それぞれが単位ベクトルであることと互いに直交することから,

$$
\begin{aligned}
\boldsymbol{i}\cdot\boldsymbol{i} = \boldsymbol{j}\cdot\boldsymbol{j} = \boldsymbol{k}\cdot\boldsymbol{k} = 1, \\
\boldsymbol{i}\cdot\boldsymbol{j} = \boldsymbol{j}\cdot\boldsymbol{k} = \boldsymbol{k}\cdot\boldsymbol{i} = 0
\end{aligned}
$$

である[3]. 成分で表された2つのベクトルの内積について内積の性質を用いて計算すると

---

[3] このような $\boldsymbol{i}$, $\boldsymbol{j}$, $\boldsymbol{k}$ を 3 次元空間の**正規直交基底**という.

ステップ2：キーポイント　内積とベクトルの大きさの成分を用いた表示

$$\begin{aligned}\boldsymbol{A}\cdot\boldsymbol{B} &= (A_x\boldsymbol{i}+A_y\boldsymbol{j}+A_z\boldsymbol{k})\cdot(B_x\boldsymbol{i}+B_y\boldsymbol{j}+B_z\boldsymbol{k})\\ &= A_xB_x+A_yB_y+A_zB_z\end{aligned}$$

となる．また同様にしてベクトルの大きさについては，(2.2) 式の成分表示により

$$|\boldsymbol{A}| = \sqrt{A_x^2+A_y^2+A_z^2} \quad ：(1.1)\text{ 式}$$

が得られる．

例 2.3　2つのベクトル $\boldsymbol{A}=(A_x,\ A_y,\ A_z)$ と $\boldsymbol{B}=(B_x,\ B_y,\ B_z)$ について，(2.4) 式のシュワルツの不等式の成分表示は

$$|A_xB_x+A_yB_y+A_zB_z| \leq \sqrt{A_x^2+A_y^2+A_z^2}\,\sqrt{B_x^2+B_y^2+B_z^2}$$

となるが，これは右辺の2乗から左辺の2乗を減じると

$$\begin{aligned}&\left(A_x^2+A_y^2+A_z^2\right)\left(B_x^2+B_y^2+B_z^2\right)-|A_xB_x+A_yB_y+A_zB_z|^2\\ &= \left(A_x^2B_y^2+A_x^2B_z^2+A_y^2B_x^2+A_y^2B_z^2+A_z^2B_x^2+A_z^2B_y^2\right)\\ &\quad -2\left(A_xA_yB_xB_y+A_yA_zB_yB_z+A_zA_xB_zB_x\right)\\ &= (A_xB_y-A_yB_x)^2+(A_yB_z-A_zB_y)^2+(A_zB_x-A_xB_z)^2 \geq 0\end{aligned}$$

である．ただし等号は

$$A_xB_y-A_yB_x = A_yB_z-A_zB_y = A_zB_x-A_xB_z = 0$$

より

$$\frac{A_x}{B_x} = \frac{A_y}{B_y} = \frac{A_z}{B_z}$$

であるので，$\boldsymbol{A}\,/\!/\,\boldsymbol{B}$ のときである．　□

例 2.4 ベクトル

$$\boldsymbol{A} = (A_x,\, A_y,\, A_z) = A_x\boldsymbol{i} + A_y\boldsymbol{j} + A_z\boldsymbol{k}$$

の各成分について

$$\begin{aligned}
\boldsymbol{A}\cdot\boldsymbol{i} &= A_x\,(\boldsymbol{i}\cdot\boldsymbol{i}) + A_y\,(\boldsymbol{j}\cdot\boldsymbol{i}) + A_z\,(\boldsymbol{k}\cdot\boldsymbol{i}) = A_x,\\
\boldsymbol{A}\cdot\boldsymbol{j} &= A_x\,(\boldsymbol{i}\cdot\boldsymbol{j}) + A_y\,(\boldsymbol{j}\cdot\boldsymbol{j}) + A_z\,(\boldsymbol{k}\cdot\boldsymbol{j}) = A_y,\\
\boldsymbol{A}\cdot\boldsymbol{k} &= A_x\,(\boldsymbol{i}\cdot\boldsymbol{k}) + A_y\,(\boldsymbol{j}\cdot\boldsymbol{k}) + A_z\,(\boldsymbol{k}\cdot\boldsymbol{k}) = A_z
\end{aligned}$$

である. □

例 2.5 点 $\mathrm{A}(x_0,\, y_0,\, z_0)$ を通り, $\hat{\boldsymbol{n}} = (a,\, b,\, c)$ に垂直な平面の方程式は, 平面上の点を $\mathrm{P}(x,\, y,\, z)$ とすると $\overrightarrow{\mathrm{AP}} \perp \hat{\boldsymbol{n}}$ より,

$$\overrightarrow{\mathrm{AP}}\cdot\hat{\boldsymbol{n}} = a\,(x - x_0) + b\,(y - y_0) + c\,(z - z_0) = 0$$

である. □

例題 2.1

ベクトル $\boldsymbol{A}=(a,\, -1,\, 3)$, $\boldsymbol{B}=(1,\, b,\, -5)$ とする. $\boldsymbol{A}\perp\boldsymbol{B}$ かつ $|\boldsymbol{A}|=|\boldsymbol{B}|$ であるとき, a, b の値を求めよ.

解答 $\boldsymbol{A} \perp \boldsymbol{B}$ より

$$\boldsymbol{A}\cdot\boldsymbol{B} = a - b - 15 = 0$$

$|\boldsymbol{A}| = |\boldsymbol{B}|$ より

$$\sqrt{a^2 + (-1)^2 + 3^2} = \sqrt{1^2 + b^2 + (-5)^2}$$

である. この2式の連立方程式を解くと,

$$a = \frac{241}{30}, \quad b = -\frac{209}{30}$$

である. □

✔ **チェック問題 2.1** 2つのベクトル $\boldsymbol{A} = (1,\, 0,\, -1)$, $\boldsymbol{B} = (2,\, 1,\, -1)$ について, $3\boldsymbol{A} - \boldsymbol{B}$ と $-2\boldsymbol{A} + \boldsymbol{B}$ のなす角を求めよ.

2.2 ベクトルの外積
—複数のベクトルの外積の幾何的意味とその成分表示による計算方法を習得する

ベクトルの外積

本節ではベクトルの外積について学ぶ．外積により与えられるベクトルの向きは回転によって定義され，直感的には回転の軸の向いている方向であるので，その物理的な意味を幾何的に考えれば理解しやすい．また成分を用いて表す場合には，行列式を用いれば取扱いが容易になる．さらに行列式の性質を用いることで外積の解析的な性質も理解しやすくなるであろう．

(I)　ベクトルの外積

零ベクトルでない 2 つのベクトル $\boldsymbol{A}=\overrightarrow{\mathrm{PQ}}$ と $\boldsymbol{B}=\overrightarrow{\mathrm{PR}}$ のなす角を θ（$0 \leq \theta \leq \pi$）とする．2 つのベクトル $\boldsymbol{A}$, $\boldsymbol{B}$ から 1 つのベクトルを以下のように対応させ，$\boldsymbol{A}\times\boldsymbol{B}=\overrightarrow{\mathrm{PQ}}\times\overrightarrow{\mathrm{PR}}$ とかく．これを $\boldsymbol{A}$, $\boldsymbol{B}$ の**外積**（**ベクトル積**）[4] という．すなわち図 2.3 に示すように

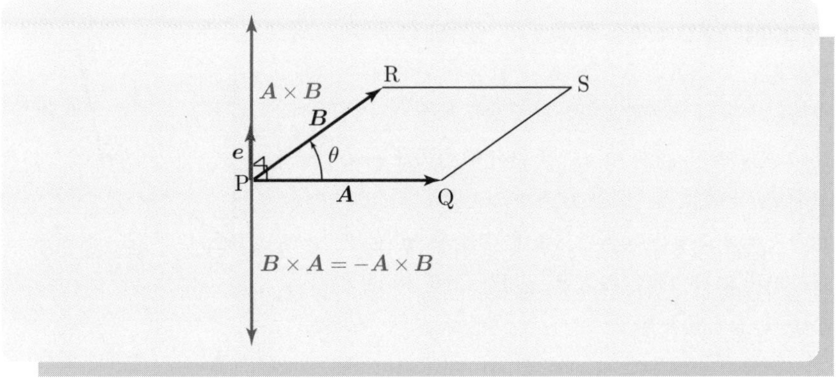

図 2.3　ベクトルの外積

---

[4] 本書では外積に統一する．

ステップ3：キーポイント　外積（ベクトル積）

(i)　大きさ：平行四辺形 PQSR の面積 $S = |\boldsymbol{A}|\,|\boldsymbol{B}|\sin\theta$

(ii)　向き：$\boldsymbol{A}$ から $\boldsymbol{B}$ に θ だけ右ネジを回転させて重ねる操作をしたときにネジが進む方向

と定める．このとき $\boldsymbol{A}\times\boldsymbol{B} \perp \boldsymbol{A}$, $\boldsymbol{A}\times\boldsymbol{B} \perp \boldsymbol{B}$ であり，$\boldsymbol{A}\times\boldsymbol{B}$ 方向の単位ベクトルを $\boldsymbol{e}$ として

$$\boldsymbol{A}\times\boldsymbol{B} = (|\boldsymbol{A}|\,|\boldsymbol{B}|\sin\theta)\,\boldsymbol{e} \tag{2.6}$$

と表す．

なお $\boldsymbol{A} = \boldsymbol{0}$ または $\boldsymbol{B} = \boldsymbol{0}$ のときは $\boldsymbol{A}\times\boldsymbol{B} = \boldsymbol{0}$ と定める．また図 2.3 からわかるように，$\boldsymbol{B}\times\boldsymbol{A}$ については，大きさは $\boldsymbol{A}\times\boldsymbol{B}$ と同じであるが，向きは $\boldsymbol{B}$ から $\boldsymbol{A}$ に θ だけ右ネジを回転させて重ねる操作をしたときにネジが進む方向であるので，$\boldsymbol{A}\times\boldsymbol{B}$ の逆ベクトルとなる．すなわち

$$\boldsymbol{B}\times\boldsymbol{A} = -\boldsymbol{A}\times\boldsymbol{B}. \tag{2.7}$$

$\boldsymbol{A} \,/\!/\, \boldsymbol{B}$ の場合には，$\theta = 0$ もしくは $\theta = \pi$ であるので，$\sin\theta = 0$ より

$$\boldsymbol{A}\times\boldsymbol{B} = \boldsymbol{0}$$

である[5)]．

例 2.6　図 2.4 に示すように，点 P に力 $\boldsymbol{F}$ が作用しているとき（$\boldsymbol{F}$ が点 P を始点とする束縛ベクトルである場合）に，基準とする点 O（回転軸のある点が O）のまわりの**力のモーメント** $\boldsymbol{N}$ を考える．このとき $\boldsymbol{r} = \overrightarrow{\mathrm{OP}}$ に対して力のモーメントの大きさは OP の距離 $|\boldsymbol{r}|$ とそれに垂直な力の成分の大きさ $|\boldsymbol{F}|\sin\theta$（$\theta$ は $\boldsymbol{r}$ と $\boldsymbol{F}$ のなす角）の積

$$|\boldsymbol{N}| = |\boldsymbol{r}|\,|\boldsymbol{F}|\sin\theta$$

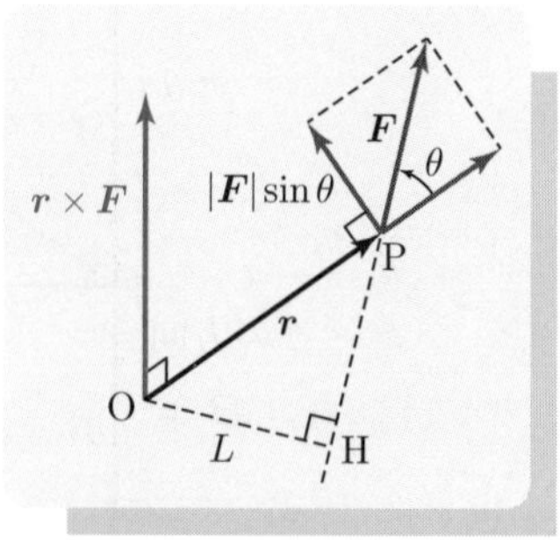

図 2.4　力のモーメント

5) $\boldsymbol{A}$ と $\boldsymbol{B}$ が共線ベクトルであるので，回転する方向が決まらない．

で与えられる[6)]．また $\boldsymbol{N}$ の向きは回転軸の方向であり，$\boldsymbol{N} \perp \boldsymbol{r}$, $\boldsymbol{N} \perp \boldsymbol{F}$ である．従って，

$$\boldsymbol{N} = \boldsymbol{r} \times \boldsymbol{F}$$

とすると，その大きさは $|\boldsymbol{r}|\,|\boldsymbol{F}|\sin\theta$ であり，回転軸は $\boldsymbol{r}$ と $\boldsymbol{F}$ が張る平面に垂直である．ただし $\boldsymbol{r}$ と $\boldsymbol{F}$ の順序は $\boldsymbol{r}$ と $\boldsymbol{F}$ が張る平面を xy 平面と考えれば，回転軸の方向は z 軸であり，第 1 章で説明したように $\boldsymbol{r}$ を $\boldsymbol{F}$ に θ $(0 \leq \theta \leq \pi)$ だけ xy 平面内で反時計回りに回転させて重ねるときに右ネジが進む方向が z 軸の正方向となるように決めている[7)]．□

(II)　外積の性質

(A)　順序の入れ替え

まず交換法則については (2.7) 式から成立しない．

(B)　スカラー倍に関する結合法則

$\boldsymbol{A}$ のスカラー倍 $\lambda\boldsymbol{A}$ と $\boldsymbol{B}$ の外積については，$|\lambda\boldsymbol{A}| = |\lambda|\,|\boldsymbol{A}|$ より

(i)　$\lambda > 0$ のとき

$\boldsymbol{A}$ と $\boldsymbol{B}$ のなす角 θ に対して，$\lambda\boldsymbol{A}$ と $\boldsymbol{B}$ のなす角も θ である．また $\lambda\boldsymbol{A}$ を θ だけ回転させて $\boldsymbol{B}$ に重ねる操作において右ネジの進む方向は $\boldsymbol{A} \times \boldsymbol{B}$ の方向と同じで $\boldsymbol{e}$ の方向である．$|\lambda\boldsymbol{A}| = \lambda\,|\boldsymbol{A}|$ より (2.6) 式から

$$(\lambda\boldsymbol{A}) \times \boldsymbol{B} = (\lambda\,|\boldsymbol{A}|\,|\boldsymbol{B}|\sin\theta)\,\boldsymbol{e} = \lambda\,(\boldsymbol{A} \times \boldsymbol{B})\,.$$

(ii)　$\lambda < 0$ のとき

$\boldsymbol{A}$ と $\boldsymbol{B}$ のなす角 θ に対して，$\lambda\boldsymbol{A}$ と $\boldsymbol{B}$ のなす角は $\pi - \theta$ となり，

$$|\lambda\boldsymbol{A}| = -\lambda\,|\boldsymbol{A}|$$

である．また $\lambda\boldsymbol{A}$ を $\pi - \theta$ だけ回転させて $\boldsymbol{B}$ に重ねる操作において右ネジの進む方向は $-\boldsymbol{e}$ の方向となる．よって

$$(\lambda\boldsymbol{A}) \times \boldsymbol{B} = \{-\lambda\,|\boldsymbol{A}|\,|\boldsymbol{B}|\sin(\pi - \theta)\}\,(-\boldsymbol{e}) = \lambda\,(\boldsymbol{A} \times \boldsymbol{B})\,.$$

[6)] 別に図 2.4 に示すように，$\boldsymbol{F}$ の作用線（点 P を通る $\boldsymbol{F}$ を延長した直線）へ O から垂線 OH をひいたとき，OH の長さを L として，$|\boldsymbol{N}| = |\boldsymbol{F}|\,L$ を力のモーメントの大きさと定義する場合もあるが，同じ大きさ $|\boldsymbol{r}|\,|\boldsymbol{F}|\sin\theta$ が得られることに注意しよう．

[7)] 一般に基準とする点を O とし，始点を P とする束縛ベクトルを $\boldsymbol{A}$ とするとき，$\boldsymbol{r} = \overrightarrow{\mathrm{OP}}$ と $\boldsymbol{A}$ の外積 $\boldsymbol{r} \times \boldsymbol{A}$ を点 O のまわりのベクトル $\boldsymbol{A}$ のモーメントという．

(iii)　$\lambda = 0$ のとき

$$(0\boldsymbol{A}) \times \boldsymbol{B} = \boldsymbol{0} \times \boldsymbol{B} = \boldsymbol{0} = 0\,(\boldsymbol{A} \times \boldsymbol{B}).$$

以上から，スカラー倍に関する結合法則

$$(\lambda \boldsymbol{A}) \times \boldsymbol{B} = \lambda\,(\boldsymbol{A} \times \boldsymbol{B})$$

が成立する．

(C)　分配法則

分配法則は

$$\boldsymbol{A} \times (\boldsymbol{B} + \boldsymbol{C}) = \boldsymbol{A} \times \boldsymbol{B} + \boldsymbol{A} \times \boldsymbol{C} \tag{2.8}$$

であるが，これが成立することについては，以下のいくつかの部分に分けて説明しよう．

(i)　ベクトルの平面上への正射影

図 2.5 (a) に示すように，平面 $\mathit{\Pi}$ 上の点 P を始点とするベクトル $\boldsymbol{A} = \overrightarrow{\mathrm{PA}}$ について，A から $\mathit{\Pi}$ におろした垂線の足を A$'$ とするとき，$\overrightarrow{\mathrm{PA'}}$ を $\boldsymbol{A}$ の平面 $\mathit{\Pi}$ 上への**正射影**といい，$\mathscr{P}\boldsymbol{A}$ とかくことにする[8]．また図 2.5 (b) に示すように，平面 $\mathit{\Pi}$ 上の点 P を始点とするベクトル $\boldsymbol{A} = \overrightarrow{\mathrm{PA}}$ と $\boldsymbol{B} = \overrightarrow{\mathrm{AB}}$ について，

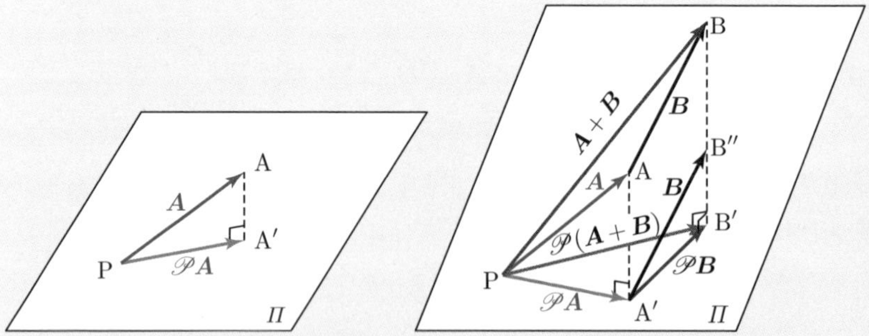

(a)　$\boldsymbol{A}$の平面$\mathit{\Pi}$上への正射影　　(b)　$\boldsymbol{A}+\boldsymbol{B}$ の平面$\mathit{\Pi}$上への正射影

図 2.5　ベクトルの平面 $\mathit{\Pi}$ 上への正射影

8) $\mathscr{P}$ を**射影子**という．

ベクトルの和 $\boldsymbol{A}+\boldsymbol{B}=\overrightarrow{\mathrm{PB}}$ の平面 $\mathit{\Pi}$ 上への正射影を $\mathscr{P}(\boldsymbol{A}+\boldsymbol{B})=\overrightarrow{\mathrm{PB}'}$ とする．このとき，$\boldsymbol{B}$ の始点を A から平面 $\mathit{\Pi}$ 上の A' へ垂線に沿って平行移動したとき，$\mathrm{AA}' \mathbin{/\!/} \mathrm{BB}'$ より $\boldsymbol{B}=\overrightarrow{\mathrm{A'B''}}$ の終点 B'' は B から平面 $\mathit{\Pi}$ への垂線 BB' 上にある．従って，B' は B'' から平面 $\mathit{\Pi}$ へ垂線をひいた点でもあるので，

$$\mathscr{P}\boldsymbol{B}=\overrightarrow{\mathrm{A'B'}}$$

である．よって，

$$\mathscr{P}(\boldsymbol{A}+\boldsymbol{B})=\mathscr{P}\boldsymbol{A}+\mathscr{P}\boldsymbol{B} \tag{2.9}$$

である．

(ii)　外積の分配法則

平面上への正射影を用いて外積の分配法則について説明しよう．まず図 2.6 (a) に示すようにベクトル $\boldsymbol{A}=\overrightarrow{\mathrm{PA}}$ に垂直な平面 $\mathit{\Pi}$ 上への $\boldsymbol{B}=\overrightarrow{\mathrm{PB}}$ の正射影を $\mathscr{P}\boldsymbol{B}=\overrightarrow{\mathrm{PB}'}$ とすると，$|\boldsymbol{A}\times\boldsymbol{B}|$（平行四辺形 PBQA の面積）は

$$|\boldsymbol{A}\times\mathscr{P}\boldsymbol{B}| \quad \text{（長方形 PB}'\text{Q}'\text{A の面積）}$$

と同じになる．また 4 点 P, A, B, B' は平面 $\mathit{\Pi}$ に垂直な同一平面上にあるので，$\boldsymbol{A}\times\boldsymbol{B}$ の向きと $\boldsymbol{A}\times\mathscr{P}\boldsymbol{B}$ の向きは同じであり，いずれも平面 $\mathit{\Pi}$ 上のベクトルである．よって，

$$\boldsymbol{A}\times\boldsymbol{B}=\boldsymbol{A}\times\mathscr{P}\boldsymbol{B}$$

である．このことから，ある平面に垂直なベクトル（図 2.6 (a) では $\boldsymbol{A}$）ともう 1 つの別のベクトル（図 2.6 (a) では $\boldsymbol{B}$）との外積については，そのベクトルが平面に正射影されたベクトル（図 2.6 (a) では $\mathscr{P}\boldsymbol{B}$）との外積を考えればよい．従って (2.8) 式について，$\boldsymbol{B}+\boldsymbol{C}$, $\boldsymbol{C}$ の $\mathit{\Pi}$ 上への正射影をそれぞれ $\mathscr{P}(\boldsymbol{B}+\boldsymbol{C})$, $\mathscr{P}\boldsymbol{C}$ とすれば左辺は

$$\boldsymbol{A}\times(\boldsymbol{B}+\boldsymbol{C})=\boldsymbol{A}\times\mathscr{P}(\boldsymbol{B}+\boldsymbol{C})$$

であり，右辺は

$$\boldsymbol{A}\times\boldsymbol{B}+\boldsymbol{A}\times\boldsymbol{C}=\boldsymbol{A}\times\mathscr{P}\boldsymbol{B}+\boldsymbol{A}\times\mathscr{P}\boldsymbol{C}$$

であるので，分配法則 (2.8) 式が成立することを示すには，

$$\boldsymbol{A}\times\mathscr{P}(\boldsymbol{B}+\boldsymbol{C})=\boldsymbol{A}\times\mathscr{P}\boldsymbol{B}+\boldsymbol{A}\times\mathscr{P}\boldsymbol{C} \tag{2.10}$$

であることを示せばよい．

$\boldsymbol{A}$ に垂直な平面 $\mathit{\Pi}$ 上に点 P を始点とする 2 つのベクトル $\mathscr{P}\boldsymbol{B} = \overrightarrow{\mathrm{PB}'}$, $\mathscr{P}\boldsymbol{C} = \overrightarrow{\mathrm{PC}'}$ と (2.9) 式により成立する

$$\mathscr{P}(\boldsymbol{B}+\boldsymbol{C}) = \mathscr{P}\boldsymbol{B} + \mathscr{P}\boldsymbol{C} = \overrightarrow{\mathrm{PQ}}$$

の 3 つのベクトルの $\boldsymbol{A}$ との外積

$$\boldsymbol{A} \times \mathscr{P}\boldsymbol{B}, \boldsymbol{A} \times \mathscr{P}\boldsymbol{C} \text{ および } \boldsymbol{A} \times \mathscr{P}(\boldsymbol{B}+\boldsymbol{C})$$

を考える．図 2.6 (b) は $\boldsymbol{A}$ の終点の側から平面 $\mathit{\Pi}$ を垂直に見た図である．右手系で $\boldsymbol{A}$ を親指，それぞれのベクトル（例えば $\mathscr{P}\boldsymbol{B}$）の方向を人差し指とみなしたときに外積の向きが中指の方向となり，3 つのベクトルとも同時に平面 $\mathit{\Pi}$ 上で P を中心に $\frac{\pi}{2}$ だけ回転させたものになる．（図では回転操作を矢印のある曲線で示してある．）一方外積の大きさは，$\boldsymbol{A}$ とのなす角が $\frac{\pi}{2}$ であるので，それぞれのベクトルの大きさに $|\boldsymbol{A}|$ の大きさを乗じたものになるので (2.10) 式が成立する．以上から分配法則 (2.8) 式が成立する．

以上の外積の性質をまとめておく．

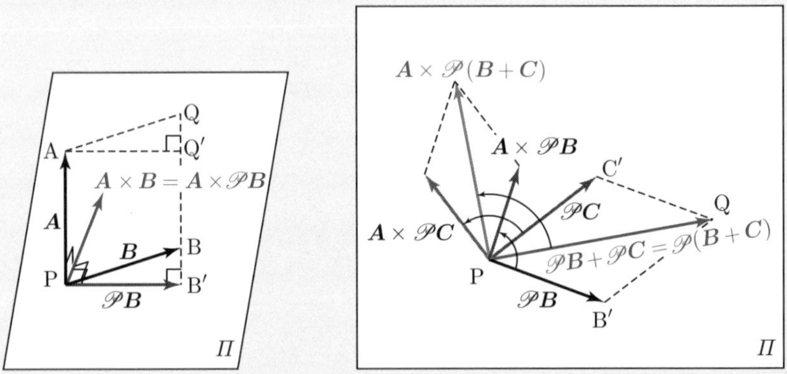

(a)　正射影されたベクトルとの外積

(b)　正射影されたベクトルの外積の分配法則

図 2.6　外積の分配法則

ステップ 4：法則　外積の性質

ベクトル $\boldsymbol{A}, \boldsymbol{B}, \boldsymbol{C}$ およびスカラー λ について,

(A)　順序の入れ替え：$\boldsymbol{A}\times\boldsymbol{B} = -\boldsymbol{B}\times\boldsymbol{A}$

(B)　スカラー倍に関する結合法則：$(\lambda\boldsymbol{A})\times\boldsymbol{B} = \lambda(\boldsymbol{A}\times\boldsymbol{B})$

(C)　分配法則：$\boldsymbol{A}\times(\boldsymbol{B}+\boldsymbol{C}) = \boldsymbol{A}\times\boldsymbol{B}+\boldsymbol{A}\times\boldsymbol{C}$

が成立する.

例 2.7　ベクトル $\boldsymbol{A}, \boldsymbol{B}, \boldsymbol{C}$ およびスカラー λ について

(1)

$$\begin{aligned}\boldsymbol{A}\times(\lambda\boldsymbol{B}) &= -(\lambda\boldsymbol{B})\times\boldsymbol{A} = (-\lambda)(\boldsymbol{B}\times\boldsymbol{A})\\ &= (-\lambda)\{-(\boldsymbol{A}\times\boldsymbol{B})\} = \lambda(\boldsymbol{A}\times\boldsymbol{B}) = (\lambda\boldsymbol{A})\times\boldsymbol{B},\end{aligned}$$

(2)

$$\begin{aligned}(\boldsymbol{A}+\boldsymbol{B})\times\boldsymbol{C} &= -\{\boldsymbol{C}\times(\boldsymbol{A}+\boldsymbol{B})\} = -(\boldsymbol{C}\times\boldsymbol{A}+\boldsymbol{C}\times\boldsymbol{B})\\ &= -\boldsymbol{C}\times\boldsymbol{A}-\boldsymbol{C}\times\boldsymbol{B} = \boldsymbol{A}\times\boldsymbol{C}+\boldsymbol{B}\times\boldsymbol{C}\end{aligned}$$

が成り立つ. □

例題 2.2

外積の性質を用いて展開せよ.

(1)　$(\boldsymbol{A}+\boldsymbol{B})\times(\boldsymbol{A}-\boldsymbol{B})$　　(2)　$(2\boldsymbol{A}-3\boldsymbol{B}+\boldsymbol{C})\times(\boldsymbol{A}+2\boldsymbol{B}-\boldsymbol{C})$

解答　(1)　$\boldsymbol{X} = \boldsymbol{A}-\boldsymbol{B}$ とおくと

$$\begin{aligned}(\boldsymbol{A}+\boldsymbol{B})\times(\boldsymbol{A}-\boldsymbol{B}) &= (\boldsymbol{A}+\boldsymbol{B})\times\boldsymbol{X} = \boldsymbol{A}\times\boldsymbol{X}+\boldsymbol{B}\times\boldsymbol{X}\\ &= \boldsymbol{A}\times(\boldsymbol{A}-\boldsymbol{B})+\boldsymbol{B}\times(\boldsymbol{A}-\boldsymbol{B})\\ &= \boldsymbol{A}\times\boldsymbol{A}-\boldsymbol{A}\times\boldsymbol{B}+\boldsymbol{B}\times\boldsymbol{A}-\boldsymbol{B}\times\boldsymbol{B}\\ &= \boldsymbol{0}-\boldsymbol{A}\times\boldsymbol{B}-\boldsymbol{A}\times\boldsymbol{B}-\boldsymbol{0} = -2\boldsymbol{A}\times\boldsymbol{B}\end{aligned}$$

である[9].

---

[9] ここでは，おきかえをして外積の性質を利用して詳しく解答したが，おきかえをしなくてもスカラーの場合と同様に展開した各項において，左側の括弧内にあったベクトルは「×」の左側のベクトルとして，右側の括弧内にあったベクトルは右側のベクトルとすることに注意して計算すればよい.

(2)　(1) の結果を参考にして展開時の各項のベクトルの順序に注意すると

$$
\begin{aligned}
&(2\boldsymbol{A} - 3\boldsymbol{B} + \boldsymbol{C}) \times (\boldsymbol{A} + 2\boldsymbol{B} - \boldsymbol{C}) \\
&= 2\boldsymbol{A} \times \boldsymbol{A} + 4\boldsymbol{A} \times \boldsymbol{B} - 2\boldsymbol{A} \times \boldsymbol{C} - 3\boldsymbol{B} \times \boldsymbol{A} \\
&\quad - 6\boldsymbol{B} \times \boldsymbol{B} + 3\boldsymbol{B} \times \boldsymbol{C} + \boldsymbol{C} \times \boldsymbol{A} + 2\boldsymbol{C} \times \boldsymbol{B} - \boldsymbol{C} \times \boldsymbol{C} \\
&= 7\boldsymbol{A} \times \boldsymbol{B} + \boldsymbol{B} \times \boldsymbol{C} + 3\boldsymbol{C} \times \boldsymbol{A}
\end{aligned}
$$

となる． □

チェック問題 2.2　次の式が成り立つように a, b の値を求めよ．

(1)　$(a\boldsymbol{A} + 2\boldsymbol{B}) \times (-\boldsymbol{A} + 5\boldsymbol{B}) = -3\boldsymbol{A} \times \boldsymbol{B}$

(2)　$(\boldsymbol{A} - b\boldsymbol{B}) \times (-2b\boldsymbol{A} + 3\boldsymbol{B}) = \boldsymbol{A} \times \boldsymbol{B}$

(III)　外積の成分を用いた表示

次に内積の場合を参考に，外積をベクトルの成分を用いて表そう．右手系における基本ベクトル $\boldsymbol{i}, \boldsymbol{j}, \boldsymbol{k}$ については，それぞれが単位ベクトルであることと互いに直交することから，

$$
\begin{aligned}
\boldsymbol{i} \times \boldsymbol{j} &= -\boldsymbol{j} \times \boldsymbol{i} = \boldsymbol{k}, \\
\boldsymbol{j} \times \boldsymbol{k} &= -\boldsymbol{k} \times \boldsymbol{j} = \boldsymbol{i}, \\
\boldsymbol{k} \times \boldsymbol{i} &= -\boldsymbol{i} \times \boldsymbol{k} = \boldsymbol{j}
\end{aligned}
\tag{2.11}
$$

である．(2.11) 式について，各軸方向の基本ベクトルの順序を下に示す矢印の順に書いた場合には正の符号であり（例えば $\boldsymbol{i} \times \boldsymbol{j} = \boldsymbol{k}$），下図とは逆の矢印の順の場合には負の符号になることに注意しよう[10]．

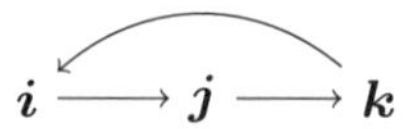

成分で表された 2 つのベクトルの外積について外積の性質を用いて計算すると

10) 以下の各成分表示も同様のルールで暗記すると間違いが少なくなる．

ステップ 5：キーポイント 外積の成分を用いた表示

$$\begin{aligned}\boldsymbol{A}\times\boldsymbol{B} &= (A_x\boldsymbol{i}+A_y\boldsymbol{j}+A_z\boldsymbol{k})\times(B_x\boldsymbol{i}+B_y\boldsymbol{j}+B_z\boldsymbol{k})\\ &= (A_yB_z-A_zB_y)\,\boldsymbol{i}+(A_zB_x-A_xB_z)\,\boldsymbol{j}+(A_xB_y-A_yB_x)\,\boldsymbol{k}\\ &= \left(\begin{vmatrix}A_y & A_z\\ B_y & B_z\end{vmatrix},\begin{vmatrix}A_z & A_x\\ B_z & B_x\end{vmatrix},\begin{vmatrix}A_x & A_y\\ B_x & B_y\end{vmatrix}\right)=\begin{vmatrix}\boldsymbol{i} & \boldsymbol{j} & \boldsymbol{k}\\ A_x & A_y & A_z\\ B_x & B_y & B_z\end{vmatrix}\end{aligned} \tag{2.12}$$

となる[11)].

(2.12) 式に示すように，外積は基本ベクトルを第 1 行に，左側のベクトル（ここでは $\boldsymbol{A}$）の成分を第 2 行の第 1 列に x 成分，第 2 列に y 成分，第 3 列に z 成分とし，第 3 行には右側のベクトル（ここでは $\boldsymbol{B}$）の各成分を同様においた行列式で表される．従って，外積の性質も行列式の性質で表現される．それぞれチェックしておくと次のようになる．

(A) ベクトルの入れ替えは，行列式の行と行の入れ替えによる (−1) 倍に対応

$$\boldsymbol{B}\times\boldsymbol{A}=\begin{vmatrix}\boldsymbol{i} & \boldsymbol{j} & \boldsymbol{k}\\ B_x & B_y & B_z\\ A_x & A_y & A_z\end{vmatrix}=-\begin{vmatrix}\boldsymbol{i} & \boldsymbol{j} & \boldsymbol{k}\\ A_x & A_y & A_z\\ B_x & B_y & B_z\end{vmatrix}=-\boldsymbol{A}\times\boldsymbol{B}.$$

(B) スカラー倍に関する結合法則は，行列式のある行ベクトルの定数倍に対応

$$(\lambda\boldsymbol{A})\times\boldsymbol{B}=\begin{vmatrix}\boldsymbol{i} & \boldsymbol{j} & \boldsymbol{k}\\ \lambda A_x & \lambda A_y & \lambda A_z\\ B_x & B_y & B_z\end{vmatrix}=\lambda\begin{vmatrix}\boldsymbol{i} & \boldsymbol{j} & \boldsymbol{k}\\ A_x & A_y & A_z\\ B_x & B_y & B_z\end{vmatrix}=\lambda(\boldsymbol{A}\times\boldsymbol{B}).$$

(C) 分配法則は，行列式のある行を 2 つの行ベクトルの和として分割することに対応

---

11) 前述の基本ベクトルの順序に従い，$\boldsymbol{i}\to x$, $\boldsymbol{j}\to y$, $\boldsymbol{k}\to z$ とすると，例えば x 成分については $y\to z$ の順が正の符号であり，$z\to y$ が負の符号となる．

$$\boldsymbol{A}\times(\boldsymbol{B}+\boldsymbol{C})=\begin{vmatrix}\boldsymbol{i} & \boldsymbol{j} & \boldsymbol{k}\\ A_x & A_y & A_z\\ B_x+C_x & B_y+C_y & B_z+C_z\end{vmatrix}$$

$$=\begin{vmatrix}\boldsymbol{i} & \boldsymbol{j} & \boldsymbol{k}\\ A_x & A_y & A_z\\ B_x & B_y & B_z\end{vmatrix}+\begin{vmatrix}\boldsymbol{i} & \boldsymbol{j} & \boldsymbol{k}\\ A_x & A_y & A_z\\ C_x & C_y & C_z\end{vmatrix}=\boldsymbol{A}\times\boldsymbol{B}+\boldsymbol{A}\times\boldsymbol{C}.$$

例 2.8　平行四辺形 PAQB において，2 つのベクトルを $\boldsymbol{A}=\overrightarrow{\mathrm{PA}}=(A_x,\,A_y,\,A_z)$，$\boldsymbol{B}=\overrightarrow{\mathrm{PB}}=(B_x,\,B_y,\,B_z)$ とすると平行四辺形の面積 S は

$$S=|\boldsymbol{A}\times\boldsymbol{B}|$$

$$=\sqrt{(A_yB_z-A_zB_y)^2+(A_zB_x-A_xB_z)^2+(A_xB_y-A_yB_x)^2}$$

である．なお平行四辺形が xy 平面上にあるときは，$\boldsymbol{A}=(A_x,\,A_y,\,0)$，$\boldsymbol{B}=(B_x,\,B_y,\,0)$ の場合で，

$$S=\sqrt{0^2+0^2+(A_xB_y-A_yB_x)^2}=|A_xB_y-A_yB_x|$$

である．□

例 2.9　3 点 $\mathrm{A}(x_1,\,y_1,\,z_1)$，$\mathrm{B}(x_2,\,y_2,\,z_2)$，$\mathrm{C}(x_3,\,y_3,\,z_3)$ を通る平面の方程式は，平面上の点を $\mathrm{P}(x,\,y,\,z)$ とすると $\overrightarrow{\mathrm{AP}}\perp\overrightarrow{\mathrm{AB}}\times\overrightarrow{\mathrm{AC}}$ である．よって例 2.5 の $\hat{\boldsymbol{n}}=\overrightarrow{\mathrm{AB}}\times\overrightarrow{\mathrm{AC}}$ とすれば

$$\overrightarrow{\mathrm{AP}}\cdot\left(\overrightarrow{\mathrm{AB}}\times\overrightarrow{\mathrm{AC}}\right)$$

$$=(x-x_1)\begin{vmatrix}y_2-y_1 & z_2-z_1\\ y_3-y_1 & z_3-z_1\end{vmatrix}+(y-y_1)\begin{vmatrix}z_2-z_1 & x_2-x_1\\ z_3-z_1 & x_3-x_1\end{vmatrix}$$

$$+(z-z_1)\begin{vmatrix}x_2-x_1 & y_2-y_1\\ x_3-x_1 & y_3-y_1\end{vmatrix}$$

$$=\begin{vmatrix}x-x_1 & y-y_1 & z-z_1\\ x_2-x_1 & y_2-y_1 & z_2-z_1\\ x_3-x_1 & y_3-y_1 & z_3-z_1\end{vmatrix}=0$$

であり，上式の行列式は (1.10) 式を転置した行列式であり，行列式の性質から同じであることがわかる[12]．　□

例題 2.3

ベクトル $\boldsymbol{A} = (1,\ -3,\ 9)$，$\boldsymbol{B} = (-2,\ 4,\ -16)$ とするとき，次の問に答えよ．

(1)　$\boldsymbol{A} \times \boldsymbol{B}$ を成分で表せ．

(2)　$(2\boldsymbol{A} + \boldsymbol{B}) \times (3\boldsymbol{A} + \boldsymbol{B})$ を成分で表せ．

(3)　原点 O を通り $(2\boldsymbol{A} + \boldsymbol{B}) \times (3\boldsymbol{A} + \boldsymbol{B})$ に垂直な平面の方程式を求めよ．

解答　(1)

$$\boldsymbol{A} \times \boldsymbol{B} = \left(\begin{vmatrix} -3 & 9 \\ 4 & -16 \end{vmatrix},\ \begin{vmatrix} 9 & 1 \\ -16 & -2 \end{vmatrix},\ \begin{vmatrix} 1 & -3 \\ -2 & 4 \end{vmatrix} \right) = (12,\ -2,\ -2)\,.$$

(2)

$$\begin{aligned} &(2\boldsymbol{A} + \boldsymbol{B}) \times (3\boldsymbol{A} + \boldsymbol{B}) \\ &= 6\boldsymbol{A} \times \boldsymbol{A} + 2\boldsymbol{A} \times \boldsymbol{B} + 3\boldsymbol{B} \times \boldsymbol{A} + \boldsymbol{B} \times \boldsymbol{B} \\ &= -\boldsymbol{A} \times \boldsymbol{B} = (-12,\ 2,\ 2)\,. \end{aligned}$$

(3)

$$(-12)(x - 0) + 2(y - 0) + 2(z - 0) = -12x + 2y + 2z = 0.$$

□

チェック問題 2.3　△PAB において，

$$\boldsymbol{A} = \overrightarrow{\mathrm{PA}} = (6,\ 3,\ -2)\,, \quad \boldsymbol{B} = \overrightarrow{\mathrm{PB}} = (-6,\ a,\ -8)$$

とする．△PAB の面積が 35 であるとき a の値を求めよ．

12) $\overrightarrow{\mathrm{AP}} \cdot \left(\overrightarrow{\mathrm{AB}} \times \overrightarrow{\mathrm{AC}} \right)$ はスカラー 3 重積とよばれ，次節で紹介する．

2.3 3個以上のベクトルの積

—スカラー3重積，ベクトル3重積を理解し，多くのベクトルの積の取扱い方を習得する

3個以上のベクトルの積

ベクトルの内積と外積をもとに，本節では3個以上のベクトルの積について学ぶ．スカラー3重積とベクトル3重積は特に重要であるが，いずれも1次独立・1次従属，内積および外積をもとに考えていけば，その幾何的な意味も成分表示を用いた計算も難しいものではない．本節ではさらに4個以上のベクトルの積についてもいくつか紹介するが，基本的には内積・外積の計算の延長線上にあるものであり，内積と外積を括弧できちんと区別して演算の順序を間違えないことが肝要である．このことに注意すれば，演算の各段階で得られている量がベクトルなのかスカラーなのかを間違えることはない．また成分を用いて計算することは重要ではあるが，やみくもに成分の計算をしようとすると非常に複雑になり，かえって得られる積の意味をわかりにくくしてしまう．内積・外積の性質等を活用して，成分計算をしないでベクトルの表記のままで考えていくことで理解しやすくなることも多いことに注意しよう．

(I) 内積とスカラー倍

成分で表された2つのベクトル $\boldsymbol{A} = (A_x,\ A_y,\ A_z)$, $\boldsymbol{B} = (B_x,\ B_y,\ B_z)$ の内積 $\boldsymbol{A}\cdot\boldsymbol{B} = \lambda$ に対して，$\boldsymbol{C} = (C_x,\ C_y,\ C_z)$ の λ 倍を

$$(\boldsymbol{A}\cdot\boldsymbol{B})\boldsymbol{C}$$

とかく．この成分表示は

$$\begin{aligned}(\boldsymbol{A}\cdot\boldsymbol{B})\boldsymbol{C} &= (A_xB_x + A_yB_y + A_zB_z)(C_x\boldsymbol{i} + C_y\boldsymbol{j} + C_z\boldsymbol{k})\\ &= (A_xB_x + A_yB_y + A_zB_z)(C_x,\ C_y,\ C_z)\\ &= ((A_xB_x + A_yB_y + A_zB_z)C_x,\ (A_xB_x + A_yB_y + A_zB_z)C_y,\\ &\qquad (A_xB_x + A_yB_y + A_zB_z)C_z)\end{aligned}$$

となる．

(II)　スカラー 3 重積

3 つのベクトル $\boldsymbol{A}=(A_x,\ A_y,\ A_z)$, $\boldsymbol{B}=(B_x,\ B_y,\ B_z)$, $\boldsymbol{C}=(C_x,\ C_y,\ C_z)$ について，$\boldsymbol{A}$ と $\boldsymbol{B}\times\boldsymbol{C}$ の内積 $\boldsymbol{A}\cdot(\boldsymbol{B}\times\boldsymbol{C})$ を $\boldsymbol{A}$, $\boldsymbol{B}$, $\boldsymbol{C}$ の**スカラー 3 重積**という．スカラー 3 重積の成分表示は (2.12) 式から

ステップ 6：キーポイント　スカラー 3 重積の成分を用いた表示

$$\boldsymbol{A}\cdot(\boldsymbol{B}\times\boldsymbol{C}) = A_x\begin{vmatrix} B_y & B_z \\ C_y & C_z \end{vmatrix} + A_y\begin{vmatrix} B_z & B_x \\ C_z & C_x \end{vmatrix} + A_z\begin{vmatrix} B_x & B_y \\ C_x & C_y \end{vmatrix}$$
$$= \begin{vmatrix} A_x & A_y & A_z \\ B_x & B_y & B_z \\ C_x & C_y & C_z \end{vmatrix} \qquad (2.13)$$

となるが，内積の交換法則，行列式の 2 つの行の入れ替えの性質を利用すると，

$$\begin{aligned}\boldsymbol{A}\cdot(\boldsymbol{B}\times\boldsymbol{C}) &= (\boldsymbol{B}\times\boldsymbol{C})\cdot\boldsymbol{A} \\ &= -\boldsymbol{B}\cdot(\boldsymbol{A}\times\boldsymbol{C}) = \boldsymbol{B}\cdot(\boldsymbol{C}\times\boldsymbol{A}) = (\boldsymbol{C}\times\boldsymbol{A})\cdot\boldsymbol{B} \\ &= -\boldsymbol{C}\cdot(\boldsymbol{B}\times\boldsymbol{A}) = \boldsymbol{C}\cdot(\boldsymbol{A}\times\boldsymbol{B}) = (\boldsymbol{A}\times\boldsymbol{B})\cdot\boldsymbol{C}\end{aligned}$$

が成り立つ．上式のように $\boldsymbol{A}\cdot(\boldsymbol{B}\times\boldsymbol{C})$ を基準にすると，ベクトルの順序について，

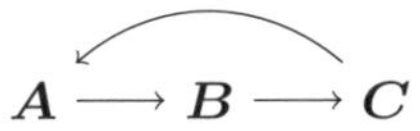

の矢印の向きであれば $\boldsymbol{A}\cdot(\boldsymbol{B}\times\boldsymbol{C})$ に等しく，その逆の矢印の順序になる（例えば $\boldsymbol{B}\cdot(\boldsymbol{A}\times\boldsymbol{C})$）場合には (-1) 倍（逆の符号）となることに注意しよう．また $\boldsymbol{A}\cdot(\boldsymbol{B}\times\boldsymbol{C})$ を $[\boldsymbol{A},\ \boldsymbol{B},\ \boldsymbol{C}]$ とかき，これを**グラスマンの記号**という．

次にスカラー 3 重積 $\boldsymbol{A}\cdot(\boldsymbol{B}\times\boldsymbol{C})$ の幾何的意味について考察しよう．

(i)　3 つのベクトルのうち少なくとも 2 つのベクトルが共線ベクトルである場合

2 つの共線ベクトルの外積が $\boldsymbol{0}$ であるので，スカラー 3 重積は零である．すなわちスカラー 3 重積の 3 つのベクトルのうち少なくとも 2 つのベクトルが平行（等しい場合も含む）であれば，スカラー 3 重積は零である．

(ii)　3つのベクトルが共面ベクトルである場合

3つのベクトルは1次従属であるので，(2.13) 式の行列式は (1.10) 式もしくは例 2.9 から零である．

(iii)　共面ベクトルではない場合（1次独立の場合）

図 2.7 に示すように $\boldsymbol{A} = \overrightarrow{\mathrm{PA}}$, $\boldsymbol{B} = \overrightarrow{\mathrm{PB}}$, $\boldsymbol{C} = \overrightarrow{\mathrm{PC}}$ とすると，$\boldsymbol{B} \times \boldsymbol{C}$ は $\boldsymbol{B}$ と $\boldsymbol{C}$ が張る平面に垂直で，その大きさは平行四辺形 PBQC の面積 S である．スカラー3重積の絶対値 $|\boldsymbol{A} \cdot (\boldsymbol{B} \times \boldsymbol{C})|$ は $\boldsymbol{A}$ の $\boldsymbol{B} \times \boldsymbol{C}$ 上への正射影 $\overrightarrow{\mathrm{PA'}}$ の大きさ $h = \left|\overrightarrow{\mathrm{PA'}}\right| = |\boldsymbol{A}|\,|\cos\theta|$ と S との積である．一方，平行六面体 PBQC–AB′Q′C′ の体積 V は Sh（底面積と高さの積）であるから

$$V = |\boldsymbol{A} \cdot (\boldsymbol{B} \times \boldsymbol{C})|$$

である[13]．

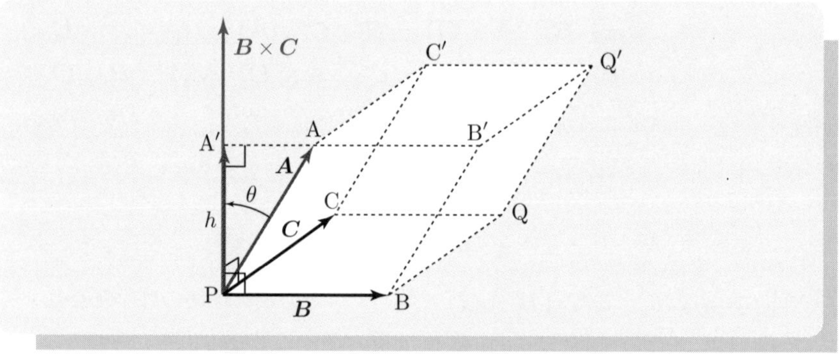

図 **2.7**　スカラー3重積と平行六面体

例 2.10　内積と外積に関するスカラー倍に対する結合法則と分配法則から

(1)

$$\begin{aligned}
&(\lambda\boldsymbol{A} + \mu\boldsymbol{B} + \nu\boldsymbol{C}) \cdot (\boldsymbol{B} \times \boldsymbol{C}) \\
&= \lambda\{\boldsymbol{A} \cdot (\boldsymbol{B} \times \boldsymbol{C})\} + \mu\{\boldsymbol{B} \cdot (\boldsymbol{B} \times \boldsymbol{C})\} + \nu\{\boldsymbol{C} \cdot (\boldsymbol{B} \times \boldsymbol{C})\} \\
&= \lambda\{\boldsymbol{A} \cdot (\boldsymbol{B} \times \boldsymbol{C})\}
\end{aligned}$$

13) このように考えると (i) の場合も (ii) の場合も体積が零となることからわかる．

(2)　$\boldsymbol{X} \mathbin{/\!/} \boldsymbol{A}$ とするとき $\boldsymbol{A} \times \boldsymbol{X} = \boldsymbol{0}$ より

$$\begin{aligned}
&\boldsymbol{A} \cdot \{(\lambda \boldsymbol{X} + \mu \boldsymbol{B} + \nu \boldsymbol{C}) \times \boldsymbol{C}\} \\
&= \boldsymbol{A} \cdot \{\lambda (\boldsymbol{X} \times \boldsymbol{C}) + \mu (\boldsymbol{B} \times \boldsymbol{C}) + \nu (\boldsymbol{C} \times \boldsymbol{C})\} \\
&= \lambda \{\boldsymbol{A} \cdot (\boldsymbol{X} \times \boldsymbol{C})\} + \mu \{\boldsymbol{A} \cdot (\boldsymbol{B} \times \boldsymbol{C})\} + \nu (\boldsymbol{A} \cdot \boldsymbol{0}) \\
&= \mu \{\boldsymbol{A} \cdot (\boldsymbol{B} \times \boldsymbol{C})\}
\end{aligned}$$

このように，外積のベクトルの順序に注意して，スカラー 3 重積の中でのベクトルの間の直交や平行といった幾何的関係を考慮すればよい．□

例題 2.4

$\boldsymbol{A} = \overrightarrow{\mathrm{OA}} = (1,\ 1,\ 3)$, $\boldsymbol{B} = \overrightarrow{\mathrm{OB}} = (-2,\ 5,\ -1)$, $\boldsymbol{C} = \overrightarrow{\mathrm{OC}} = (4,\ -1,\ 2)$ とする．次の問に答えよ．

(1)　$\overrightarrow{\mathrm{OA}}$, $\overrightarrow{\mathrm{OB}}$, $\overrightarrow{\mathrm{OC}}$ を 3 辺とする平行六面体の体積 V を求めよ．

(2)　$\overrightarrow{\mathrm{OP}} = -\boldsymbol{A} - \boldsymbol{B}$, $\overrightarrow{\mathrm{OQ}} = -\boldsymbol{B} + \boldsymbol{C}$, $\overrightarrow{\mathrm{OR}} = \boldsymbol{A} - \boldsymbol{C}$ とするとき，四面体 OPQR の体積を求めよ．

解答　(1)

$$\boldsymbol{A} \cdot (\boldsymbol{B} \times \boldsymbol{C}) = \begin{vmatrix} 1 & 1 & 3 \\ -2 & 5 & -1 \\ 4 & -1 & 2 \end{vmatrix} = -45$$

より，$V = |-45| = 45$ である．

(2)

$$\begin{aligned}
&\overrightarrow{\mathrm{OP}} \cdot \left(\overrightarrow{\mathrm{OQ}} \times \overrightarrow{\mathrm{OR}}\right) \\
&= (-\boldsymbol{A} - \boldsymbol{B}) \cdot \{(-\boldsymbol{B} + \boldsymbol{C}) \times (\boldsymbol{A} - \boldsymbol{C})\} \\
&= (-\boldsymbol{A} - \boldsymbol{B}) \cdot \{-(\boldsymbol{B} \times \boldsymbol{A}) + (\boldsymbol{B} \times \boldsymbol{C}) + (\boldsymbol{C} \times \boldsymbol{A}) - (\boldsymbol{C} \times \boldsymbol{C})\} \\
&= -\boldsymbol{A} \cdot (\boldsymbol{B} \times \boldsymbol{C}) - \boldsymbol{B} \cdot (\boldsymbol{C} \times \boldsymbol{A}) \\
&= -2\boldsymbol{A} \cdot (\boldsymbol{B} \times \boldsymbol{C}) = 90
\end{aligned}$$

であり，四面体 OPQR の体積は $\overrightarrow{\mathrm{OP}}$, $\overrightarrow{\mathrm{OQ}}$, $\overrightarrow{\mathrm{OR}}$ を 3 辺とする平行六面体の体積の $\frac{1}{6}$ であるので，15 である．□

チェック問題 2.4　$\overrightarrow{\mathrm{OA}} = (1,\ 0,\ 3)$, $\overrightarrow{\mathrm{OB}} = (0,\ 2,\ 1)$, $\overrightarrow{\mathrm{OC}} = (-1,\ 2,\ 4)$ を 3 辺とする平行六面体の体積を V とする．$\overrightarrow{\mathrm{OP}} = (0,\ 1,\ 2)$, $\overrightarrow{\mathrm{OQ}} = (1,\ 1,\ a)$, $\overrightarrow{\mathrm{OR}} = (-2,\ 0,\ 1)$ を 3 辺とする平行六面体の体積が $\frac{V}{4}$ であるとき，a の値を求めよ．

(III)　ベクトル 3 重積

3 つのベクトル $\boldsymbol{A} = (A_x,\ A_y,\ A_z)$, $\boldsymbol{B} = (B_x,\ B_y,\ B_z)$, $\boldsymbol{C} = (C_x,\ C_y,\ C_z)$ について，$\boldsymbol{A}$ と $\boldsymbol{B} \times \boldsymbol{C}$ の外積 $\boldsymbol{V} = \boldsymbol{A} \times (\boldsymbol{B} \times \boldsymbol{C}) = (V_x,\ V_y,\ V_z)$ を $\boldsymbol{A}$, $\boldsymbol{B}$, $\boldsymbol{C}$ の**ベクトル 3 重積**という．このようにベクトル 3 重積はベクトルであり，3 つの成分をもつが x 成分 V_x については (2.12) 式から

$$
\begin{aligned}
V_x &= A_y \begin{vmatrix} B_x & B_y \\ C_x & C_y \end{vmatrix} - A_z \begin{vmatrix} B_z & B_x \\ C_z & C_x \end{vmatrix} \\
&= A_y\,(B_xC_y - B_yC_x) - A_z\,(B_zC_x - B_xC_z) + (A_xB_xC_x - A_xB_xC_x) \\
&= (A_xC_x + A_yC_y + A_zC_z)\,B_x - (A_xB_x + A_yB_y + A_zB_z)\,C_x \\
&= (\boldsymbol{A} \cdot \boldsymbol{C})\,B_x - (\boldsymbol{A} \cdot \boldsymbol{B})\,C_x
\end{aligned}
$$

である．ここで上式の 2 段目の右辺の最後の項 $(A_xB_xC_x - A_xB_xC_x)$ は零であり，これを 1 段目の右辺に加えている．y 成分 V_y，z 成分 V_z についても同様に計算すると

$$
V_y = (\boldsymbol{A} \cdot \boldsymbol{C})\,B_y - (\boldsymbol{A} \cdot \boldsymbol{B})\,C_y, \quad V_z = (\boldsymbol{A} \cdot \boldsymbol{C})\,B_z - (\boldsymbol{A} \cdot \boldsymbol{B})\,C_z
$$

であり，これから次のように表される．

ステップ 7：キーポイント　**ベクトル 3 重積の成分を用いた表示**

$$
\boldsymbol{A} \times (\boldsymbol{B} \times \boldsymbol{C}) = (\boldsymbol{A} \cdot \boldsymbol{C})\,\boldsymbol{B} - (\boldsymbol{A} \cdot \boldsymbol{B})\,\boldsymbol{C}. \tag{2.14}
$$

一方 3 つのベクトル $\boldsymbol{A}$, $\boldsymbol{B}$, $\boldsymbol{C}$ の，(2.14) 式とは括弧の位置が異なるベクトル 3 重積 $(\boldsymbol{A} \times \boldsymbol{B}) \times \boldsymbol{C} = \boldsymbol{W} = (W_x,\ W_y,\ W_z)$ について，x 成分 W_x は

$$
\begin{aligned}
W_x &= \begin{vmatrix} A_z & A_x \\ B_z & B_x \end{vmatrix} C_z - \begin{vmatrix} A_x & A_y \\ B_x & B_y \end{vmatrix} C_y \\
&= (A_zB_x - A_xB_z)\,C_z - (A_xB_y - A_yB_x)\,C_y + (A_xB_xC_x - A_xB_xC_x) \\
&= (A_xC_x + A_yC_y + A_zC_z)\,B_x - (B_xC_x + B_yC_y + B_zC_z)\,A_x \\
&= (\boldsymbol{A} \cdot \boldsymbol{C})\,B_x - (\boldsymbol{B} \cdot \boldsymbol{C})\,A_x
\end{aligned}
$$

である．同様にして y 成分 W_y，z 成分 W_z についても計算すると

$$W_y = (\boldsymbol{A}\cdot\boldsymbol{C})\,B_y - (\boldsymbol{B}\cdot\boldsymbol{C})\,A_y, \quad W_z = (\boldsymbol{A}\cdot\boldsymbol{C})\,B_z - (\boldsymbol{B}\cdot\boldsymbol{C})\,A_z$$

であり，これから

$$(\boldsymbol{A}\times\boldsymbol{B})\times\boldsymbol{C} = (\boldsymbol{A}\cdot\boldsymbol{C})\,\boldsymbol{B} - (\boldsymbol{B}\cdot\boldsymbol{C})\,\boldsymbol{A} \tag{2.15}$$

が得られる．外積の幾何的意味から $(\boldsymbol{A}\times\boldsymbol{B})\times\boldsymbol{C} \perp \boldsymbol{A}\times\boldsymbol{B}$ より (2.15) 式のベクトル 3 重積は $\boldsymbol{A}$ と $\boldsymbol{B}$ が張る平面上のベクトルである．一方 (2.14) 式のベクトル 3 重積は $\boldsymbol{A}\times(\boldsymbol{B}\times\boldsymbol{C}) \perp \boldsymbol{B}\times\boldsymbol{C}$ より $\boldsymbol{B}$ と $\boldsymbol{C}$ が張る平面上のベクトルである．このようにベクトル 3 重積では結合法則が成り立たないので，括弧の位置に十分注意する必要がある．

(2.15) 式はベクトルの順序と外積の性質を用いて (2.14) 式から以下のように導出できる．

$$\begin{aligned}(\boldsymbol{A}\times\boldsymbol{B})\times\boldsymbol{C} &= -\boldsymbol{C}\times(\boldsymbol{A}\times\boldsymbol{B})\\ &= -\{(\boldsymbol{C}\cdot\boldsymbol{B})\,\boldsymbol{A} - (\boldsymbol{C}\cdot\boldsymbol{A})\,\boldsymbol{B}\} = (\boldsymbol{A}\cdot\boldsymbol{C})\,\boldsymbol{B} - (\boldsymbol{B}\cdot\boldsymbol{C})\,\boldsymbol{A}.\end{aligned}$$

逆に (2.14) 式を (2.15) 式から次のように導出できる．

$$\begin{aligned}\boldsymbol{A}\times(\boldsymbol{B}\times\boldsymbol{C}) &= -(\boldsymbol{B}\times\boldsymbol{C})\times\boldsymbol{A}\\ &= -\{(\boldsymbol{A}\cdot\boldsymbol{B})\,\boldsymbol{C} - (\boldsymbol{A}\cdot\boldsymbol{C})\,\boldsymbol{B}\} = (\boldsymbol{A}\cdot\boldsymbol{C})\,\boldsymbol{B} - (\boldsymbol{A}\cdot\boldsymbol{B})\,\boldsymbol{C}.\end{aligned}$$

例 2.11　(1)　$\boldsymbol{A}\perp\boldsymbol{B}$, $\boldsymbol{B}\perp\boldsymbol{C}$, $\boldsymbol{C}\perp\boldsymbol{A}$ であるとき，2 つのベクトルの内積はすべて零であるので，次のようになる[14]．

$$\boldsymbol{A}\times(\boldsymbol{B}\times\boldsymbol{C}) = \boldsymbol{B}\times(\boldsymbol{C}\times\boldsymbol{A}) = \boldsymbol{C}\times(\boldsymbol{A}\times\boldsymbol{B}) = \boldsymbol{0}.$$

(2)

$$\begin{aligned}&\boldsymbol{A}\times(\boldsymbol{B}\times\boldsymbol{C}) + \boldsymbol{B}\times(\boldsymbol{C}\times\boldsymbol{A}) + \boldsymbol{C}\times(\boldsymbol{A}\times\boldsymbol{B})\\ &= \{(\boldsymbol{A}\cdot\boldsymbol{C})\,\boldsymbol{B} - (\boldsymbol{A}\cdot\boldsymbol{B})\,\boldsymbol{C}\} + \{(\boldsymbol{B}\cdot\boldsymbol{A})\,\boldsymbol{C} - (\boldsymbol{B}\cdot\boldsymbol{C})\,\boldsymbol{A}\}\\ &\quad + \{(\boldsymbol{C}\cdot\boldsymbol{B})\,\boldsymbol{A} - (\boldsymbol{C}\cdot\boldsymbol{A})\,\boldsymbol{B}\}\\ &= \boldsymbol{0}\end{aligned}$$

である[15]．□

---

[14] 3 つの基本ベクトルの場合には下式が成り立つ．

[15] 上式をヤコビの恒等式という．

例題 2.5

$\boldsymbol{A} = (3,\ 6,\ 0)$, $\boldsymbol{B} = (0,\ 1,\ 2)$, $\boldsymbol{C} = (4,\ 0,\ -5)$ とする.

(1) $\boldsymbol{A} \times (\boldsymbol{B} \times \boldsymbol{C})$ を計算せよ.

(2) $(\boldsymbol{A} \times \boldsymbol{B}) \times \boldsymbol{C}$ を計算せよ.

解答 $\boldsymbol{A} \cdot \boldsymbol{B} = 6$, $\boldsymbol{B} \cdot \boldsymbol{C} = -10$, $\boldsymbol{C} \cdot \boldsymbol{A} = 12$ より

(1) $\boldsymbol{A} \times (\boldsymbol{B} \times \boldsymbol{C}) = 12\boldsymbol{B} - 6\boldsymbol{C} = (-24,\ 12,\ 54)$

(2) $(\boldsymbol{A} \times \boldsymbol{B}) \times \boldsymbol{C} = 12\boldsymbol{B} - (-10)\boldsymbol{A} = (30,\ 72,\ 24)$ □

チェック問題 2.5 $\boldsymbol{A} = (0,\ 1,\ 1)$, $\boldsymbol{B} = (-2,\ a,\ -1)$, $\boldsymbol{C} = (1,\ 1,\ b)$ とする. $\boldsymbol{A} \times (\boldsymbol{B} \times \boldsymbol{C}) = 2\{(\boldsymbol{A} \times \boldsymbol{B}) \times \boldsymbol{C}\}$ であるとき, a, b の値を求めよ.

(IV) 多くの内積, 外積を有する積の計算（応用）

積を計算する手続きの回数が増えても, 必要に応じておきかえもしながらスカラー3重積やベクトル3重積を利用して式を展開していく基本的な手続きを行えばよい. ここではいくつかの代表的な例を紹介するにとどめる.

例 2.12 (1) $(\boldsymbol{A} \times \boldsymbol{B}) \cdot (\boldsymbol{C} \times \boldsymbol{D})$ について $\boldsymbol{X} = \boldsymbol{A} \times \boldsymbol{B}$ とおくと

$$
\begin{aligned}
&(\boldsymbol{A} \times \boldsymbol{B}) \cdot (\boldsymbol{C} \times \boldsymbol{D}) \\
&= \boldsymbol{X} \cdot (\boldsymbol{C} \times \boldsymbol{D}) = \boldsymbol{D} \cdot (\boldsymbol{X} \times \boldsymbol{C}) = \boldsymbol{D} \cdot \{(\boldsymbol{A} \times \boldsymbol{B}) \times \boldsymbol{C}\} \\
&= \boldsymbol{D} \cdot \{(\boldsymbol{A} \cdot \boldsymbol{C})\,\boldsymbol{B} - (\boldsymbol{B} \cdot \boldsymbol{C})\,\boldsymbol{A}\} \\
&= (\boldsymbol{A} \cdot \boldsymbol{C})\,(\boldsymbol{D} \cdot \boldsymbol{B}) - (\boldsymbol{B} \cdot \boldsymbol{C})\,(\boldsymbol{D} \cdot \boldsymbol{A}) = \begin{vmatrix} \boldsymbol{A} \cdot \boldsymbol{C} & \boldsymbol{A} \cdot \boldsymbol{D} \\ \boldsymbol{B} \cdot \boldsymbol{C} & \boldsymbol{B} \cdot \boldsymbol{D} \end{vmatrix}
\end{aligned}
$$

である. また

$$
\begin{aligned}
&(\boldsymbol{A} \times \boldsymbol{B}) \cdot (\boldsymbol{C} \times \boldsymbol{D}) \\
&= \boldsymbol{X} \cdot (\boldsymbol{C} \times \boldsymbol{D}) = \boldsymbol{C} \cdot (\boldsymbol{D} \times \boldsymbol{X}) = \boldsymbol{C} \cdot \{\boldsymbol{D} \times (\boldsymbol{A} \times \boldsymbol{B})\}
\end{aligned}
$$

である[16]. また $\boldsymbol{Y} = \boldsymbol{C} \times \boldsymbol{D}$ とおくと

$$
\begin{aligned}
&(\boldsymbol{A} \times \boldsymbol{B}) \cdot \boldsymbol{Y} \\
&= \boldsymbol{Y} \cdot (\boldsymbol{A} \times \boldsymbol{B}) = \boldsymbol{B} \cdot (\boldsymbol{Y} \times \boldsymbol{A}) = \boldsymbol{B} \cdot \{(\boldsymbol{C} \times \boldsymbol{D}) \times \boldsymbol{A}\} \\
&= \boldsymbol{Y} \cdot (\boldsymbol{A} \times \boldsymbol{B}) = \boldsymbol{A} \cdot (\boldsymbol{B} \times \boldsymbol{Y}) = \boldsymbol{A} \cdot \{\boldsymbol{B} \times (\boldsymbol{C} \times \boldsymbol{D})\}.
\end{aligned}
$$

16) 最終的な結果までの過程は省略するが, 各自確認されたい.

(2)　$(\boldsymbol{A}\times\boldsymbol{B})\times(\boldsymbol{C}\times\boldsymbol{D})$ について $\boldsymbol{X}=\boldsymbol{A}\times\boldsymbol{B}$ とおくと

$$\begin{aligned}&(\boldsymbol{A}\times\boldsymbol{B})\times(\boldsymbol{C}\times\boldsymbol{D})\\&=\boldsymbol{X}\times(\boldsymbol{C}\times\boldsymbol{D})=(\boldsymbol{X}\cdot\boldsymbol{D})\,\boldsymbol{C}-(\boldsymbol{X}\cdot\boldsymbol{C})\,\boldsymbol{D}\\&=\{(\boldsymbol{A}\times\boldsymbol{B})\cdot\boldsymbol{D}\}\,\boldsymbol{C}-\{(\boldsymbol{A}\times\boldsymbol{B})\cdot\boldsymbol{C}\}\,\boldsymbol{D}\end{aligned}$$

であり，また $\boldsymbol{Y}=\boldsymbol{C}\times\boldsymbol{D}$ とおくと

$$\begin{aligned}&(\boldsymbol{A}\times\boldsymbol{B})\times(\boldsymbol{C}\times\boldsymbol{D})\\&=(\boldsymbol{A}\times\boldsymbol{B})\times\boldsymbol{Y}=(\boldsymbol{A}\cdot\boldsymbol{Y})\,\boldsymbol{B}-(\boldsymbol{B}\cdot\boldsymbol{Y})\,\boldsymbol{A}\\&=\{\boldsymbol{A}\cdot(\boldsymbol{C}\times\boldsymbol{D})\}\,\boldsymbol{B}-\{\boldsymbol{B}\cdot(\boldsymbol{C}\times\boldsymbol{D})\}\,\boldsymbol{A}.\end{aligned}$$

$(\boldsymbol{A}\times\boldsymbol{B})\times(\boldsymbol{C}\times\boldsymbol{D})\perp\boldsymbol{A}\times\boldsymbol{B}$ および $(\boldsymbol{A}\times\boldsymbol{B})\times(\boldsymbol{C}\times\boldsymbol{D})\perp\boldsymbol{C}\times\boldsymbol{D}$ より，式からだけでなく，$(\boldsymbol{A}\times\boldsymbol{B})\times(\boldsymbol{C}\times\boldsymbol{D})$ は $\boldsymbol{A}$ と $\boldsymbol{B}$ が張る平面上のベクトルでもあり，$\boldsymbol{C}$ と $\boldsymbol{D}$ が張る平面上のベクトルでもあることが幾何的に理解できる．

(3)　$\boldsymbol{A}\times\{\boldsymbol{B}\times(\boldsymbol{C}\times\boldsymbol{D})\}$ について $\boldsymbol{Y}=\boldsymbol{C}\times\boldsymbol{D}$ とおくと

$$\begin{aligned}&\boldsymbol{A}\times\{\boldsymbol{B}\times(\boldsymbol{C}\times\boldsymbol{D})\}\\&=\boldsymbol{A}\times(\boldsymbol{B}\times\boldsymbol{Y})=(\boldsymbol{A}\cdot\boldsymbol{Y})\,\boldsymbol{B}-(\boldsymbol{A}\cdot\boldsymbol{B})\,\boldsymbol{Y}\\&=\{\boldsymbol{A}\cdot(\boldsymbol{C}\times\boldsymbol{D})\}\,\boldsymbol{B}-(\boldsymbol{A}\cdot\boldsymbol{B})\,(\boldsymbol{C}\times\boldsymbol{D}).\end{aligned}$$ □

例題 2.6

$\boldsymbol{A}$, $\boldsymbol{B}$, $\boldsymbol{C}$ が共面ベクトルであるとき，$(\boldsymbol{A}\times\boldsymbol{B})\times(\boldsymbol{B}\times\boldsymbol{C})=\boldsymbol{0}$ となることを示せ．

解答　例 2.12 (2) より

$$\begin{aligned}(\boldsymbol{A}\times\boldsymbol{B})\times(\boldsymbol{B}\times\boldsymbol{C})&=\{(\boldsymbol{A}\times\boldsymbol{B})\cdot\boldsymbol{C}\}\,\boldsymbol{B}-\{(\boldsymbol{A}\times\boldsymbol{B})\cdot\boldsymbol{B}\}\,\boldsymbol{C}\\&=\{(\boldsymbol{A}\times\boldsymbol{B})\cdot\boldsymbol{C}\}\,\boldsymbol{B}\end{aligned}$$

である．ここで $\boldsymbol{A}$, $\boldsymbol{B}$, $\boldsymbol{C}$ が共面ベクトルであるので，$(\boldsymbol{A}\times\boldsymbol{B})\cdot\boldsymbol{C}=0$ であるから，

$$(\boldsymbol{A}\times\boldsymbol{B})\times(\boldsymbol{B}\times\boldsymbol{C})=0\boldsymbol{B}=\boldsymbol{0}.$$ □

✔ **チェック問題 2.6**　基本ベクトル $\boldsymbol{i}$, $\boldsymbol{j}$, $\boldsymbol{k}$ に対して，$\boldsymbol{i}\times\{\boldsymbol{j}\times(\boldsymbol{k}\times\boldsymbol{j})\}$ を計算せよ．

2.4 極性ベクトルと軸性ベクトル
—極性ベクトルと軸性ベクトルの違いについて解析的に理解する

極性ベクトルと軸性ベクトル

ベクトルを極性ベクトルと軸性ベクトルに分類することについては物理学で現れるベクトル量を示して第1章で簡単に紹介した．その際に軸性ベクトルは回転に関係づけられる量であることを紹介したが，本節では右手系と左手系のベクトルの表現の比較をもとに極性ベクトルと軸性ベクトルの違いについて説明する．さらに平面図形に大きさと方向を与えた面積ベクトルを紹介する．

(I)　極性ベクトルと軸性ベクトル

第1章のベクトルの分類において簡単に触れたように，ベクトルはその向きの定まり方によって2種類に分類される．このうち力等のベクトルは初めからその向きが定まっているが，力のモーメントのようなベクトルは外積で表され，その外積の規則によってその向きが定義される．つまり力のモーメントの向きは初めから定まっているわけではなく，回転する面に垂直な右ネジが進む向きを考えて，その向きをベクトルの向きとして定義しているわけである．この2種類のベクトルの違いについて，ここでは簡単に右手系と左手系でのベクトルの表現の比較から考察する．

準備として右手系から左手系に変換する表現を考える．図1.2 (a) に示した右手系の基本ベクトルから

$$\check{\boldsymbol{i}} = -\boldsymbol{i}, \quad \check{\boldsymbol{j}} = -\boldsymbol{j}, \quad \check{\boldsymbol{k}} = -\boldsymbol{k} \tag{2.16}$$

と変換すれば左手系：図1.2 (b) が得られる．この変換を**空間反転**といい，その際の右手系の座標を x, y, z とし，左手系の座標を $\check{x}, \check{y}, \check{z}$ とすると，(2.16) 式の基本ベクトル同士の関係と同じく

$$\check{x} = -x, \quad \check{y} = -y, \quad \check{z} = -z \tag{2.17}$$

となる．これを**座標変換の式**という．

以上のことを用いて，まず位置ベクトルや力等のベクトルの右手系と左手系での表現を考える．右手系で成分表示したベクトル $\boldsymbol{A} = A_x\boldsymbol{i} + A_y\boldsymbol{j} + A_z\boldsymbol{k}$ に

対して空間反転させた左手系での表現を $\check{\boldsymbol{A}} = \widecheck{A_x}\check{\boldsymbol{i}} + \widecheck{A_y}\check{\boldsymbol{j}} + \widecheck{A_z}\check{\boldsymbol{k}}$ とすると[17]，空間反転によってベクトル $\boldsymbol{A}$ と $\check{\boldsymbol{A}}$ の各成分同士の関係は

$$\widecheck{A_x} = -A_x, \quad \widecheck{A_y} = -A_y, \quad \widecheck{A_z} = -A_z \tag{2.18}$$

となる[18]．このように空間反転の座標変換 (2.17) 式と同じ式（(2.18) 式）で成分が変換されるベクトルを改めて**極性ベクトル**という．ここで (2.16) 式，(2.18) 式から

$$\begin{aligned}
\check{\boldsymbol{A}} &= \widecheck{A_x}\check{\boldsymbol{i}} + \widecheck{A_y}\check{\boldsymbol{j}} + \widecheck{A_z}\check{\boldsymbol{k}} \\
&= (-A_x)(-\boldsymbol{i}) + (-A_y)(-\boldsymbol{j}) + (-A_z)(-\boldsymbol{k}) \\
&= A_x\boldsymbol{i} + A_y\boldsymbol{j} + A_z\boldsymbol{k} = \boldsymbol{A}
\end{aligned}$$

である．この結果は，向きの定まっている極性ベクトルに対して，観測する側が右手系と左手系に変わっているので，その表現が変わる（各成分同士の符号が変わる）ことを示している．

次に回転操作によって右ネジの進む方向が決められるベクトルについての空間反転による変換について考えよう．$\boldsymbol{A}$, $\boldsymbol{B}$ が (2.18) 式により変換されるときにそれらの外積 $\boldsymbol{C} = C_x\boldsymbol{i} + C_y\boldsymbol{j} + C_z\boldsymbol{k} = \boldsymbol{A} \times \boldsymbol{B}$ の空間反転した左手系でのベクトルの表現を $\check{\boldsymbol{C}} = \widecheck{C_x}\check{\boldsymbol{i}} + \widecheck{C_y}\check{\boldsymbol{j}} + \widecheck{C_z}\check{\boldsymbol{k}}$ とする．このとき

$$\check{\boldsymbol{C}} = \check{\boldsymbol{A}} \times \check{\boldsymbol{B}}$$

であるが，この式の「×」は左手系での外積を表しており，その向きは $\check{\boldsymbol{A}}$ から $\check{\boldsymbol{B}}$ に 2 つのベクトルがなす角 θ（$0 < \theta < \pi$）だけ左ネジを回転させて重ねる操作をしたときにネジが進む方向として定義される．その規則において基本ベクトルの外積について

$$\begin{aligned}
&\check{\boldsymbol{i}} \times \check{\boldsymbol{j}} = -\check{\boldsymbol{j}} \times \check{\boldsymbol{i}} = \check{\boldsymbol{k}}, \\
&\check{\boldsymbol{j}} \times \check{\boldsymbol{k}} = -\check{\boldsymbol{k}} \times \check{\boldsymbol{j}} = \check{\boldsymbol{i}}, \\
&\check{\boldsymbol{k}} \times \check{\boldsymbol{i}} = -\check{\boldsymbol{i}} \times \check{\boldsymbol{k}} = \check{\boldsymbol{j}}, \\
&\check{\boldsymbol{i}} \times \check{\boldsymbol{i}} = \check{\boldsymbol{j}} \times \check{\boldsymbol{j}} = \check{\boldsymbol{k}} \times \check{\boldsymbol{k}} = \boldsymbol{0}
\end{aligned}$$

---

17) 各係数の記法について，例えば $\check{x}$ 成分には下付の記号に $\check{x}$ を用いるべきではあるが，$\check{}$ をつけないそのままの x で示すことにする．$\check{y}$ 成分，$\check{z}$ 成分についても同様である．

18) 位置ベクトル $\boldsymbol{r} = x\boldsymbol{i} + y\boldsymbol{j} + z\boldsymbol{k}$ と $\check{\boldsymbol{r}} = \check{x}\check{\boldsymbol{i}} + \check{y}\check{\boldsymbol{j}} + \check{z}\check{\boldsymbol{k}}$ を考えてみよ．

が成立する．従って，

$$\begin{aligned}\breve{C}_x &= \breve{A}_y\breve{B}_z - \breve{A}_z\breve{B}_y,\\ \breve{C}_y &= \breve{A}_z\breve{B}_x - \breve{A}_x\breve{B}_z,\\ \breve{C}_z &= \breve{A}_x\breve{B}_y - \breve{A}_y\breve{B}_x\end{aligned}$$

となり，右手系の場合と同様の式が得られる．この式と (2.18) 式から

$$\begin{aligned}\breve{C}_x &= (-A_y)(-B_z) - (-A_z)(-B_y) = A_yB_z - A_zB_y = C_x,\\ \breve{C}_y &= (-A_z)(-B_x) - (-A_x)(-B_z) = A_zB_x - A_xB_z = C_y,\\ \breve{C}_z &= (-A_x)(-B_y) - (-A_y)(-B_x) = A_xB_y - A_yB_x = C_z\end{aligned} \tag{2.19}$$

という変換式が得られる．この結果は極性ベクトルと異なり成分の変換式：(2.19) 式は右手系から左手系への空間反転の座標変換の (2.17) 式と異なる．これは外積の成分が極性ベクトルの空間反転で負の符号に逆転した2つの積によって相殺して (2.19) 式となるわけであるが，空間反転に対して成分がこのように変換されるベクトルを改めて**軸性ベクトル**という[19)]．また (2.16) 式，(2.19) 式から

$$\check{\boldsymbol{C}} = \breve{C}_x\check{\boldsymbol{i}} + \breve{C}_y\check{\boldsymbol{j}} + \breve{C}_z\check{\boldsymbol{k}} = -C_x\boldsymbol{i} - C_y\boldsymbol{j} - C_z\boldsymbol{k} = -\boldsymbol{C}$$

であるから，軸性ベクトルは座標変換により空間において反転する．これは軸性ベクトルが極性ベクトルのように初めから向きが決まっておらず，右手系と左手系でそれぞれの規則で向きが与えられるためである．一方右手系での $\boldsymbol{i}\times\boldsymbol{j}=\boldsymbol{k}$ の外積を考えると，図 1.2 (a) の xy 平面上での回転の向きは z 軸の正方向から見たときに反時計回りである．これに対して空間反転した左手系では，$\check{\boldsymbol{i}}\times\check{\boldsymbol{j}}=\check{\boldsymbol{k}}$ であるから，図 1.2 (b) において同様の $\breve{x}\breve{y}$ 平面上の回転は $\breve{z}$ 軸の正方向から見たとき時計回りである．すなわち，空間反転によって変わらないのは回転軸の向きではなく，回転そのものの向きであることがわかる．このことを考えると，軸性ベクトルは空間反転によって変わらない回転そのものの向きからそれぞれの座標系の規則（右ネジもしくは左ネジの進む方向）によってそのベクトルの向きを決めたものと捉えられる．以上のことをまとめておく．

---

19) これは通常のベクトルとは異なるため**擬ベクトル**ともよばれるが，本書では軸性ベクトルに統一する．

ステップ 8：キーポイント　極性ベクトルと軸性ベクトル

> 右手系と左手系でのベクトルの成分表示において，
>
> (2.18) 式で変換されるベクトルを極性ベクトルといい，
>
> (2.19) 式で変換されるベクトルを軸性ベクトルという．

(II)　極性ベクトルと軸性ベクトルの外積について

すでに上記の説明で示したように

$$(\text{極性ベクトル}) \times (\text{極性ベクトル}) = (\text{軸性ベクトル}) \tag{2.20}$$

であり，力のモーメント $\boldsymbol{N} = \boldsymbol{r} \times \boldsymbol{F}$ は極性ベクトルである $\boldsymbol{r}$ と $\boldsymbol{F}$ の外積であるので生じる回転の向きは決まり，軸性ベクトル $\boldsymbol{N}$ が与えられる．

次に極性ベクトル $\boldsymbol{A}$ と軸性ベクトル $\boldsymbol{C}$ について空間反転したときの

$$\boldsymbol{D} = D_x\boldsymbol{i} + D_y\boldsymbol{j} + D_z\boldsymbol{k} = \boldsymbol{C} \times \boldsymbol{A}$$

を考えると，右手系を空間反転した左手系での成分の変換の式は，(2.18) 式，(2.19) 式から

$$\begin{aligned}
\breve{D}_x &= \breve{C}_y\breve{A}_z - \breve{C}_z\breve{A}_y \\
&= (C_y)(-A_z) - (C_z)(-A_y) = -(C_yA_z - C_zA_y) = -D_x, \\
\breve{D}_y &= \breve{C}_z\breve{A}_x - \breve{C}_x\breve{A}_z \\
&= (C_z)(-A_x) - (C_x)(-A_z) = -(C_zA_x - C_xA_z) = -D_y, \\
\breve{D}_z &= \breve{C}_x\breve{A}_y - \breve{C}_y\breve{A}_x \\
&= (C_x)(-A_y) - (C_y)(-A_x) = -(C_xA_y - C_yA_x) = -D_z
\end{aligned}$$

となるので，$\boldsymbol{D}$ は極性ベクトルであることがわかる．すなわち

$$(\text{軸性ベクトル}) \times (\text{極性ベクトル}) = (\text{極性ベクトル}) \tag{2.21}$$

である．

例 2.13 （**角速度ベクトル**） 図 2.8 に示すように，基準とする点 O を通る直線 ℓ を軸として剛体が一定の角速度 ω で図のような方向で回転運動をしている．剛体内の点 P の位置ベクトルを $\boldsymbol{r} = \overrightarrow{\mathrm{OP}}$ とするとき，P は ℓ に垂直な平面 Π 内の点 O′ を中心とする円周上を ℓ と $\boldsymbol{r}$ のなす角 θ を保ちながら動く．このとき大きさが $(|\boldsymbol{r}|\sin\theta)\omega$ で，図のように軸が回転するとき右ネジの進む方向をその向きとするベクトルを $\boldsymbol{\omega}$ とすると，P における速度ベクトル $\boldsymbol{v}$ は平面 Π 上にあり，$\boldsymbol{\omega}$ と $\boldsymbol{r}$ が張る平面（3 点 O, O′, P を通る平面）に垂直であるから，

$$\boldsymbol{v} = \boldsymbol{\omega} \times \boldsymbol{r} \tag{2.22}$$

で与えられる．この $\boldsymbol{\omega}$ を**角速度ベクトル**という．角速度ベクトルは回転によって向きを定められた軸性ベクトルである．従ってこの外積の関係は，位置ベクトルと速度ベクトルが極性ベクトルであることから，(2.21) 式の例であることがわかる．

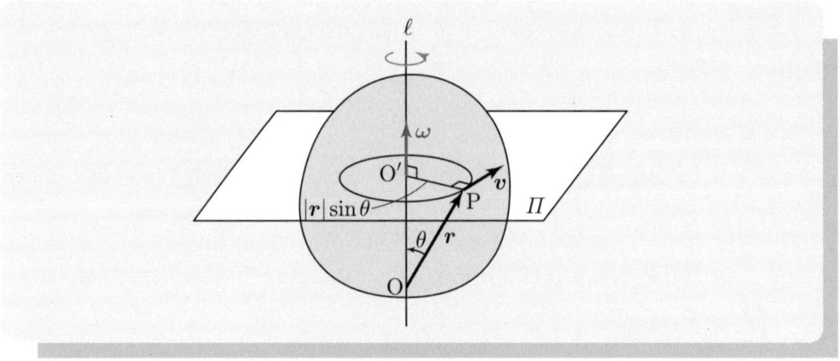

図 2.8 角速度ベクトル □

最後に (2.19) 式から

$$（軸性ベクトル）\times（軸性ベクトル）=（軸性ベクトル） \tag{2.23}$$

であることがわかる．

✔ **チェック問題 2.7** (2.20) 式，(2.21) 式を導いた例を参考に (2.23) 式が成立することを説明せよ．

以上のことをまとめておく．

ステップ9：キーポイント　極性ベクトルと軸性ベクトルの外積

右手系と左手系でのベクトルの成分表示において，

$$(\text{極性ベクトル}) \times (\text{極性ベクトル}) = (\text{軸性ベクトル}),$$
$$(\text{軸性ベクトル}) \times (\text{極性ベクトル}) = (\text{極性ベクトル}),$$
$$(\text{軸性ベクトル}) \times (\text{軸性ベクトル}) = (\text{軸性ベクトル}).$$

(III)　極性ベクトルと軸性ベクトルの内積について

空間反転による右手系と左手系での内積の表現について考える．内積の場合には向きを定義する必要はなく，2 つのベクトルのなす角で決まり，交換法則も成立するので，左手系の基本ベクトルの内積について

$$\check{\boldsymbol{i}} \cdot \check{\boldsymbol{j}} = \check{\boldsymbol{j}} \cdot \check{\boldsymbol{i}} = \check{\boldsymbol{j}} \cdot \check{\boldsymbol{k}} = \check{\boldsymbol{k}} \cdot \check{\boldsymbol{j}} = \check{\boldsymbol{k}} \cdot \check{\boldsymbol{i}} = \check{\boldsymbol{i}} \cdot \check{\boldsymbol{k}} = 0,$$
$$\check{\boldsymbol{i}} \cdot \check{\boldsymbol{i}} = \check{\boldsymbol{j}} \cdot \check{\boldsymbol{j}} = \check{\boldsymbol{k}} \cdot \check{\boldsymbol{k}} = 1$$

が成立する．従って，$\check{\boldsymbol{A}} = \check{A_x}\check{\boldsymbol{i}} + \check{A_y}\check{\boldsymbol{j}} + \check{A_z}\check{\boldsymbol{k}}$ と $\check{\boldsymbol{B}} = \check{B_x}\check{\boldsymbol{i}} + \check{B_y}\check{\boldsymbol{j}} + \check{B_z}\check{\boldsymbol{k}}$ の内積は

$$\begin{aligned}
\check{\boldsymbol{A}} \cdot \check{\boldsymbol{B}} &= \left(\check{A_x}\check{\boldsymbol{i}} + \check{A_y}\check{\boldsymbol{j}} + \check{A_z}\check{\boldsymbol{k}}\right) \cdot \left(\check{B_x}\check{\boldsymbol{i}} + \check{B_y}\check{\boldsymbol{j}} + \check{B_z}\check{\boldsymbol{k}}\right) \\
&= \check{A_x}\check{B_x} + \check{A_y}\check{B_y} + \check{A_z}\check{B_z}
\end{aligned}$$

となり，右手系の場合と同様の式が得られる．

これからまず，極性ベクトル $\boldsymbol{A}$ と $\boldsymbol{B}$ の内積については (2.18) 式から

$$\begin{aligned}
\check{\boldsymbol{A}} \cdot \check{\boldsymbol{B}} &= \check{A_x}\check{B_x} + \check{A_y}\check{B_y} + \check{A_z}\check{B_z} \\
&= (-A_x)(-B_x) + (-A_y)(-B_y) + (-A_z)(-B_z) \\
&= A_xB_x + A_yB_y + A_zB_z \\
&= \boldsymbol{A} \cdot \boldsymbol{B}
\end{aligned}$$

であり，同じスカラーが得られる．すなわち，

$$(\text{極性ベクトル}) \cdot (\text{極性ベクトル}) = (\text{スカラー}). \tag{2.24}$$

これに対して，極性ベクトル $\boldsymbol{A}$ と軸性ベクトル $\boldsymbol{C}$ の内積については (2.18) 式，(2.19) 式を利用して，

$$\begin{aligned}\check{\boldsymbol{A}}\cdot\check{\boldsymbol{C}} &= \widecheck{A_x}\widecheck{C_x}+\widecheck{A_y}\widecheck{C_y}+\widecheck{A_z}\widecheck{C_z}\\ &= (-A_x)(C_x)+(-A_y)(C_y)+(-A_z)(C_z)\\ &= -(A_xC_x+A_yC_y+A_zC_z)\\ &= -\boldsymbol{A}\cdot\boldsymbol{C}\end{aligned}$$

となり，空間反転によって符号が変わる．これを通常のスカラーと区別して**擬スカラー**とよぶ．すなわち，

$$（極性ベクトル）\cdot（軸性ベクトル）=（擬スカラー） \tag{2.25}$$

である．また (2.20) 式を考えれば 3 つの極性ベクトルからできるスカラー 3 重積は外積部分で軸性ベクトルが与えられるので，(2.25) 式より擬スカラーであることがわかる．これはスカラー 3 重積を行列式で表現したときに，(2.18) 式により空間反転した左手系のベクトルの成分の符号が右手系の成分の符号を変えたものになるので，行列式の符号が変わることからも明らかである．

同様の取扱いから，

$$（軸性ベクトル）\cdot（軸性ベクトル）=（スカラー） \tag{2.26}$$

である．

チェック問題 2.8　(2.24) 式，(2.25) 式を導いた例を参考に (2.26) 式が成立することを説明せよ．

以上のことをまとめておく．

ステップ 10：キーポイント　極性ベクトルと軸性ベクトルの内積

右手系と左手系でのベクトルの成分表示において，

（極性ベクトル）・（極性ベクトル）＝（スカラー），

（極性ベクトル）・（軸性ベクトル）＝（擬スカラー），

（軸性ベクトル）・（軸性ベクトル）＝（スカラー）．

(IV)　面積ベクトル

次章からのベクトル関数の微分や積分を学んでいく上で，曲面についての取扱いが重要になる．その際にこの「面」についても規則に従って向きを与えてベクトル量として扱えれば数学的解析や物理的な理解が飛躍的に容易になる．

ここでは平面に向きを与えた**有向平面**をまず定義し，さらに面分の**面積ベクトル**について説明する．

例 2.5 で点 $\mathrm{A}(x_0,\, y_0,\, z_0)$ を通り，$\hat{\boldsymbol{n}} = (a,\, b,\, c)$ に垂直な平面の方程式は，

$$a\,(x - x_0) + b\,(y - y_0) + c\,(z - z_0) = 0$$

で与えられることを示した．この平面を Π とするとき，Π に垂直なベクトル $\hat{\boldsymbol{n}}$ を**法線ベクトル**といい，このことを $\hat{\boldsymbol{n}} \perp \Pi$ とかく．また $\hat{\boldsymbol{n}}$ 方向の単位ベクトル

$$\boldsymbol{n} = \pm\frac{\hat{\boldsymbol{n}}}{|\hat{\boldsymbol{n}}|}$$

を Π の**単位法線ベクトル**という．ここで図 2.9 に示したように上面が表，下面が裏と平面 Π に表裏を決めたとする．このとき Π の単位法線ベクトルには $\hat{\boldsymbol{n}}$ の方向と逆の方向の 2 つの方向があるが，図のように裏から表に向かう方向のベクトルを改めて $\boldsymbol{n}$ の方向とする．すなわち $\boldsymbol{n}$ の方向は図 2.9 の平面 Π の右上の隅に示したように，右ネジを回転させたときに進む方向とする．このようにして平面に向きを与えた平面を有向平面という．無限に拡がる有向平面においては向きは定義されるので単位法線ベクトル $\boldsymbol{n}$ は決められるが，大きさについては決められない．有向平面 Π 上に**単一閉曲線**[20] C，C で囲まれた領域を D（これを**有向面分**という）とするとき，

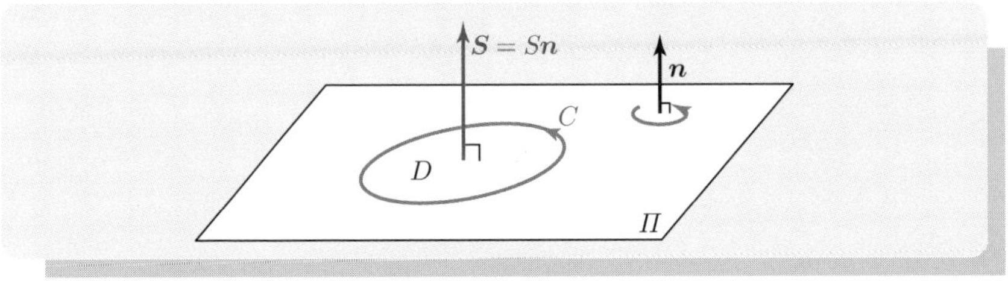

図 **2.9**　面積ベクトル

[20] 始点と終点が同じである曲線を**閉曲線**といい，閉曲線が始点と終点以外（途中の点）でそれ自身と共有点をもたないものを単一閉曲線という．領域 D 内の任意の閉曲線を D 内で連続的に変形して 1 点に縮めることができるならば，領域 D は**単連結**であるといい，その領域を**単連結領域**とよぶ．

ステップ 11：キーポイント　面積ベクトル

有向面分 D の面積 S で大きさを定義し，向きを有向平面の単位法線ベクトル $\boldsymbol{n}$ で定義したベクトル

$$\boldsymbol{S} = S\boldsymbol{n}$$

を有向面分 D の**面積ベクトル**という．

なお有向面分に対して $\boldsymbol{n}$ の向きを与えるのは，閉曲線 C を回る向きのうち図 2.9 に示すように内部領域を左に見ながら一周する向きであり，これを**正の向き**といい[21)]，その逆の向きを**負の向き**という．このように面積ベクトルは初めから定まった向きがあるのではなく，上記のような規則に従って向きを定めたベクトルであり，軸性ベクトルである．

例 2.14　$\boldsymbol{A}$ と $\boldsymbol{B}$ が張る平面を Π とする．このとき，外積 $\boldsymbol{A}\times\boldsymbol{B}$ は $\boldsymbol{A}$ と $\boldsymbol{B}$ を 2 辺とする平行四辺形（面分）D の面積を大きさとし，平面 Π の単位法線ベクトル $\boldsymbol{n}$ を向き（平行四辺形の辺を正の向きに回るときの右ネジが進む方向）とするベクトルであり，面分 D の面積ベクトルである．□

21) 複雑な形状の単一閉曲線であっても，それを連続的に変形して円にしてみれば，右ネジを回転したときに進む方向が $\boldsymbol{n}$ である．

2 章の演習問題

□**1** 次の問に答えよ．

(1) $\boldsymbol{A}$, $\boldsymbol{B}$ は零ベクトルではないとする．$\boldsymbol{A}$ の $\boldsymbol{B}$ 上への正射影 $\mathscr{P}\boldsymbol{A}$ は

$$\left(\frac{\boldsymbol{A}\cdot\boldsymbol{B}}{|\boldsymbol{B}|^2}\right)\boldsymbol{B}$$

で与えられることを示せ．

(2) $\boldsymbol{A}=(0,\ 2,\ 1)$, $\boldsymbol{B}=(2,\ -1,\ 0)$ とするとき，$2\boldsymbol{A}-\boldsymbol{B}$ の $\boldsymbol{A}+\boldsymbol{B}$ 上への正射影を求めよ．

(3) 零ベクトルではない 3 つのベクトル $\boldsymbol{A}$, $\boldsymbol{B}$, $\boldsymbol{C}$ は共面ベクトルではないとする．$\boldsymbol{A}$ と $\boldsymbol{B}$ が張る平面を Π とするとき，$\boldsymbol{C}$ の平面 Π への正射影 $\mathscr{P}\boldsymbol{C}$ は

$$\mathscr{P}\boldsymbol{C}=\left(\frac{(\boldsymbol{A}\cdot\boldsymbol{C})\,|\boldsymbol{B}|^2-(\boldsymbol{A}\cdot\boldsymbol{B})\,(\boldsymbol{B}\cdot\boldsymbol{C})}{|\boldsymbol{A}|^2\,|\boldsymbol{B}|^2-(\boldsymbol{A}\cdot\boldsymbol{B})^2}\right)\boldsymbol{A}+\left(\frac{(\boldsymbol{B}\cdot\boldsymbol{C})\,|\boldsymbol{A}|^2-(\boldsymbol{A}\cdot\boldsymbol{B})\,(\boldsymbol{A}\cdot\boldsymbol{C})}{|\boldsymbol{A}|^2\,|\boldsymbol{B}|^2-(\boldsymbol{A}\cdot\boldsymbol{B})^2}\right)\boldsymbol{B}$$

で与えられることを示せ．

(4) $\boldsymbol{A}=(1,\ 2,\ -4)$, $\boldsymbol{B}=(-2,\ 3,\ 1)$, $\boldsymbol{C}=(5,\ -1,\ -1)$ とする．$\boldsymbol{A}$ と $\boldsymbol{B}$ が張る平面を Π とするとき，$\boldsymbol{C}$ の平面 Π への正射影を求めよ．

□**2** 次の問に答えよ．

(1) xy 平面上にある 2 つの単位ベクトル $\boldsymbol{A}$, $\boldsymbol{B}$ について，$\boldsymbol{A}$ と $\boldsymbol{i}$ のなす角を α, $\boldsymbol{B}$ と $\boldsymbol{i}$ のなす角を β とする．$\boldsymbol{A}\cdot\boldsymbol{B}$ を計算することにより，加法定理

$$\cos(\alpha-\beta)=\cos\alpha\cos\beta+\sin\alpha\sin\beta$$

を示せ．

(2) 零ベクトルでない 2 つのベクトル $\boldsymbol{A}$, $\boldsymbol{B}$ が $|\boldsymbol{A}|=|\boldsymbol{B}|$ を満たすとする．$\boldsymbol{A}$ と $\boldsymbol{B}$ を 2 辺とする平行四辺形の対角線は直交することを示せ．

(3) 点 $\mathrm{A}(x_0,\ y_0,\ z_0)$ を通り，$\hat{\boldsymbol{n}}=(a,\ b,\ c)$ に垂直な平面を Π とする．点 $\mathrm{P}(x_1,\ y_1,\ z_1)$ から Π へおろした垂線の長さ h は

$$\frac{|a(x_1-x_0)+b(y_1-y_0)+c(z_1-z_0)|}{|\hat{\boldsymbol{n}}|}$$

で与えられることを示せ．

(4) 点 $\mathrm{A}(2,\ 0,\ 2)$ を通り，$\boldsymbol{d}=(-1,\ 3,\ -2)$ に平行な直線を ℓ とする．点 $\mathrm{P}(4,\ -2,\ 5)$ から ℓ へおろした垂線の長さ h を求めよ．

□**3** 次の問に答えよ．

(1) $\boldsymbol{A}=\boldsymbol{i}+\boldsymbol{k}$, $\boldsymbol{B}=\boldsymbol{j}-\boldsymbol{k}$ に対して $\boldsymbol{A}$ と $\boldsymbol{B}$ に垂直で大きさが2のベクトルを求めよ．

(2) 2つの平面 $\Pi_1 : x+y+z-1=0$ と $\Pi_2 : x-y-2z+2=0$ の交線 ℓ に平行で点 A(5, −4, 3) を通る直線の方程式を求めよ．

(3) xy 平面上にある2つの単位ベクトル $\boldsymbol{A}$, $\boldsymbol{B}$ について，$\boldsymbol{A}$ と $\boldsymbol{i}$ のなす角を α（ただし，$0 \leq \alpha < 2\pi$），$\boldsymbol{B}$ と $\boldsymbol{i}$ のなす角を β（ただし，$0 \leq \beta < 2\pi$）とする．$\alpha \geq \beta$ であるとき，加法定理

$$\sin(\alpha-\beta)=\sin\alpha\cos\beta-\cos\alpha\sin\beta$$

を示せ．

(4) △ABC について，$\boldsymbol{A}=\overrightarrow{\mathrm{BC}}$, $\boldsymbol{B}=\overrightarrow{\mathrm{CA}}$, $\boldsymbol{C}=\overrightarrow{\mathrm{AB}}$ とするとき，

$$\boldsymbol{A}\times\boldsymbol{B}=\boldsymbol{B}\times\boldsymbol{C}=\boldsymbol{C}\times\boldsymbol{A}$$

であることを示し，正弦定理

$$\frac{\sin A}{|\boldsymbol{A}|}=\frac{\sin B}{|\boldsymbol{B}|}=\frac{\sin C}{|\boldsymbol{C}|}$$

を示せ．

□**4** 次の問に答えよ．

(1) 四面体 ABCD の頂点の位置ベクトルを $\boldsymbol{A}$, $\boldsymbol{B}$, $\boldsymbol{C}$, $\boldsymbol{D}$ とするとき，四面体の体積 V は

$$\begin{aligned} V &= \frac{1}{6}\left|[\boldsymbol{B}-\boldsymbol{A},\ \boldsymbol{C}-\boldsymbol{A},\ \boldsymbol{D}-\boldsymbol{A}]\right| \\ &= \frac{1}{6}\left|[\boldsymbol{B},\ \boldsymbol{C},\ \boldsymbol{D}]-[\boldsymbol{A},\ \boldsymbol{B},\ \boldsymbol{C}]+[\boldsymbol{A},\ \boldsymbol{B},\ \boldsymbol{D}]-[\boldsymbol{A},\ \boldsymbol{C},\ \boldsymbol{D}]\right| \end{aligned}$$

で与えられることを示せ．

(2) $\boldsymbol{A}\perp\boldsymbol{B}$ であるとき，

$$(\boldsymbol{A}+\boldsymbol{B})\times(\boldsymbol{A}\times\boldsymbol{B})+(\boldsymbol{A}\times\boldsymbol{B})\times(\boldsymbol{A}-\boldsymbol{B})=2\,|\boldsymbol{B}|^2\,\boldsymbol{A}$$

であることを示せ．

(3) $\boldsymbol{A}$ と $\boldsymbol{B}$ が張る平面を Π とする．$\boldsymbol{B}$ と垂直な Π 上の単位ベクトル $\boldsymbol{e}_B$ を $\boldsymbol{A}$ と $\boldsymbol{B}$ を用いて表せ．

(4) 3つの頂点が A(1, 0, 0), B(0, 2, 0), C(0, 0, 3) である △ABC について，A → B → C → A と回る方向を正とするとき，△ABC の面積ベクトル $\boldsymbol{S}$ を求めよ．

第3章
ベクトルの微分・積分

大きさと向きが，ある独立変数に対して変化する関数であるベクトルをベクトル関数という．この章ではこのベクトル関数の微分，積分について学ぶ．ベクトル関数の3個の成分はスカラー関数であり，基本的な微分・積分の計算はこれらのスカラー関数についての微分もしくは積分を考えればよいことになるが，ベクトル関数の幾何的な意味や微分公式，積分公式の記述についても合わせて習得することが重要である．一方この微分・積分の応用として力学のいくつかの例を紹介するが，物理的な観点から考えていくことはベクトル関数の微分・積分の意味を理解する上で効果的である．基本的な微分積分の考え方を習得した後で，本章では空間曲線や曲面について，さらにそれらをもとに線積分や面積分について学ぶ．これらの内容は次章以降の「場」や「積分定理」を理解する上で必要であり，またその際偏微分や重積分の計算を行うことになるので，必要に応じて微分積分学の教科書等で復習しながら取り組んでいただきたい．

[3章の内容]

ベクトル関数の微分
ベクトル関数の積分
空間曲線と線積分
曲面と面積分

3.1 ベクトル関数の微分
—ベクトル関数の解析的性質，幾何的意味を理解し，微分公式を習得する

ベクトル関数とその微分

独立変数の関数として定義されるベクトル関数の連続性，極限，微分といった内容をこれまで学んできたスカラー関数の場合と比較しながら学ぶ．その際解析的な計算方法だけでなく幾何的な意味を理解することが重要であり，このことが内積や外積が関係する微分公式のもつ意味を理解する上での助けとなる．

(I) ベクトル関数

ある区間 I において変数 $t \in I$ の 1 つの値を決めると 1 つの実数 f が与えられる（1 価関数）とき，これを $f(t)$ とかき**スカラー関数**（関数）という．これに対してある区間 I において変数 $t \in I$ の 1 つの値を決めると 1 つのベクトル $\boldsymbol{A}$ が与えられるとき，これを $\boldsymbol{A}(t)$ とかき**ベクトル関数**という[1)]．独立変数としては物理的には時間変数がよく知られており，その変数に対するベクトル関数としては質点の変位や速度ベクトル，加速度ベクトル等がある．またパラメータ t を独立変数とする原点を始点とするベクトル関数 $\boldsymbol{A}(t)$ の終点の軌跡としての空間曲線[2)]は，微分や積分の解析的な取扱いにおいて重要な意味をもつ．

ベクトル関数は

$$\boldsymbol{A}(t) = (A_x(t),\, A_y(t),\, A_z(t))$$

と成分表示されるが，このことからベクトル関数は，3 個のスカラー関数によって表されることになり，これらの性質によってベクトル関数の性質が決まる．

2 個以上の独立変数に対して定義されるベクトル関数も同様に

---

1) このベクトル関数の場合も 1 価関数という．本書では特に断らない場合を除き，1 価関数を取り扱うこととする．また区間 I を定義域という．

2) これをベクトル関数 $\boldsymbol{A}(t)$ の**ホドグラフ**という．

$$\boldsymbol{A}(u,\,v) = (A_x(u,\,v),\,A_y(u,\,v),\,A_z(u,\,v)),$$
$$\boldsymbol{A}(u,\,v,\,w) = (A_x(u,\,v,\,w),\,A_y(u,\,v,\,w),\,A_z(u,\,v,\,w))$$

のように3個の多変数関数が成分である関数であり，それぞれ2変数ベクトル関数，3変数ベクトル関数という．2変数ベクトル関数の場合の独立変数としては，2次元現象における空間変数がよく知られており，ベクトル関数はそれらの変数の「場」としての速度場 $\boldsymbol{v}(x,\,y)$ や電場 $\boldsymbol{E}(x,\,y)$ といった物理量を表す他，2つのパラメータ $u,\,v$ で表される空間内の曲面 $\boldsymbol{r}(u,\,v)$ を与える場合等がある．3変数ベクトル関数についても独立変数は3次元空間の空間変数であることが多いが，O-xyz 座標系の空間変数だけでなく極座標等の変数の場合もあり，また時間変数と空間変数の両方が独立変数である場合もある．また3成分が定数であるベクトル関数を**定ベクトル**といい，独立変数が変わっても大きさと向きが変化しないベクトルである．

(II)　極限ベクトルと連続性

$t = t_0$ の近傍で定義されたベクトル関数 $\boldsymbol{A}(t)$ の変数 t が $t = t_0$ に限りなく近づくとき，$\boldsymbol{K} = (K_x,\,K_y,\,K_z)$ を定ベクトル（$K_x,\,K_y,\,K_z$ は定数）として

$$\lim_{t\to t_0} |\boldsymbol{A}(t) - \boldsymbol{K}| = 0 \quad \text{もしくは} \quad |\boldsymbol{A}(t) - \boldsymbol{K}| \to 0 \quad (t \to t_0)$$

となるならば，ベクトル関数 $\boldsymbol{A}(t)$ は $t \to t_0$ のとき $\boldsymbol{K}$ に**収束する**といい，

$$\lim_{t\to t_0} \boldsymbol{A}(t) = \boldsymbol{K} \quad \text{もしくは} \quad \boldsymbol{A}(t) \to \boldsymbol{K} \quad (t \to t_0)$$

とかく．このとき $\boldsymbol{K}$ を（t が t_0 に近づくときの）**極限ベクトル**という．

成分で表すと

$$\lim_{t\to t_0} |\boldsymbol{A}(t) - \boldsymbol{K}| = \lim_{t\to t_0} \sqrt{(A_x(t) - K_x)^2 + (A_y(t) - K_y)^2 + (A_z(t) - K_z)^2}$$
$$= 0$$

であるので，

$$\lim_{t\to t_0} A_x(t) = K_x, \quad \lim_{t\to t_0} A_y(t) = K_y, \quad \lim_{t\to t_0} A_z(t) = K_z$$

である．

3成分のスカラー関数が

$$\lim_{t\to t_0} A_x(t) = A_x(t_0), \quad \lim_{t\to t_0} A_y(t) = A_y(t_0), \quad \lim_{t\to t_0} A_z(t) = A_z(t_0)$$

であるとき，ベクトル関数 $\boldsymbol{A}(t)$ は $t = t_0$ で連続であるという．また区間 I のすべての t において3成分のスカラー関数 $A_x(t)$, $A_y(t)$, $A_z(t)$ が連続であるとき，ベクトル関数 $\boldsymbol{A}(t)$ は区間 I で**連続関数**であるという．

(III)　微分可能性と導関数

図3.1に示すように，$t = t_0$ の近傍で定義されたベクトル関数 $\boldsymbol{A}(t)$ を考える．$\boldsymbol{A}(t_0) = \overrightarrow{\mathrm{OP}}$ とし，$t = t_0$ に近い $t = t_0 + \Delta t$ をとり $\boldsymbol{A}(t_0 + \Delta t) = \overrightarrow{\mathrm{OQ}}$ とする．このとき

$$\Delta \boldsymbol{A} = \boldsymbol{A}(t_0 + \Delta t) - \boldsymbol{A}(t_0) = \overrightarrow{\mathrm{PQ}}$$

は変数 t が Δt だけ変わったときのベクトルの変化分であるが，この変化率ベクトル

$$\frac{\Delta \boldsymbol{A}}{\Delta t}(t_0) = \frac{\boldsymbol{A}(t_0 + \Delta t) - \boldsymbol{A}(t_0)}{\Delta t}$$

の $\Delta t \to 0$ での極限を考える．この変化率ベクトルの極限ベクトル

$$\lim_{\Delta t \to 0} \frac{\Delta \boldsymbol{A}}{\Delta t}(t_0) = \lim_{\Delta t \to 0} \frac{\boldsymbol{A}(t_0 + \Delta t) - \boldsymbol{A}(t_0)}{\Delta t}$$

が存在するとき，$\boldsymbol{A}(t)$ は $t = t_0$ で**微分可能**であるという．またこの極限ベクトルを**微分係数**といい，$\frac{d\boldsymbol{A}}{dt}(t_0)$ もしくは $\boldsymbol{A}'(t_0)$ とかく．一方幾何的に見ると，図3.1に示すように点Oを固定したときに $t = t_0$ 近傍で t の変化につれて $\boldsymbol{A}$ の終点の軌跡である曲線（ホドグラフ）を描く．$\Delta t \to 0$ では点Qが曲線上を点Pに漸近するが，$t = t_0$ における微分係数 $\frac{d\boldsymbol{A}}{dt}(t_0)$ は点Pでこの曲線に接するベクトルである．

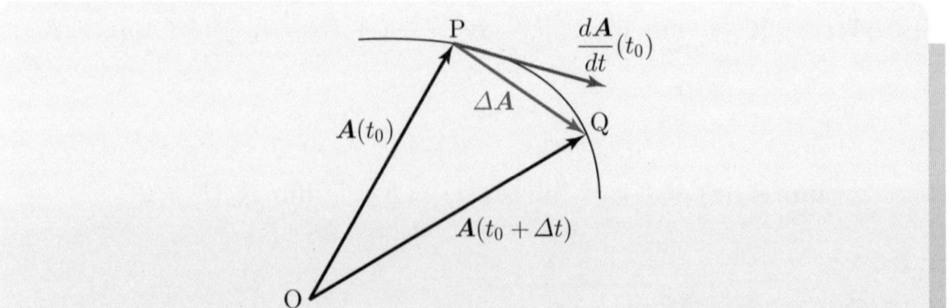

図3.1　ベクトルの微分

定義域内の区間 I のすべての t においてベクトル関数 $\boldsymbol{A}(t)$ が微分可能であるとき，$\boldsymbol{A}(t)$ は区間 I で微分可能であるといい，ベクトル関数 $\frac{d\boldsymbol{A}}{dt}(t)$ を $\boldsymbol{A}(t)$ の**導関数**という．導関数は $\frac{d\boldsymbol{A}}{dt}$, $\boldsymbol{A}'(t)$, $\boldsymbol{A}'$ ともかかれる．ここで定ベクトル $\boldsymbol{K}$ の微分は零ベクトルであり，微分可能なスカラー関数 $\phi(t)$ に対して，$\phi(t)\boldsymbol{K}$ の導関数は

$$\lim_{\Delta t \to 0}\left\{\frac{\phi(t+\Delta t)\boldsymbol{K}-\phi(t)\boldsymbol{K}}{\Delta t}\right\} = \lim_{\Delta t \to 0}\left\{\left(\frac{\phi(t+\Delta t)-\phi(t)}{\Delta t}\right)\boldsymbol{K}\right\}$$
$$= \phi'(t)\boldsymbol{K} \tag{3.1}$$

である．一方 2 つのベクトル関数 $\boldsymbol{A}(t)$, $\boldsymbol{B}(t)$ が微分可能であるとき，λ, μ を実定数として，$\lambda\boldsymbol{A}(t)+\mu\boldsymbol{B}(t)$ の導関数は

$$\lim_{\Delta t \to 0}\left\{\frac{(\lambda\boldsymbol{A}(t+\Delta t)+\mu\boldsymbol{B}(t+\Delta t))-(\lambda\boldsymbol{A}(t)+\mu\boldsymbol{B}(t))}{\Delta t}\right\}$$
$$= \lambda\left\{\lim_{\Delta t \to 0}\frac{\boldsymbol{A}(t+\Delta t)-\boldsymbol{A}(t)}{\Delta t}\right\} + \mu\left\{\lim_{\Delta t \to 0}\frac{\boldsymbol{B}(t+\Delta t)-\boldsymbol{B}(t)}{\Delta t}\right\}$$
$$= \lambda\boldsymbol{A}'(t)+\mu\boldsymbol{B}'(t) \tag{3.2}$$

である．静止している右手系の基本ベクトル $\boldsymbol{i}$, $\boldsymbol{j}$, $\boldsymbol{k}$ は定ベクトルであるので，(3.1) 式，(3.2) 式から，

$$\boldsymbol{A}(t) = A_x(t)\boldsymbol{i}+A_y(t)\boldsymbol{j}+A_z(t)\boldsymbol{k}$$

において，$\boldsymbol{A}(t)$ が微分可能であれば，3 成分のスカラー関数は微分可能であり，導関数の成分表示は

$$\boldsymbol{A}'(t) = {A_x}'(t)\boldsymbol{i}+{A_y}'(t)\boldsymbol{j}+{A_z}'(t)\boldsymbol{k} = \left({A_x}'(t),\, {A_y}'(t),\, {A_z}'(t)\right) \tag{3.3}$$

と表される[3)]．

このように $\boldsymbol{A}(t)$ の導関数を求めることを $\boldsymbol{A}(t)$ を微分するというが，これは 3 個のスカラー関数を微分することであり，各成分のスカラー関数の微分の性質よりベクトル関数の微分法則について以下のように与えられる．

[3)] もし並進運動や回転運動をしている座標系を考える場合には，基本ベクトルは定ベクトルではなく微分は零ベクトルにならないので，注意が必要である．本書では特に断らない限り基本ベクトルを定ベクトルとするので，(3.3) 式の表記を用いる．

ステップ1：キーポイント ベクトル関数の微分公式

2つのベクトル関数 $\boldsymbol{A}(t)$, $\boldsymbol{B}(t)$ およびスカラー関数 $\phi(t)$ が微分可能であるとき，λ, μ を実定数として，

$$
\begin{aligned}
&\text{(i)} \quad (\lambda \boldsymbol{A}(t) + \mu \boldsymbol{B}(t))' = \lambda \boldsymbol{A}'(t) + \mu \boldsymbol{B}'(t) \\
&\text{(ii)} \quad (\phi(t) \boldsymbol{A}(t))' = \phi'(t) \boldsymbol{A}(t) + \phi(t) \boldsymbol{A}'(t) \\
&\text{(iii)} \quad (\boldsymbol{A}(t) \cdot \boldsymbol{B}(t))' = \boldsymbol{A}'(t) \cdot \boldsymbol{B}(t) + \boldsymbol{A}(t) \cdot \boldsymbol{B}'(t) \\
&\text{(iv)} \quad (\boldsymbol{A}(t) \times \boldsymbol{B}(t))' = \boldsymbol{A}'(t) \times \boldsymbol{B}(t) + \boldsymbol{A}(t) \times \boldsymbol{B}'(t)
\end{aligned}
\tag{3.4}
$$

が成り立つ[4].

例題 3.1

ベクトル関数 $\boldsymbol{A}(t) = (\cos \alpha t,\, \sin \alpha t,\, t)$, $\boldsymbol{B}(t) = (-\sin \alpha t,\, \cos \alpha t,\, t)$ とするとき，$\boldsymbol{A}'(t)$, $\boldsymbol{B}'(t)$, $(\boldsymbol{A}(t) + \boldsymbol{B}(t))'$, $(\boldsymbol{A}(t) \cdot \boldsymbol{B}(t))'$ および $(\boldsymbol{A}(t) \times \boldsymbol{B}(t))'$ を計算せよ．

解答

・$\boldsymbol{A}'(t) = (-\alpha \sin \alpha t,\, \alpha \cos \alpha t,\, 1)$,

・$\boldsymbol{B}'(t) = (-\alpha \cos \alpha t,\, -\alpha \sin \alpha t,\, 1)$,

・$(\boldsymbol{A}(t) + \boldsymbol{B}(t))' = (-\alpha (\sin \alpha t + \cos \alpha t),\, \alpha (\cos \alpha t - \sin \alpha t),\, 2)$,

・
$$
\begin{aligned}
(\boldsymbol{A}(t) \cdot \boldsymbol{B}(t))' &= \left(\alpha \sin^2 \alpha t + \alpha \cos^2 \alpha t + t\right) \\
&\quad + \left(-\alpha \cos^2 \alpha t - \alpha \sin^2 \alpha t + t\right) \\
&= 2t,
\end{aligned}
$$

・
$$
\begin{aligned}
(\boldsymbol{A}(t) \times \boldsymbol{B}(t))' &= \begin{vmatrix} \boldsymbol{i} & \boldsymbol{j} & \boldsymbol{k} \\ -\alpha \sin \alpha t & \alpha \cos \alpha t & 1 \\ -\sin \alpha t & \cos \alpha t & t \end{vmatrix} + \begin{vmatrix} \boldsymbol{i} & \boldsymbol{j} & \boldsymbol{k} \\ \cos \alpha t & \sin \alpha t & t \\ -\alpha \cos \alpha t & -\alpha \sin \alpha t & 1 \end{vmatrix} \\
&= (-\cos \alpha t + \sin \alpha t + t\alpha \cos \alpha t + t\alpha \sin \alpha t, \\
&\qquad -\cos \alpha t - \sin \alpha t - t\alpha \cos \alpha t + t\alpha \sin \alpha t,\, 0).
\end{aligned}
$$
□

[4] 外積の場合のベクトルの順序に注意しよう．

例題 3.2

$(\boldsymbol{A}(t)\cdot\boldsymbol{B}(t))' = \boldsymbol{A}'(t)\cdot\boldsymbol{B}(t) + \boldsymbol{A}(t)\cdot\boldsymbol{B}'(t)$ を示せ.

解答　成分のスカラー関数を用いて証明する. $\boldsymbol{A}\cdot\boldsymbol{B} = A_xB_x + A_yB_y + A_zB_z$ の両辺を微分すると（(t) は省略する）

$$\begin{aligned}(\boldsymbol{A}\cdot\boldsymbol{B})' &= (A_xB_x + A_yB_y + A_zB_z)' \\ &= (A_xB_x)' + (A_yB_y)' + (A_zB_z)' \\ &= \left(A_x{}'B_x + A_xB_x{}'\right) + \left(A_y{}'B_y + A_yB_y{}'\right) + \left(A_z{}'B_z + A_zB_z{}'\right) \\ &= \left(A_x{}'B_x + A_y{}'B_y + A_z{}'B_z\right) + \left(A_xB_x{}' + A_yB_y{}' + A_zB_z{}'\right) \\ &= \boldsymbol{A}'\cdot\boldsymbol{B} + \boldsymbol{A}\cdot\boldsymbol{B}'.\end{aligned}$$
□

✔ **チェック問題 3.1**　区間 I で大きさが一定のベクトル関数 $\boldsymbol{A}(t)$ は区間 I のすべての t において $\boldsymbol{A}(t)\perp\boldsymbol{A}'(t)$ を満たすことを示せ.

導関数であるベクトル関数 $\boldsymbol{A}'(t)$ が区間 I でさらに微分可能であるとき，すなわちスカラー関数 $A_x{}'(t)$, $A_y{}'(t)$, $A_z{}'(t)$ が微分可能であるとき，その導関数を $\boldsymbol{A}(t)$ の **2 次導関数**といい,

$$\boldsymbol{A}''(t) = A_x{}''(t)\boldsymbol{i} + A_y{}''(t)\boldsymbol{j} + A_z{}''(t)\boldsymbol{k} = \left(A_x{}''(t),\ A_y{}''(t),\ A_z{}''(t)\right)$$

とかく．2 次導関数は $\frac{d^2\boldsymbol{A}}{dt^2}(t)$, $\frac{d^2\boldsymbol{A}}{dt^2}$, $\boldsymbol{A}''$ ともかかれる.

さらにベクトル関数 $\boldsymbol{A}(t)$ が n 回微分可能であるとき,

$$\begin{aligned}\boldsymbol{A}^{(n)}(t) &= A_x{}^{(n)}(t)\boldsymbol{i} + A_y{}^{(n)}(t)\boldsymbol{j} + A_z{}^{(n)}(t)\boldsymbol{k} \\ &= \left(A_x{}^{(n)}(t),\ A_y{}^{(n)}(t),\ A_z{}^{(n)}(t)\right)\end{aligned}$$

とかき，$\boldsymbol{A}(t)$ の $\boldsymbol{n}$ **次導関数**という．n 次導関数は $\frac{d^n\boldsymbol{A}}{dt^n}(t)$, $\frac{d^n\boldsymbol{A}}{dt^n}$, $\boldsymbol{A}^{(n)}$ ともかかれる[5].

---

[5] $\boldsymbol{A}(t)$ が n 回微分可能で $\boldsymbol{A}^{(n)}(t)$ が連続であるとき，すなわち $A_x(t)$, $A_y(t)$, $A_z(t)$ が n 回微分可能で $A_x{}^{(n)}(t)$, $A_y{}^{(n)}(t)$, $A_z{}^{(n)}(t)$ が連続であるとき，$\boldsymbol{A}(t)$ は C^n-級の関数であるという．以降本書で取り上げるスカラー関数，ベクトル関数は，特に断らない限り適当な自然数 k について C^k-級関数とする.

例 3.1 空間内を運動している質量が m である質点 P の時刻 t の位置を $(x(t),\, y(t),\, z(t))$ とすると，その位置ベクトルは時間 t を独立変数とするベクトル関数 $\boldsymbol{r}(t) = (x(t),\, y(t),\, z(t))$ であり，その軌跡 C は空間内の曲線（ホドグラフ）を描く．この質点の**速度ベクトル** $\boldsymbol{v}(t)$ と**加速度ベクトル** $\boldsymbol{a}(t)$ は

$$\boldsymbol{v}(t) = \boldsymbol{r}'(t) = x'(t)\boldsymbol{i} + y'(t)\boldsymbol{j} + z'(t)\boldsymbol{k} = \big(x'(t),\, y'(t),\, z'(t)\big),$$

$$\boldsymbol{a}(t) = \boldsymbol{v}'(t) = \boldsymbol{r}''(t) = x''(t)\boldsymbol{i} + y''(t)\boldsymbol{j} + z''(t)\boldsymbol{k} = \big(x''(t),\, y''(t),\, z''(t)\big)$$

である．速度ベクトル $\boldsymbol{v}(t)$ は曲線 C の各点で接するベクトルであり，また，$\boldsymbol{p}(t) = m\boldsymbol{v}(t)$ を**運動量ベクトル**という．

この質点 P に力 $\boldsymbol{F}(t)$ が作用しているとき，ニュートンの法則により

$$\boldsymbol{F}(t) = m\boldsymbol{a}(t) = \boldsymbol{p}'(t)$$

という運動方程式が得られる．2.2 節でふれたように，始点を P とする運動量ベクトル（束縛ベクトル）$\boldsymbol{p}(t)$ の点 O のまわりのモーメントは $\boldsymbol{L}(t) = \boldsymbol{r}(t) \times \boldsymbol{p}(t)$ で表され，これを**角運動量ベクトル**という．この両辺を t で微分すれば

$$\begin{aligned} \boldsymbol{L}'(t) &= \boldsymbol{r}'(t) \times \boldsymbol{p}(t) + \boldsymbol{r}(t) \times \boldsymbol{p}'(t) \\ &= m\boldsymbol{v}(t) \times \boldsymbol{v}(t) + \boldsymbol{r}(t) \times \boldsymbol{F}(t) \\ &= \boldsymbol{r}(t) \times \boldsymbol{F}(t) = \boldsymbol{N}(t) \end{aligned}$$

であるので，角運動量ベクトルの微分は力のモーメントであることがわかる．

常に質点に作用する力が定点 O に向かう力であるとき，これを**中心力**といい，スカラー関数と位置ベクトルの積 $\boldsymbol{F}(t) = \phi(x(t),\, y(t),\, z(t))\boldsymbol{r}(t)$ で与えられる．このとき角運動量ベクトルの微分の式に代入すれば

$$\boldsymbol{L}'(t) = \boldsymbol{N}(t) = \boldsymbol{r}(t) \times \boldsymbol{F}(t) = \phi(x(t),\, y(t),\, z(t))\,(\boldsymbol{r}(t) \times \boldsymbol{r}(t)) = \boldsymbol{0}$$

であるので，力のモーメントは零ベクトルであり，角運動量ベクトル $\boldsymbol{L}$ は定ベクトル $\boldsymbol{K}$ であることがわかる[6]．従って，中心力が質点に作用しているときには，$\boldsymbol{r} \perp \boldsymbol{K}$ であるので，質点は $\boldsymbol{L} = \boldsymbol{K}$ に垂直な平面上で 2 次元運動をする． □

6) 点 O のまわりの速度のモーメント $\boldsymbol{r} \times \boldsymbol{v}$ の半分 $\frac{1}{2}\boldsymbol{r} \times \boldsymbol{v}$ を**面積速度ベクトル**というが，上式を面積速度一定ともいう．

(IV) 多変数のベクトル関数の偏微分

uv 平面上にある点 (u_0, v_0) の近傍で定義された 2 変数ベクトル関数 $\boldsymbol{A}(u, v)$ に対して，$v = v_0$（= 一定）の条件のもとで変数 u についての変化率ベクトルの極限ベクトル

$$\lim_{\Delta u \to 0} \frac{\boldsymbol{A}(u_0 + \Delta u, v_0) - \boldsymbol{A}(u_0, v_0)}{\Delta u}$$

が存在するとき，$\boldsymbol{A}(u, v)$ は (u_0, v_0) で u に関して**偏微分可能**であるという．またこの極限ベクトルを**偏微分係数**といい，$\frac{\partial \boldsymbol{A}}{\partial u}(u_0, v_0)$ とかく．同様に，$u = u_0$（= 一定）の条件のもとで変数 v についての変化率ベクトルの極限ベクトル

$$\lim_{\Delta v \to 0} \frac{\boldsymbol{A}(u_0, v_0 + \Delta v) - \boldsymbol{A}(u_0, v_0)}{\Delta v}$$

が存在するとき，$\boldsymbol{A}(u, v)$ は (u_0, v_0) で v に関して偏微分可能であるといい，$\frac{\partial \boldsymbol{A}}{\partial v}(u_0, v_0)$ とかく．

uv 平面上の定義域内の領域 D の各点 (u, v) で $\boldsymbol{A}(u, v)$ が u または v に関して偏微分可能であるとき，$\boldsymbol{A}(u, v)$ は領域 D で u または v に関して偏微分可能であるといい，ベクトル関数 $\frac{\partial \boldsymbol{A}}{\partial u}(u, v)$ または $\frac{\partial \boldsymbol{A}}{\partial v}(u, v)$ を $\boldsymbol{A}(u, v)$ の**偏導関数**という．偏導関数は単に $\frac{\partial \boldsymbol{A}}{\partial u}$ や $\frac{\partial \boldsymbol{A}}{\partial v}$ ともかかれる．このとき 3 個の成分のスカラー関数 $A_x(u, v)$, $A_y(u, v)$, $A_z(u, v)$ は領域 D で u または v に関して偏微分可能であり，

ステップ 2：キーポイント　多変数ベクトル関数の偏導関数

$$\begin{aligned} \frac{\partial \boldsymbol{A}}{\partial u} &= \frac{\partial A_x}{\partial u}\boldsymbol{i} + \frac{\partial A_y}{\partial u}\boldsymbol{j} + \frac{\partial A_z}{\partial u}\boldsymbol{k} = \left(\frac{\partial A_x}{\partial u}, \frac{\partial A_y}{\partial u}, \frac{\partial A_z}{\partial u}\right), \\ \frac{\partial \boldsymbol{A}}{\partial v} &= \frac{\partial A_x}{\partial v}\boldsymbol{i} + \frac{\partial A_y}{\partial v}\boldsymbol{j} + \frac{\partial A_z}{\partial v}\boldsymbol{k} = \left(\frac{\partial A_x}{\partial v}, \frac{\partial A_y}{\partial v}, \frac{\partial A_z}{\partial v}\right) \end{aligned} \tag{3.5}$$

が成り立つ．また 3 個以上の独立変数のベクトル関数の偏導関数および高次の偏導関数についても同様に定義される[7]．

---

[7] n 階までの偏導関数がすべて存在してすべて連続であるとき，$\boldsymbol{A}(u, v)$ は C^n-級の関数であるという．以降本書で取り上げる多変数のスカラー関数，ベクトル関数は，特に断らない限り適当な数 k の C^k-級関数とする．

例題 3.3

ベクトル関数 $\boldsymbol{A}(u,\,v) = (u,\,v,\,u+v)$, $\boldsymbol{B}(u,\,v) = (u,\,-v,\,-u+v)$ とスカラー関数 $\phi(u,\,v) = u - v$ について，(3.4) 式の常微分を $u,\,v$ に関する偏微分として各式の左辺と右辺を計算し，偏微分においても微分公式が成立することを確認せよ．

解答

$$\frac{\partial \boldsymbol{A}}{\partial u} = (1,\,0,\,1), \qquad \frac{\partial \boldsymbol{A}}{\partial v} = (0,\,1,\,1)\,,$$
$$\frac{\partial \boldsymbol{B}}{\partial u} = (1,\,0,\,-1), \qquad \frac{\partial \boldsymbol{B}}{\partial v} = (0,\,-1,\,1)\,,$$
$$\frac{\partial \phi}{\partial u} = 1, \quad \frac{\partial \phi}{\partial v} = -1$$

である．

(i) 和について：$\boldsymbol{A} + \boldsymbol{B} = (2u,\,0,\,2v)$ より，

$$\text{左辺}：\frac{\partial}{\partial u}(\boldsymbol{A} + \boldsymbol{B}) = (2,\,0,\,0)\,,\ \frac{\partial}{\partial v}(\boldsymbol{A} + \boldsymbol{B}) = (0,\,0,\,2)$$
$$\text{右辺}：\frac{\partial \boldsymbol{A}}{\partial u} + \frac{\partial \boldsymbol{B}}{\partial u} = (1+1,\,0+0,\,1-1) = (2,\,0,\,0)\,,$$
$$\frac{\partial \boldsymbol{A}}{\partial v} + \frac{\partial \boldsymbol{B}}{\partial v} = (0+0,\,1-1,\,1+1) = (0,\,0,\,2)$$

より，左辺 $=$ 右辺 である．

(ii) スカラー倍について：$\phi\boldsymbol{A} = \left(u^2 - uv,\,uv - v^2,\,u^2 - v^2\right)$ より

$$\text{左辺}：\frac{\partial}{\partial u}(\phi\boldsymbol{A}) = (2u - v,\,v,\,2u)\,,\ \frac{\partial}{\partial v}(\phi\boldsymbol{A}) = (-u,\,u - 2v,\,-2v)$$
$$\text{右辺}：\frac{\partial \phi}{\partial u}\boldsymbol{A} + \phi\frac{\partial \boldsymbol{A}}{\partial u} = (u,\,v,\,u+v) + (u-v)\,(1,\,0,\,1) = (2u - v,\,v,\,2u)\,,$$
$$\frac{\partial \phi}{\partial v}\boldsymbol{A} + \phi\frac{\partial \boldsymbol{A}}{\partial v} = (-u,\,-v,\,-u-v) + (u-v)\,(0,\,1,\,1)$$
$$= (-u,\,u - 2v,\,-2v)$$

より，左辺 $=$ 右辺 である．

(iii) 内積について：$\boldsymbol{A}\cdot\boldsymbol{B}=u^2-v^2+\left(-u^2+v^2\right)=0$ より

$$\text{左辺}：\frac{\partial}{\partial u}(\boldsymbol{A}\cdot\boldsymbol{B})=0,\ \frac{\partial}{\partial v}(\boldsymbol{A}\cdot\boldsymbol{B})=0$$

$$\begin{aligned}\text{右辺}：&\frac{\partial\boldsymbol{A}}{\partial u}\cdot\boldsymbol{B}+\boldsymbol{A}\cdot\frac{\partial\boldsymbol{B}}{\partial u}\\&=\{u+0+(-u+v)\}+\{u+0-(u+v)\}=0,\\&\frac{\partial\boldsymbol{A}}{\partial v}\cdot\boldsymbol{B}+\boldsymbol{A}\cdot\frac{\partial\boldsymbol{B}}{\partial v}\\&=\{0-v+(-u+v)\}+\{0-v+(u+v)\}=0\end{aligned}$$

より，左辺 $=$ 右辺 である．

(iv) 外積について：$\boldsymbol{A}\times\boldsymbol{B}=\begin{vmatrix}\boldsymbol{i}&\boldsymbol{j}&\boldsymbol{k}\\u&v&u+v\\u&-v&-u+v\end{vmatrix}=\left(2v^2,\,2u^2,\,-2uv\right)$ より

$$\begin{aligned}\text{左辺}：&\frac{\partial}{\partial u}(\boldsymbol{A}\times\boldsymbol{B})=(0,\,4u,\,-2v),\\&\frac{\partial}{\partial v}(\boldsymbol{A}\times\boldsymbol{B})=(4v,\,0,\,-2u),\end{aligned}$$

$$\begin{aligned}\text{右辺}：&\frac{\partial\boldsymbol{A}}{\partial u}\times\boldsymbol{B}+\boldsymbol{A}\times\frac{\partial\boldsymbol{B}}{\partial u}=\begin{vmatrix}\boldsymbol{i}&\boldsymbol{j}&\boldsymbol{k}\\1&0&1\\u&-v&-u+v\end{vmatrix}+\begin{vmatrix}\boldsymbol{i}&\boldsymbol{j}&\boldsymbol{k}\\u&v&u+v\\1&0&-1\end{vmatrix}\\&=(v,\,2u-v,\,-v)+(-v,\,2u+v,\,-v)=(0,\,4u,\,-2v),\\&\frac{\partial\boldsymbol{A}}{\partial v}\times\boldsymbol{B}+\boldsymbol{A}\times\frac{\partial\boldsymbol{B}}{\partial v}=\begin{vmatrix}\boldsymbol{i}&\boldsymbol{j}&\boldsymbol{k}\\0&1&1\\u&-v&-u+v\end{vmatrix}+\begin{vmatrix}\boldsymbol{i}&\boldsymbol{j}&\boldsymbol{k}\\u&v&u+v\\0&-1&1\end{vmatrix}\\&=(-u+2v,\,u,\,-u)+(u+2v,\,-u,\,-u)=(4v,\,0,\,-2u)\end{aligned}$$

より，左辺 $=$ 右辺 である． □

例題 3.4

ベクトル関数

$$\boldsymbol{A}(u,\,v) = \left(e^{u+v},\, e^{u-v},\, e^{uv}\right)$$

について，$\dfrac{\partial \boldsymbol{A}}{\partial u}$, $\dfrac{\partial \boldsymbol{A}}{\partial v}$, $\dfrac{\partial^2 \boldsymbol{A}}{\partial u^2}$, $\dfrac{\partial^2 \boldsymbol{A}}{\partial v^2}$, $\dfrac{\partial^2 \boldsymbol{A}}{\partial u \partial v}$ および $\dfrac{\partial^2 \boldsymbol{A}}{\partial v \partial u}$ を求めよ．

解答

$$\frac{\partial \boldsymbol{A}}{\partial u} = \left(e^{u+v},\, e^{u-v},\, ve^{uv}\right),$$

$$\frac{\partial \boldsymbol{A}}{\partial v} = \left(e^{u+v},\, -e^{u-v},\, ue^{uv}\right),$$

$$\frac{\partial^2 \boldsymbol{A}}{\partial u^2} = \frac{\partial}{\partial u}\left(\frac{\partial \boldsymbol{A}}{\partial u}\right) = \left(e^{u+v},\, e^{u-v},\, v^2 e^{uv}\right),$$

$$\frac{\partial^2 \boldsymbol{A}}{\partial v^2} = \frac{\partial}{\partial v}\left(\frac{\partial \boldsymbol{A}}{\partial v}\right) = \left(e^{u+v},\, e^{u-v},\, u^2 e^{uv}\right),$$

$$\frac{\partial^2 \boldsymbol{A}}{\partial u \partial v} = \frac{\partial}{\partial u}\left(\frac{\partial \boldsymbol{A}}{\partial v}\right) = \left(e^{u+v},\, -e^{u-v},\, (1+uv)\, e^{uv}\right),$$

$$\frac{\partial^2 \boldsymbol{A}}{\partial v \partial u} = \frac{\partial}{\partial v}\left(\frac{\partial \boldsymbol{A}}{\partial u}\right) = \left(e^{u+v},\, -e^{u-v},\, (1+uv)\, e^{uv}\right).$$

□

✔ **チェック問題 3.2**　ベクトル関数

$$\boldsymbol{A}(u,\,v) = (e^u \cos v,\, e^u \sin v,\, uv)$$

について，$\dfrac{\partial^2 \boldsymbol{A}}{\partial u^2} + \dfrac{\partial^2 \boldsymbol{A}}{\partial v^2}$ を計算せよ．

(V)　多変数ベクトル関数の合成関数の微分

微分可能なベクトル関数 $\boldsymbol{A}(u,\, v)$ の変数 $u,\, v$ が別の変数 t の関数として $u = u(t),\, v = v(t)$ であるとする．

$$\boldsymbol{A}(u(t),\, v(t)) = \boldsymbol{A}(t)$$

とみなせるので，スカラー関数の合成関数の微分と同様にして

$$\frac{d\boldsymbol{A}}{dt} = \frac{\partial \boldsymbol{A}}{\partial u}\frac{du}{dt} + \frac{\partial \boldsymbol{A}}{\partial v}\frac{dv}{dt}$$

と表される[8]．このとき $\boldsymbol{A}$ の 3 個の成分であるスカラー関数の導関数が

$$\frac{dA_x}{dt} = \frac{\partial A_x}{\partial u}\frac{du}{dt} + \frac{\partial A_x}{\partial v}\frac{dv}{dt},$$
$$\frac{dA_y}{dt} = \frac{\partial A_y}{\partial u}\frac{du}{dt} + \frac{\partial A_y}{\partial v}\frac{dv}{dt},$$
$$\frac{dA_z}{dt} = \frac{\partial A_z}{\partial u}\frac{du}{dt} + \frac{\partial A_z}{\partial v}\frac{dv}{dt}$$

と表されることに注意しよう．

一方変数 $u,\, v$ が別の 2 変数 $s,\, t$ の関数として $u = u(s,\, t),\, v = v(s,\, t)$ であるとする．$\boldsymbol{A}(u(s,\, t),\, v(s,\, t)) = \boldsymbol{A}(s,\, t)$ とみなせるので，スカラー関数の合成関数の微分と同様にして

$$\frac{\partial \boldsymbol{A}}{\partial s} = \frac{\partial \boldsymbol{A}}{\partial u}\frac{\partial u}{\partial s} + \frac{\partial \boldsymbol{A}}{\partial v}\frac{\partial v}{\partial s},$$
$$\frac{\partial \boldsymbol{A}}{\partial t} = \frac{\partial \boldsymbol{A}}{\partial u}\frac{\partial u}{\partial t} + \frac{\partial \boldsymbol{A}}{\partial v}\frac{\partial v}{\partial t}$$

と表される．

---

[8] これは直交座標系の各座標成分 $x,\, y,\, z$ を空間変数として与えられたスカラー関数やベクトル関数の曲線に沿った線積分を計算するとき，曲線をパラメータ表示して計算する場合等において重要である．

3.2 ベクトル関数の積分
—ベクトル関数の積分の性質を理解し計算方法を習得する

ベクトル関数の積分

ベクトル関数が関係する積分は，線積分や面積分，体積分等その物理的・幾何的な意味も含めて多くの種類があるが，最終的には1つあるいは複数のスカラー関数の積分計算に帰着される．この節では，その基本となるベクトル関数の積分の考え方について学ぶ．まず1変数関数のベクトル関数の積分についてはスカラー関数の積分と同じく不定積分と定積分が定義されるが，部分積分等についても（外積のベクトルの順序等に注意すれば）スカラー関数の場合と同様に与えられる．具体的なベクトル関数の積分計算は基本的には微分の場合と同様に，各成分のスカラー関数の積分として行えばよい．また多変数のベクトル関数の積分についても積分領域 D における3個の多変数スカラー関数の重積分として同様に定義されるので，基本的にはスカラー関数の重積分の計算に帰着される．

(I)　ベクトル関数の不定積分

ベクトル関数 $\boldsymbol{A}(t)$ があるベクトル関数の導関数であるとき，もとの関数を $\boldsymbol{A}(t)$ の**不定積分**といい，

$$\int \boldsymbol{A}(t)\,dt$$

とかく．もとの関数の1つを $\boldsymbol{D}(t) = (D_x(t),\, D_y(t),\, D_z(t))$ とすれば，不定積分においてはスカラー関数の不定積分の場合と同様に任意の定ベクトル $\boldsymbol{K} = (K_x,\, K_y,\, K_z)$ を加えた関数も不定積分であるので，

$$\int \boldsymbol{A}(t)\,dt = \boldsymbol{D}(t) + \boldsymbol{K}$$

と無数に存在する．また $\boldsymbol{D}'(t) = \boldsymbol{A}(t)$ より3成分のスカラー関数についての不定積分が与えられるので，

$$\boldsymbol{A}(t) = A_x(t)\boldsymbol{i} + A_y(t)\boldsymbol{j} + A_z(t)\boldsymbol{k} = (A_x(t),\, A_y(t),\, A_z(t))$$

の不定積分の成分表示は

$$\int \boldsymbol{A}(t)\,dt = \left(\int A_x(t)\,dt\right)\boldsymbol{i} + \left(\int A_y(t)\,dt\right)\boldsymbol{j} + \left(\int A_z(t)\,dt\right)\boldsymbol{k}$$
$$= \left(\int A_x(t)\,dt,\ \int A_y(t)\,dt,\ \int A_z(t)\,dt\right)$$
$$= (D_x(t) + K_x)\,\boldsymbol{i} + (D_y(t) + K_y)\,\boldsymbol{j} + (D_z(t) + K_z)\,\boldsymbol{k}$$
$$= (D_x(t) + K_x,\ D_y(t) + K_y,\ D_z(t) + K_z)$$

となる．このように成分の積分計算でベクトル関数の不定積分が得られることから，微分公式と同様に積分についても部分積分も含めて以下のような積分公式が得られる．

ステップ 3：キーポイント　ベクトル関数の不定積分の積分公式

2 つのベクトル関数 $\boldsymbol{A}(t)$, $\boldsymbol{B}(t)$ およびスカラー関数 $\phi(t)$ について，λ, μ を実定数，$\boldsymbol{K}$ を定ベクトルとすると，

(i) $$\int (\lambda\boldsymbol{A}(t) + \mu\boldsymbol{B}(t))\,dt = \lambda\int \boldsymbol{A}(t)\,dt + \mu\int \boldsymbol{B}(t)\,dt$$

(ii) $$\int (\boldsymbol{K}\cdot\boldsymbol{A}(t))\,dt = \boldsymbol{K}\cdot\left(\int \boldsymbol{A}(t)\,dt\right),$$
$$\int (\boldsymbol{K}\times\boldsymbol{A}(t))\,dt = \boldsymbol{K}\times\left(\int \boldsymbol{A}(t)\,dt\right)$$

(iii) $$\int \big(\phi(t)\boldsymbol{A}'(t)\big)\,dt = \phi(t)\boldsymbol{A}(t) - \int \big(\phi'(t)\boldsymbol{A}(t)\big)\,dt$$

(iv) $$\int \big(\boldsymbol{A}'(t)\cdot\boldsymbol{B}(t)\big)\,dt = \boldsymbol{A}(t)\cdot\boldsymbol{B}(t) - \int \big(\boldsymbol{A}(t)\cdot\boldsymbol{B}'(t)\big)\,dt$$

(v) $$\int \big(\boldsymbol{A}'(t)\times\boldsymbol{B}(t)\big)\,dt = \boldsymbol{A}(t)\times\boldsymbol{B}(t) - \int \big(\boldsymbol{A}(t)\times\boldsymbol{B}'(t)\big)\,dt$$

が成り立つ[9)]．

9) 外積が関係する場合には，ベクトルの順序に注意しよう．

例題 3.5

ベクトル関数 $\boldsymbol{A}(t)$ について次の式が成り立つことを示せ．ただし K は任意定数，$\boldsymbol{K}$ は任意の定ベクトルとする．

(1) $\displaystyle\int \big(\boldsymbol{A}'(t)\cdot\boldsymbol{A}(t)\big)\,dt = \frac{1}{2}\boldsymbol{A}(t)\cdot\boldsymbol{A}(t) + K$

(2) $\displaystyle\int \big(\boldsymbol{A}''(t)\times\boldsymbol{A}(t)\big)\,dt = \boldsymbol{A}'(t)\times\boldsymbol{A}(t) + \boldsymbol{K}$

解答　(1)　内積の微分公式より $(\boldsymbol{A}(t)\cdot\boldsymbol{A}(t))' = 2\boldsymbol{A}'(t)\cdot\boldsymbol{A}(t)$ であるから

$$\int \big(\boldsymbol{A}'(t)\cdot\boldsymbol{A}(t)\big)\,dt = \int\left(\frac{1}{2}\boldsymbol{A}(t)\cdot\boldsymbol{A}(t)\right)'\,dt = \frac{1}{2}\boldsymbol{A}(t)\cdot\boldsymbol{A}(t) + K$$

である[10)]．

(2)　$\boldsymbol{A}''(t) = \big(\boldsymbol{A}'(t)\big)'$ として部分積分より

$$\begin{aligned}\int \big(\boldsymbol{A}''(t)\times\boldsymbol{A}(t)\big)\,dt &= \boldsymbol{A}'(t)\times\boldsymbol{A}(t) - \int\big(\boldsymbol{A}'(t)\times\boldsymbol{A}'(t)\big)\,dt\\ &= \boldsymbol{A}'(t)\times\boldsymbol{A}(t) - \int \boldsymbol{0}\,dt = \boldsymbol{A}'(t)\times\boldsymbol{A}(t) + \boldsymbol{K}.\end{aligned}$$ □

チェック問題 3.3　ベクトル関数 $\boldsymbol{A}(t) = \left(e^t\cos t,\ e^t\sin t,\ e^{-t}\right)$ について，以下の不定積分を計算せよ．

(1) $\displaystyle\int \boldsymbol{A}(t)\,dt$　　(2) $\displaystyle\int (\boldsymbol{A}(t)\cdot\boldsymbol{A}(t))\,dt$　　(3) $\displaystyle\int \big(\boldsymbol{A}'(t)\times\boldsymbol{A}(t)\big)\,dt$

(II)　ベクトル関数の定積分

閉区間 $[a,\,b]$ 上で定義された連続なベクトル関数

$$\boldsymbol{A}(t) = (A_x(t),\ A_y(t),\ A_z(t))$$

を考えよう．区間を任意の n 個の小区間 $[t_{i-1},\,t_i]$（$i = 1,\,2,\,\ldots,\,n,\ t_0 = a,\ t_n = b$）に分割し，その分割を Δ とかく．小区間の幅 $\Delta t_i = t_i - t_{i-1}$ とその小区間内の任意の1点 ξ_i の関数値（代表値）$\boldsymbol{A}(\xi_i) = (A_x(\xi_i),\ A_y(\xi_i),\ A_z(\xi_i))$ の積の総和（リーマン和）

10) この積分は $\boldsymbol{A}'(t)\cdot\boldsymbol{A}(t)$ が内積であるのでスカラー関数の積分であることに注意しよう．

$$\boldsymbol{S}_\Delta = \sum_{i=1}^{n} \boldsymbol{A}(\xi_i)\Delta t_i$$

を考えると，このリーマン和は3個のリーマン和の成分からなるベクトル

$$\left(\sum_{i=1}^{n} A_x(\xi_i)\Delta t_i,\ \sum_{i=1}^{n} A_y(\xi_i)\Delta t_i,\ \sum_{i=1}^{n} A_z(\xi_i)\Delta t_i\right)$$

である．任意の分割の仕方と代表値の取り方に対して，$n \to \infty$ として分割幅の最大値

$$|\Delta| = \max_i \Delta t_i$$

について $|\Delta| \to 0$ とした極限で各成分のスカラー関数についてのリーマン和がそれぞれ一定値に収束するとき，ベクトル関数としてのリーマン和の極限も収束する．これを

$$\lim_{|\Delta|\to 0} \boldsymbol{S}_\Delta = \int_a^b \boldsymbol{A}(t)\,dt$$

とかいて，$t = a$ から $t = b$ までの $\boldsymbol{A}(t)$ の**定積分**という．もちろん成分表示は

$$\begin{aligned}\int_a^b \boldsymbol{A}(t)\,dt &= \left(\int_a^b A_x(t)\,dt\right)\boldsymbol{i} + \left(\int_a^b A_y(t)\,dt\right)\boldsymbol{j} + \left(\int_a^b A_z(t)\,dt\right)\boldsymbol{k} \\ &= \left(\int_a^b A_x(t)\,dt,\ \int_a^b A_y(t)\,dt,\ \int_a^b A_z(t)\,dt\right)\end{aligned}$$

であるので，定積分においても3個のスカラー関数の定積分を計算すればよい．各成分の積分について，$\boldsymbol{A}(t)$ の不定積分の1つを $\boldsymbol{D}(t)$ とすれば，

$$\int_a^b \boldsymbol{A}(t)\,dt = \Big[\boldsymbol{D}(t)\Big]_a^b = \boldsymbol{D}(b) - \boldsymbol{D}(a)$$

である．また上記の成分表示を考えれば，定積分の性質として

ステップ4：法則　定積分の性質

(i)　$a < c < b$ であるとき

$$\int_a^b \boldsymbol{A}(t)\,dt = \int_a^c \boldsymbol{A}(t)\,dt + \int_c^b \boldsymbol{A}(t)\,dt$$

(ii) $$\int_b^a \boldsymbol{A}(t)\,dt = -\int_a^b \boldsymbol{A}(t)\,dt \tag{3.6}$$

が得られる.

例 3.2 質量が m の質点Pが力 $\boldsymbol{F}(t)$ の作用を受けながら運動している場合を考える. 質点の時刻 t の位置ベクトルを $\boldsymbol{r}(t)$ とし, 微小な時間 Δt で質点が $\Delta \boldsymbol{r}$ だけ変位すると, 例2.1の結果より, 移動の間にされる仕事は $\boldsymbol{F}\cdot\Delta\boldsymbol{r}$ である. いま閉区間 $[a, b]$ の間にされる仕事について, 前述の定積分の導出と同様にしてこの区間を n 個の小区間 $[t_{i-1}, t_i]$ に分割して考える. このとき仕事の総和は, 速度ベクトルを $\boldsymbol{v}(t)$ として

$$\sum_{i=1}^{n} \boldsymbol{F}(\xi_i)\cdot\Delta\boldsymbol{r}_i = \sum_{i=1}^{n} \boldsymbol{F}(\xi_i)\cdot\boldsymbol{v}(\xi_i)\Delta t_i$$

である. このリーマン和に対して, 任意の分割の仕方と代表値の取り方に対して分割幅の最大値を零へ近づける極限を考えれば, 質点に力がなす仕事 W は

$$W = \int_a^b \boldsymbol{F}(t)\cdot\boldsymbol{v}(t)\,dt \tag{3.7}$$

で与えられる.

一方, 質点の**運動エネルギー** $E_{\mathrm{k}}(t) = \frac{1}{2}m\,|\boldsymbol{v}(t)|^2 = \frac{1}{2}m\,(\boldsymbol{v}(t)\cdot\boldsymbol{v}(t))$ に対して, 両辺を t で微分して加速度ベクトルを $\boldsymbol{a}(t)$ とすれば

$$E_{\mathrm{k}}'(t) = m\boldsymbol{v}'(t)\cdot\boldsymbol{v}(t) = m\boldsymbol{a}(t)\cdot\boldsymbol{v}(t) = \boldsymbol{F}(t)\cdot\boldsymbol{v}(t)$$

であるから, この式の両辺を t について $t = a$ から $t = b$ まで積分すれば (3.7) 式より

$$\text{左辺}:\ \int_a^b \frac{dE_{\mathrm{k}}(t)}{dt}\,dt = E_{\mathrm{k}}(b) - E_{\mathrm{k}}(a)$$

$$\text{右辺}:\ \int_a^b \boldsymbol{F}(t)\cdot\boldsymbol{v}(t)\,dt = W$$

であるので

$$E_{\mathrm{k}}(b) - E_{\mathrm{k}}(a) = W$$

となる．これは力によって仕事がなされたことにより，運動エネルギーが変化したことを示している．□

例題 3.6

ベクトル関数 $\boldsymbol{A}(t)=\left(\sqrt{t},\,\frac{1}{\sqrt{t}},\,t\right)$ について，以下の定積分を計算せよ．

(1) $\displaystyle\int_1^2 \boldsymbol{A}(t)\,dt$　　(2) $\displaystyle\int_1^2 \big(\boldsymbol{A}'(t)\cdot\boldsymbol{A}(t)\big)\,dt$

(3) $\displaystyle\int_1^2 \big(\boldsymbol{A}''(t)\times\boldsymbol{A}(t)\big)\,dt$

解答　(1)

$$\begin{aligned}\int_1^2 \boldsymbol{A}(t)\,dt &= \left(\int_1^2 \sqrt{t}\,dt\right)\boldsymbol{i}+\left(\int_1^2 \frac{1}{\sqrt{t}}\,dt\right)\boldsymbol{j}+\left(\int_1^2 t\,dt\right)\boldsymbol{k}\\ &= \left(\left[\frac{2t^{\frac{3}{2}}}{3}\right]_1^2\right)\boldsymbol{i}+\left(\Big[2\sqrt{t}\Big]_1^2\right)\boldsymbol{j}+\left(\left[\frac{t^2}{2}\right]_1^2\right)\boldsymbol{k}\\ &= \left(\frac{4\sqrt{2}}{3}-\frac{2}{3}\right)\boldsymbol{i}+\left(2\sqrt{2}-2\right)\boldsymbol{j}+\frac{3}{2}\boldsymbol{k}\\ &= \left(\frac{4\sqrt{2}}{3}-\frac{2}{3},\,2\sqrt{2}-2,\,\frac{3}{2}\right).\end{aligned}$$

(2)　例題 3.5 (1) を参考にして

$$\begin{aligned}\int_1^2 \big(\boldsymbol{A}'(t)\cdot\boldsymbol{A}(t)\big)\,dt &= \int_1^2 \left(\frac{1}{2}\boldsymbol{A}(t)\cdot\boldsymbol{A}(t)\right)'\,dt = \left[\frac{1}{2}\boldsymbol{A}(t)\cdot\boldsymbol{A}(t)\right]_1^2\\ &= \frac{1}{2}\left[t+\frac{1}{t}+t^2\right]_1^2 = \frac{7}{4}.\end{aligned}$$

(3)　例題 3.5 (2) を参考にして

$$\int_1^2 \big(\boldsymbol{A}''(t)\times\boldsymbol{A}(t)\big)\,dt = \Big[\boldsymbol{A}'(t)\times\boldsymbol{A}(t)\Big]_1^2$$

である．$\boldsymbol{A}'(t)=\dfrac{1}{2\sqrt{t}}\boldsymbol{i}-\dfrac{1}{2t^{\frac{3}{2}}}\boldsymbol{j}+\boldsymbol{k}$ であるので，

$$\boldsymbol{A}'(t)\times\boldsymbol{A}(t)=\begin{vmatrix}\boldsymbol{i} & \boldsymbol{j} & \boldsymbol{k}\\ \frac{1}{2\sqrt{t}} & -\frac{1}{2t^{\frac{3}{2}}} & 1\\ \sqrt{t} & \frac{1}{\sqrt{t}} & t\end{vmatrix}=-\frac{3}{2\sqrt{t}}\boldsymbol{i}+\frac{\sqrt{t}}{2}\boldsymbol{j}+\frac{1}{t}\boldsymbol{k}$$

より

$$\int_1^2\left(\boldsymbol{A}''(t)\times\boldsymbol{A}(t)\right)\,dt=\left[-\frac{3}{2\sqrt{t}}\right]_1^2\boldsymbol{i}+\left[\frac{\sqrt{t}}{2}\right]_1^2\boldsymbol{j}+\left[\frac{1}{t}\right]_1^2\boldsymbol{k}$$

$$=\left(-\frac{3\sqrt{2}}{4}+\frac{3}{2}\right)\boldsymbol{i}+\left(\frac{\sqrt{2}-1}{2}\right)\boldsymbol{j}-\frac{1}{2}\boldsymbol{k}=\left(-\frac{3\sqrt{2}}{4}+\frac{3}{2},\frac{\sqrt{2}-1}{2},-\frac{1}{2}\right).\ \square$$

✔ **チェック問題 3.4** ベクトル関数

$$\boldsymbol{A}(t)=\begin{cases}(1+t)\,\boldsymbol{i}+(1-t)\,\boldsymbol{j}+t^2\boldsymbol{k} & (0\leq t\leq 1)\\ (3-t)\,\boldsymbol{i}+(t-1)^2\boldsymbol{j}+\dfrac{1}{t}\boldsymbol{k} & (1<t\leq 2)\end{cases}$$

について，定積分 $\displaystyle\int_0^2\boldsymbol{A}(t)\,dt$ を計算せよ．

(III) 多変数ベクトル関数の重積分

uv 平面上の有界閉領域 D で定義された連続な 2 変数ベクトル関数

$$\boldsymbol{A}(u,\,v)=(A_x(u,\,v),\,A_y(u,\,v),\,A_z(u,\,v))$$

に対して，1 変数の定積分と同様にして小閉領域に分割してリーマン和を考えると，それぞれの成分である 3 個のスカラー関数 $A_x(u,\,v)$, $A_y(u,\,v)$, $A_z(u,\,v)$ のリーマン和が得られる．微分積分学で学んだ手順で任意の分割の仕方と代表値の取り方に対して，分割を細かくしていった極限が一定値に収束するとき，領域 D における $\boldsymbol{A}(u,\,v)$ の 2 重積分を

$$\iint_D\boldsymbol{A}(u,\,v)\,dudv$$
$$=\left(\iint_D A_x(u,\,v)\,dudv\right)\boldsymbol{i}+\left(\iint_D A_y(u,\,v)\,dudv\right)\boldsymbol{j}$$
$$+\left(\iint_D A_z(u,\,v)\,dudv\right)\boldsymbol{k}$$

$$= \left(\iint_D A_x(u,\, v)\, dudv,\ \iint_D A_y(u,\, v)\, dudv,\ \iint_D A_z(u,\, v)\, dudv \right)$$

と表す.

また3次元空間のある有界閉領域 V で定義された連続な3変数（スカラー）関数 $\phi(x,\, y,\, z)$ に対して，小閉領域に分割してリーマン和を考えると，任意の分割の仕方と代表値の取り方に対して，分割を細かくしていった極限が一定値に収束するとき，V における ϕ の3重積分は

$$\iiint_V \phi(x,\, y,\, z)\, dxdydz \tag{3.8}$$

で表される．同様にして3変数ベクトル関数 $\boldsymbol{A}(x,\, y,\, z)$ についても，それぞれの成分である3個のスカラー関数 $A_x(x,\, y,\, z)$, $A_y(x,\, y,\, z)$, $A_z(x,\, y,\, z)$ のリーマン和を考え，任意の分割の仕方と代表値の取り方に対して，分割を細かくしていった極限が一定値に収束するとき，(3.8) 式と同様に V 上の3重積分を

$$\begin{aligned}
&\iiint_V \boldsymbol{A}(x,\, y,\, z)\, dxdydz \\
&= \left(\iiint_V A_x(x,\, y,\, z)\, dxdydz \right) \boldsymbol{i} + \left(\iiint_V A_y(x,\, y,\, z)\, dxdydz \right) \boldsymbol{j} \\
&\quad + \left(\iiint_V A_z(x,\, y,\, z)\, dxdydz \right) \boldsymbol{k} \\
&= \left(\iiint_V A_x(x,\, y,\, z)\, dxdydz,\ \iiint_V A_y(x,\, y,\, z)\, dxdydz, \right. \\
&\qquad \left. \iiint_V A_z(x,\, y,\, z)\, dxdydz \right)
\end{aligned}$$

と表す[11].

---

11) パラメータとして u, v, w を用いる場合については，第5章の体積分のところで説明する.

3.3 空間曲線と線積分
—空間曲線を解析的に表現する方法を理解し，曲線に沿った線積分の計算方法を習得する

空間曲線の解析的表現と線積分

3次元空間内の曲線は1つのパラメータのベクトル関数として表現される．前節までで学んだ微分・積分の手法を用いることにより，空間曲線の幾何的な性質について接線ベクトル，法線ベクトル，曲率等を定義して考察していく．その際特に弧長が重要な意味をもつので，その取扱いに慣れることが肝要である．また曲線の性質を用いて空間内を運動する質点の挙動について詳細な解析ができるようになる．さらに本節ではこの曲線の性質をもとに空間曲線に沿った線積分について学ぶが，スカラー場，ベクトル場の線積分は単位接線ベクトルや弧長を用いて表現されるので，幾何的な意味も含めて理解することが重要である．

(I) 空間曲線の単位接線ベクトルと弧長

3次元空間において点Pが移動して連続な空間曲線 C を描くとする．このとき点Pの位置ベクトル $\overrightarrow{\mathrm{OP}} = \boldsymbol{r}$ はパラメータ（独立変数）t の連続なベクトル関数 $\boldsymbol{r}(t)$ で与えられ，

$$\boldsymbol{r} = \boldsymbol{r}(t) = x(t)\boldsymbol{i} + y(t)\boldsymbol{j} + z(t)\boldsymbol{k} = (x(t),\, y(t),\, z(t))$$

を曲線 C の**ベクトル方程式**という．図3.2に示すように，曲線の始点Aの位置ベクトルを $\overrightarrow{\mathrm{OA}} = \boldsymbol{r}(a)$，終点Bの位置ベクトルを $\overrightarrow{\mathrm{OB}} = \boldsymbol{r}(b)$ とすれば，このベクトル関数 $\boldsymbol{r}(t)$ の定義域は区間 $[a,\, b]$ である．

空間曲線の性質を考察する上でまずベクトル関数 $\boldsymbol{r}(t)$ の導関数について復習しよう[12)]．3.1節でベクトル関数の導関数のベクトルの向きが接線方向となることは学んだ．動点Pの位置ベクトルの導関数ベクトル $\boldsymbol{r}'(t)$ は曲線 C 上のそれぞれの点において変数 t が増加するときのPが動く接線方向を向くことは容易に理解できる．また大きさ $\left|\boldsymbol{r}'(t)\right|$ は，例えば例3.1で示したように，t を

12) $\boldsymbol{r}(t)$ は必要な回数微分可能であり，$\boldsymbol{r}'(t) \neq \boldsymbol{0}$ とする．

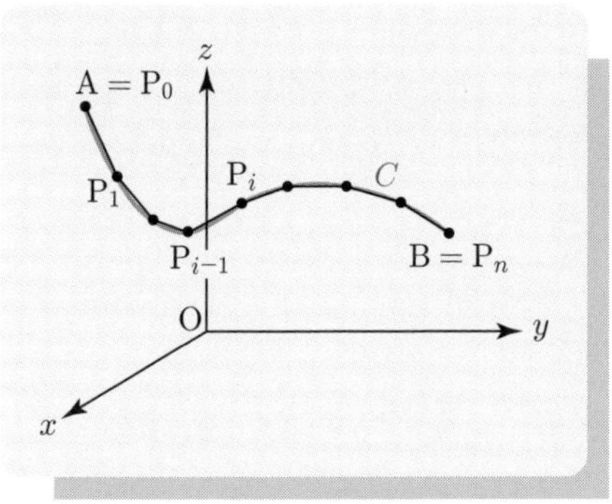

図 3.2　空間曲線と折れ線近似

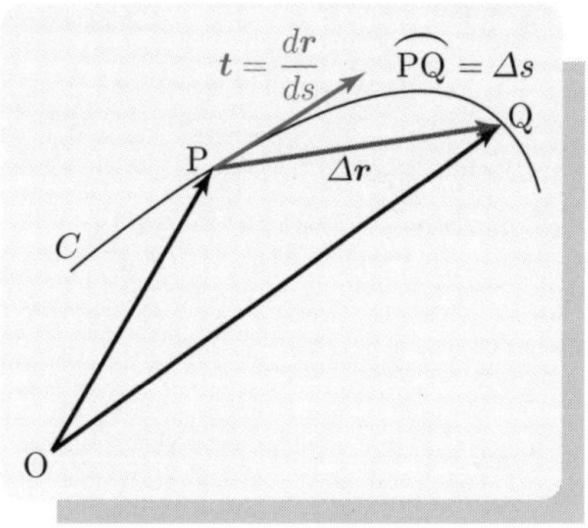

図 3.3　単位接線ベクトル

時間変数，$\boldsymbol{r}(t)$ を運動する質点の位置ベクトルと考えれば，$\boldsymbol{r}'(t)$ は速度ベクトル $\boldsymbol{v}(t)$ であるので，$\left|\boldsymbol{r}'(t)\right|$ は速さである．ここで $\boldsymbol{r}'(t)$ を $\left|\boldsymbol{r}'(t)\right|$ で割った単位ベクトルを

$$\boldsymbol{t}(t) = \frac{\boldsymbol{r}'(t)}{|\boldsymbol{r}'(t)|}$$

とかき，これを**単位接線ベクトル**という．

次にこの単位接線ベクトルを別の考え方で求めてみよう．図 3.3 に示すように，C 上の 2 点 P, Q について，P から Q までの曲線の長さを $\widehat{\mathrm{PQ}} = \Delta s$ とし，$\overrightarrow{\mathrm{PQ}} = \Delta \boldsymbol{r} = \overrightarrow{\mathrm{OQ}} - \overrightarrow{\mathrm{OP}}$ とする．ここで $\Delta s \to 0$ の極限は曲線上を $\mathrm{Q} \to \mathrm{P}$ と近づけた極限であり，

$$\lim_{\Delta s \to 0} \left| \frac{\Delta \boldsymbol{r}}{\Delta s} \right| = \lim_{\Delta s \to 0} \frac{\overline{\mathrm{PQ}}}{\widehat{\mathrm{PQ}}} = 1$$

であるので，

$$\lim_{\Delta s \to 0} \frac{\Delta \boldsymbol{r}}{\Delta s} = \frac{d\boldsymbol{r}}{ds} = \boldsymbol{t} \tag{3.9}$$

として単位接線ベクトルが求まることがわかった．しかし (3.9) 式においては，$\boldsymbol{t}$ は変数 t ではなく曲線の長さ s で微分していることに注意しよう．従って，上のような微分を考える上では曲線の長さを変数として導入する必要がある．この変数を定義する前にまず曲線 C の長さ $\widehat{\mathrm{AB}}$ を求めてみよう．

図 3.2 に示すように，曲線 C 上に始点 $\mathrm{A} = \mathrm{P}_0$ と終点 $\mathrm{B} = \mathrm{P}_n$ を含め $n+1$ 個の分点 P_i（$i = 0, 1, 2, \ldots, n$）をとり小区間に分ける．このとき小区間の曲線の長さ $\widehat{\mathrm{P}_{i-1}\mathrm{P}_i}$ を線分の長さ $\overline{\mathrm{P}_{i-1}\mathrm{P}_i}$ で近似すると，曲線 C 全体の長さは小区間の線分の長さの総和（折れ線の長さ）

$$\sum_{i=1}^{n} \overline{\mathrm{P}_{i-1}\mathrm{P}_i}$$

で近似される．ここで $\overrightarrow{\mathrm{OP}_i} = \boldsymbol{r}(t_i) = (x(t_i), y(t_i), z(t_i))$ とすれば

$$\sum_{i=1}^{n} \overline{\mathrm{P}_{i-1}\mathrm{P}_i} = \sum_{i=1}^{n} |\boldsymbol{r}(t_i) - \boldsymbol{r}(t_{i-1})| = \sum_{i=1}^{n} |\Delta \boldsymbol{r}_i|$$
$$= \sum_{i=1}^{n} \sqrt{(x(t_i) - x(t_{i-1}))^2 + (y(t_i) - y(t_{i-1}))^2 + (z(t_i) - z(t_{i-1}))^2}$$

である．また点 P_{i-1} から P_i まで移動するときに変数 t が Δt_i だけ変化するとすると，$|\Delta \boldsymbol{r}_i| = \left|\frac{\Delta \boldsymbol{r}_i}{\Delta t_i}\right| \Delta t_i$ であるので，リーマン和

$$\sum_{i=1}^{n} \overline{\mathrm{P}_{i-1}\mathrm{P}_i} = \sum_{i=1}^{n} \left|\frac{\Delta \boldsymbol{r}_i}{\Delta t_i}\right| \Delta t_i$$
$$= \sum_{i=1}^{n} \left[\left\{ \sqrt{\left(\frac{x(t_i) - x(t_{i-1})}{\Delta t_i}\right)^2 + \left(\frac{y(t_i) - y(t_{i-1})}{\Delta t_i}\right)^2 + \left(\frac{z(t_i) - z(t_{i-1})}{\Delta t_i}\right)^2} \right\} \times \Delta t_i \right]$$

が得られる．ベクトル関数 $\boldsymbol{r}(t)$ が微分可能であるならば，任意の分割の仕方に対して，分割を細かくしていくときに定積分の定義によりある値 s_C に収束し

$$s_C = \int_a^b \left|\boldsymbol{r}'(t)\right| dt = \int_a^b \sqrt{(x'(t))^2 + (y'(t))^2 + (z'(t))^2}\, dt$$

となる．このときの曲線の長さ s_C を（曲線 C の）**弧長**[13] という．ここで始

[13] 単に曲線の長さということもあるが，本書では弧長で統一する．

点 A（$t=a$）から C 上の点 P（$t=t$）までの弧長 s を

$$s = s(t) = \int_a^t \left|\boldsymbol{r}'(t)\right| dt = \int_a^t \sqrt{(x'(t))^2 + (y'(t))^2 + (z'(t))^2}\, dt$$

と t の関数として定義すれば，$s'(t) = \left|\boldsymbol{r}'(t)\right| > 0$ である[14)]ので $s(t)$ は単調増加関数であり，t と s は 1 対 1 に対応し逆関数 $t = t(s)$ が存在する．従って，

ステップ 5：キーポイント　弧長と単位接線ベクトル

位置ベクトルは弧長 s をパラメータとして

$$\begin{aligned}\boldsymbol{r}(t(s)) &= \boldsymbol{r}(s)\\ &= x(s)\boldsymbol{i} + y(s)\boldsymbol{j} + z(s)\boldsymbol{k}\\ &= (x(s),\, y(s),\, z(s))\end{aligned}$$

と表され，単位接線ベクトル $\boldsymbol{t}$ は

$$\boldsymbol{t}(s) = \frac{d\boldsymbol{r}(s)}{ds} = \frac{\frac{d\boldsymbol{r}(t)}{dt}}{\frac{ds(t)}{dt}}$$

で与えられる．ここで位置ベクトルの微小増分について成分表示で

$$d\boldsymbol{r} = dx\boldsymbol{i} + dy\boldsymbol{j} + dz\boldsymbol{k} = (dx,\, dy,\, dz) \tag{3.10}$$

とかくと，弧長のパラメータ s の微小増分は

$$\begin{aligned} ds &= |d\boldsymbol{r}|\\ &= \sqrt{(dx)^2 + (dy)^2 + (dz)^2} = \sqrt{\left(\frac{dx}{dt}\right)^2 + \left(\frac{dy}{dt}\right)^2 + \left(\frac{dz}{dt}\right)^2}\, dt\end{aligned}$$

であり，この ds を線素という[15)]．

例題 3.7

ベクトル方程式 $\boldsymbol{r}(t) = t^2\boldsymbol{i} + 2t\boldsymbol{j} + \log t\boldsymbol{k}$（$1 \leq t \leq 2$）で与えられる曲線 C について次の問に答えよ．

---

14) 等号が入らないことに注意しよう．

15) $d\boldsymbol{r}$ は $d\boldsymbol{s}$ で表すことがあるが，本書では $d\boldsymbol{r}$ に統一する．

(1) 曲線 C の弧長 s_C を求めよ.

(2) 弧長 $s = s(t)$ を求めよ.

(3) 単位接線ベクトル $\boldsymbol{t}$ を求めよ.

解答 (1) $\boldsymbol{r}'(t) = 2t\boldsymbol{i} + 2\boldsymbol{j} + \frac{1}{t}\boldsymbol{k}$ であるので,

$$\left|\boldsymbol{r}'(t)\right| = \sqrt{4t^2 + 4 + \frac{1}{t^2}} = \sqrt{\left(2t + \frac{1}{t}\right)^2} = 2t + \frac{1}{t}$$

である. 従って,

$$s_C = \int_1^2 \left(2t + \frac{1}{t}\right) dt = \Big[t^2 + \log t\Big]_1^2 = 3 + \log 2.$$

(2)

$$s(t) = \int_1^t \left(2t + \frac{1}{t}\right) dt = \Big[t^2 + \log t\Big]_1^t = t^2 + \log t - 1.$$

(3)

$$\begin{aligned}
\boldsymbol{t} = \frac{\boldsymbol{r}'(t)}{|\boldsymbol{r}'(t)|} &= \left(\frac{1}{2t + \frac{1}{t}}\right)\left(2t\boldsymbol{i} + 2\boldsymbol{j} + \frac{1}{t}\boldsymbol{k}\right) \\
&= \frac{2t^2}{2t^2 + 1}\boldsymbol{i} + \frac{2t}{2t^2 + 1}\boldsymbol{j} + \frac{1}{2t^2 + 1}\boldsymbol{k} \\
&= \left(\frac{2t^2}{2t^2 + 1}, \frac{2t}{2t^2 + 1}, \frac{1}{2t^2 + 1}\right).
\end{aligned}$$

□

(注意) 上の例題のように, 逆関数 $t = t(s)$ を求めることは一般に困難であり, 基本的には変数 t の関数のままで具体的に単位接線ベクトル等を求める方が容易である場合が多い. しかしながら, 次に紹介する線積分を取り扱う場合や後述する単位法線ベクトル等のその他の曲線の性質を定義する場合には, 弧長 s をパラメータとして用いることが必要となる.

チェック問題 3.5 ベクトル方程式 $\boldsymbol{r}(t) = t^3\boldsymbol{i} + 3t^2\boldsymbol{j} + 6t\boldsymbol{k}$ $(-1 \leq t \leq 1)$ で与えられる曲線 C について次の問に答えよ.

(1) 曲線 C の弧長 s_C を求めよ.

(2) 弧長 $s = s(t)$ を求めよ.

(3) 単位接線ベクトル $\boldsymbol{t}$ を求めよ.

(II)　スカラー場の線積分

空間内のある領域 V において定義されたスカラー関数 $\phi(x, y, z)$ を**スカラー場**という．すなわち，V 上の 1 点 $\mathrm{P}(x, y, z)$ を決めれば，あるスカラー量 ϕ が決まるということであり，これを $\phi(\mathrm{P})$ と表すこともある．スカラー場の例としては，圧力場，温度場等がある[16)]．

ここでは，領域 V 上で定義された空間曲線 C に沿ったスカラー場の線積分について考える．領域 V 上の始点を A（$t=a$），終点を B（$t=b$）とする曲線

$$C : \boldsymbol{r}(t) = x(t)\boldsymbol{i} + y(t)\boldsymbol{j} + z(t)\boldsymbol{k} = (x(t), y(t), z(t)) \quad (a \le t \le b)$$

を考えると，C 上のスカラー場は $\phi(x(t), y(t), z(t))$ とパラメータ t の関数として与えられる．このとき，定積分

$$\int_a^b \phi(x(t), y(t), z(t))\, dt$$

をパラメータ t に関する曲線 C に沿ったスカラー場 ϕ の**線積分**という．この線積分は $\displaystyle\int_C \phi\, dt$ や $\displaystyle\int_{\mathrm{AB}} \phi\, dt$ 等ともかかれ，曲線 C を**積分路**という．線積分は t に関する定積分であるので，通常の実関数の場合の定積分の公式が適用できる．従って C 上の点 Q（$t = t_{\mathrm{Q}}, a < t_{\mathrm{Q}} < b$）に対して

$$\int_{\mathrm{AB}} \phi\, dt = \int_a^{t_{\mathrm{Q}}} \phi\, dt + \int_{t_{\mathrm{Q}}}^b \phi\, dt = \int_{\mathrm{AQ}} \phi\, dt + \int_{\mathrm{QB}} \phi\, dt$$

が成り立つ．また点 B から A に積分路 C の逆の積分路に沿った線積分を

$$\int_{\mathrm{BA}} \phi\, dt = \int_{-C} \phi\, dt$$

とかき，

$$\int_{\mathrm{BA}} \phi\, dt = \int_{-C} \phi\, dt = \int_b^a \phi\, dt = -\int_a^b \phi\, dt = -\int_C \phi\, dt$$

である．さらに曲線 C を滑らかな曲線 C_1（始点を A_0（$t=a_1$），終点を A_1（$t=b_1$）），C_2（始点を A_1（$t=a_2$），終点を A_2（$t=b_2$）），$\ldots$，C_n（始

16) 一般に物理現象は時間的に物理量が変化する（物理量が時間変数を含む）が，特に断らない限り，スカラー場は 3 個の空間変数のみの関数の場合を扱うことにする．

点を A_{n-1} $(t = a_n)$，終点を A_n $(t = b_n)$）をつないだ積分路とするとき，$C = C_1 + C_2 + \cdots + C_n$ とかいて，その線積分は

$$\int_C \phi\,dt = \int_{C_1} \phi\,dt + \int_{C_2} \phi\,dt + \cdots + \int_{C_n} \phi\,dt$$
$$= \int_{a_1}^{b_1} \phi\,dt + \int_{a_2}^{b_2} \phi\,dt + \cdots + \int_{a_n}^{b_n} \phi\,dt$$

である[17]．

一方曲線 C について，弧長 s をパラメータとすることも学んだが，線積分についてもパラメータ s に関する C に沿った線積分 $\int_C \phi\,ds$ が与えられる．この積分については，$ds = \frac{ds}{dt}\,dt = \left|\boldsymbol{r}'(t)\right|dt$ として置換積分を行えばよい．すなわち，

ステップ6：キーポイント　スカラー場の線積分

曲線 C に沿った線積分

$$\int_C \phi\,ds = \int_a^b \phi(x(t),\, y(t),\, z(t))\,\frac{ds}{dt}\,dt$$
$$= \int_a^b \phi(x(t),\, y(t),\, z(t))\left|\boldsymbol{r}'(t)\right|dt$$
$$= \int_a^b \phi(x(t),\, y(t),\, z(t))\sqrt{(x'(t))^2 + (y'(t))^2 + (z'(t))^2}\,dt$$

で与えられる．

以上のことから，スカラー場の積分路 C に沿った線積分は，与えられた曲線のベクトル方程式のパラメータである変数 t に関する定積分で計算すればよい．従って，一般に t とは異なる変数 ξ に関する線積分を計算する場合についても，$d\xi = \frac{d\xi}{dt}\,dt$ として

---

17) 各曲線 C_i において，曲線 C_{i-1} の終点 A_{i-1} の t の値：$t = b_{i-1}$ と曲線 C_i の始点 A_i の t の値：$t = a_i$ については，個々の曲線はそれぞれのパラメータ t を用いると考えて，異なっていてもよい．

$$\int_C \phi\,d\xi = \int_a^b \phi(x(t),\,y(t),\,z(t))\,\frac{d\xi}{dt}\,dt$$

のように置換積分すればよい．

例題 3.8

スカラー場 $\phi = x+y+z$ について，次の積分路 C に沿った線積分 $\displaystyle\int_C \phi\,ds$，$\displaystyle\int_C \phi\,dx$ を求めよ．

(1)　C：原点 $\mathrm{O}(0,\,0,\,0)$ から点 $\mathrm{A}(3,\,-4,\,5)$ までの線分

(2)　始点：原点 $\mathrm{O}(0,\,0,\,0)$，終点：$\mathrm{B}\left(1,\,1,\,\frac{2}{3}\right)$ とする曲線 C：

$$\boldsymbol{r}(t) = \left(t,\,t^2,\,\tfrac{2}{3}t^3\right)\quad (0 \leq t \leq 1)$$

解答　(1)　C のベクトル方程式は $\boldsymbol{r}(t) = (3t,\,-4t,\,5t)$（$0 \leq t \leq 1$）であるので[18]，$\phi = 3t - 4t + 5t = 4t$, $\boldsymbol{r}'(t) = (3,\,-4,\,5)$, $x'(t) = 3$ であるから

$$\int_C \phi\,ds = \int_0^1 \left(4t\sqrt{3^2 + (-4)^2 + 5^2}\,\right)dt = \int_0^1 20\sqrt{2}\,t\,dt$$

$$= \left[10\sqrt{2}\,t^2\right]_0^1 = 10\sqrt{2},$$

$$\int_C \phi\,dx = \int_0^1 12t\,dt = \left[6t^2\right]_0^1 = 6.$$

(2)　$\phi = t + t^2 + \frac{2}{3}t^3$, $\boldsymbol{r}'(t) = \left(1,\,2t,\,2t^2\right)$, $x'(t) = 1$ であるから

$$\int_C \phi\,ds = \int_0^1 \left\{\left(t + t^2 + \frac{2}{3}t^3\right)\sqrt{1^2 + (2t)^2 + (2t^2)^2}\right\}dt$$

$$= \int_0^1 \left\{\left(t + t^2 + \frac{2}{3}t^3\right)\left(1 + 2t^2\right)\right\}dt$$

---

18) 始点：$(a_x,\,a_y,\,a_z)$，終点：$(b_x,\,b_y,\,b_z)$ の線分のベクトル方程式は

$$\boldsymbol{r}(t) = (a_x + (b_x - a_x)t,\,a_y + (b_y - a_y)t,\,a_z + (b_z - a_z)t)\quad (0 \leq t \leq 1)$$

で与えられることに注意しよう．

$$= \int_0^1 \left(t + t^2 + \frac{8}{3}t^3 + 2t^4 + \frac{4}{3}t^5 \right) dt$$

$$= \left[\frac{1}{2}t^2 + \frac{1}{3}t^3 + \frac{2}{3}t^4 + \frac{2}{5}t^5 + \frac{2}{9}t^6 \right]_0^1 = \frac{191}{90},$$

$$\int_C \phi\, dx = \int_0^1 \left(t + t^2 + \frac{2}{3}t^3 \right) dt = \left[\frac{1}{2}t^2 + \frac{1}{3}t^3 + \frac{1}{6}t^4 \right]_0^1 = 1. \quad \square$$

✔ **チェック問題 3.6**　スカラー場 $\phi = x^2 + y^2 + z^2$ について，積分路 C：点 A(1, 0, 2) から点 B(3, 2, 1) までの線分に沿った線積分 $\int_C \phi\, ds$, $\int_C \phi\, dz$ を求めよ．

なおスカラー場の線積分については，(3.10) 式から

$$\int_C \phi\, d\boldsymbol{r} = \left(\int_C \phi\, dx \right) \boldsymbol{i} + \left(\int_C \phi\, dy \right) \boldsymbol{j} + \left(\int_C \phi\, dz \right) \boldsymbol{k}$$
$$= \left(\int_C \phi\, dx, \int_C \phi\, dy, \int_C \phi\, dz \right)$$

も考えられるが，置換積分により最終的に各成分の t に関する線積分を計算すればよい．

(III)　ベクトル場の線積分

空間内のある領域 V において定義されたベクトル関数 $\boldsymbol{A}(x, y, z)$ を**ベクトル場**という．すなわち V 上の 1 点 P(x, y, z) を決めれば，ある 1 つのベクトル量 $\boldsymbol{A}$ が決まり，これを $\boldsymbol{A}$(P) と表すこともある．ベクトル場の例としては，速度場，電場等がある[19)]．また連続なベクトル場が与えられたとき，領域 V 上の曲線 C の各点 P においてベクトル場 $\boldsymbol{A}$(P) が接線ベクトルとなる曲線 C をベクトル場 $\boldsymbol{A}$ の**流線**という．流線の例としては，流体の流線や電気力線等がある．

ここではスカラー場の線積分と同じく領域 V 上で定義された空間曲線 C に沿ったベクトル場の線積分について考える．例 3.2 において，質点に作用する

---

19) スカラー場と同様に物理現象は時間的に物理量が変化する（物理量が時間変数を含む）が，特に断らない限り，ベクトル場は 3 個の空間変数のみの関数の場合を扱うことにする．

力のベクトル関数と質点の変位のベクトル関数との内積のリーマン和を考え，その極限から定積分を定義した．これと同じように積分路である空間曲線 C を分割して，そのリーマン和から代表的な線積分を定義しよう．図 3.4 に示すように，始点を $\mathrm{A} = \mathrm{P}_0$，終点を $\mathrm{B} = \mathrm{P}_n$ とする曲線 C を積分路とする．この曲線を任意の n 個の小さい曲線 $C_i : \widehat{\mathrm{P}_{i-1}\mathrm{P}_i}$ $(i = 1, 2, \ldots, n)$ に分割し，各 C_i の始点と終点の変位ベクトル $\Delta \boldsymbol{r}_i = \boldsymbol{r}_i - \boldsymbol{r}_{i-1}$ と各曲線 C_i 上の任意の 1 点のベクトル関数 $\boldsymbol{A}_i$ との内積について，すべての分割された曲線についての総和（リーマン和）

$$S_\Delta = \sum_{i=1}^{n} \boldsymbol{A}_i \cdot \Delta \boldsymbol{r}_i$$

を考える．$\boldsymbol{A}$ の連続性により，任意の分割 Δ の仕方と代表値の取り方に対して，$n \to \infty$ として変位ベクトルの大きさの最大値の零への極限

$$|\Delta| = \max_i |\Delta \boldsymbol{r}_i| \to 0$$

におけるリーマン和 S_Δ の極限値は存在し，その値を

$$\lim_{|\Delta| \to 0} S_\Delta = \int_C \boldsymbol{A} \cdot d\boldsymbol{r}$$

とかいて，曲線 C に沿ったベクトル場 $\boldsymbol{A}$ の**線積分**という．

線積分の積分路 C について，2 つのパラメータ t と s でそのベクトル方程式をそれぞれ $\boldsymbol{r} = \boldsymbol{r}(t)$ $(a \leq t \leq b)$, $\boldsymbol{r} = \boldsymbol{r}(s)$ $(\alpha \leq s \leq \beta)$ とすると，(3.10) 式と置換積分より，ベクトル場 $\boldsymbol{A}$ の線積分は

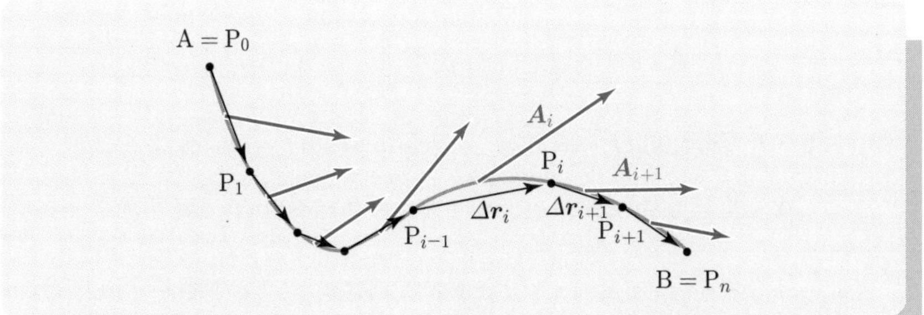

図 3.4　ベクトル場の線積分の積分路の分割

ステップ7：キーポイント　ベクトル場の線積分（接線線積分）

$$\int_C \boldsymbol{A}\cdot d\boldsymbol{r} = \int_C A_x\,dx + \int_C A_y\,dy + \int_C A_z\,dz$$
$$= \int_a^b \boldsymbol{A}(t)\cdot\frac{d\boldsymbol{r}}{dt}\,dt = \int_\alpha^\beta \boldsymbol{A}(s)\cdot\frac{d\boldsymbol{r}}{ds}\,ds$$
$$= \int_C \boldsymbol{A}\cdot\boldsymbol{t}\,ds \tag{3.11}$$

で与えられる．この線積分は(3.11)式の最後の式からわかるように，積分路Cの単位接線ベクトルとベクトル場との内積の線積分であるので，**接線線積分**ともいう[20)]．

例題 3.9

ベクトル場 $\boldsymbol{A} = z\boldsymbol{i} + x\boldsymbol{j} + y\boldsymbol{k} = (z,\ x,\ y)$ について，次の積分路 C に沿った線積分 $\displaystyle\int_C \boldsymbol{A}\cdot d\boldsymbol{r}$ を求めよ．

(1)　C：原点 O(0, 0, 0) から点 A(1, −1, −1) までの線分

(2)　始点 A(0, 1, 0)，終点 B(1, 0, −1) とする曲線 C：

$$\boldsymbol{r}(t) = (\sin t,\ \cos t,\ -\sin t)\quad \left(0 \le t \le \tfrac{\pi}{2}\right)$$

解答　(1)　C のベクトル方程式は $\boldsymbol{r}(t) = (t,\ -t,\ -t)$ $(0 \le t \le 1)$ であるので，$\boldsymbol{A} = (-t,\ t,\ -t)$，$\boldsymbol{r}' = (1,\ -1,\ -1)$ より $\boldsymbol{A}\cdot\boldsymbol{r}' = -t - t + t = -t$ であるから

$$\int_C \boldsymbol{A}\cdot d\boldsymbol{r} = \int_0^1 (-t)\ dt = \left[-\frac{1}{2}t^2\right]_0^1 = -\frac{1}{2}.$$

(2)　$\boldsymbol{A} = (-\sin t,\ \sin t,\ \cos t)$，$\boldsymbol{r}' = (\cos t,\ -\sin t,\ -\cos t)$ より

$$\boldsymbol{A}\cdot\boldsymbol{r}' = -\sin t\cos t - \sin^2 t - \cos^2 t = -\sin t\cos t - 1$$

20)　例3.2における質点に力 $\boldsymbol{F}(t)$ がなす仕事を求める定積分と(3.7)式は，(3.11)式より $\displaystyle\int_a^b \boldsymbol{F}(t)\cdot\boldsymbol{v}(t)\,dt = \int_C \boldsymbol{F}\cdot d\boldsymbol{r} = \int_C \boldsymbol{F}\cdot\boldsymbol{t}\,ds$ であることに注意しよう．

であるから

$$\int_C \boldsymbol{A}\cdot d\boldsymbol{r} = \int_0^{\frac{\pi}{2}} (-\sin t\cos t - 1)\,dt = \left[\frac{1}{4}\cos 2t - t\right]_0^{\frac{\pi}{2}} = -\frac{1}{2} - \frac{\pi}{2}.$$

□

チェック問題 3.7　ベクトル場 $\boldsymbol{A} = yz\boldsymbol{i} + zx\boldsymbol{j} + xy\boldsymbol{k} = (yz,\ zx,\ xy)$ について，始点 A(1, 0, 2)，終点 B(2, −1, 1) とする曲線 $C : \boldsymbol{r}(t) = (1+t,\ -t^2,\ 2-t)$（$0 \leq t \leq 1$）に沿った線積分 $\displaystyle\int_C \boldsymbol{A}\cdot d\boldsymbol{r}$ を求めよ．

なおベクトル場の線積分については，接線線積分だけでなく以下の線積分も考えられる．基本的にはベクトル場 $\boldsymbol{A}$ の成分表示と (3.10) 式によって線積分を定積分の形に変形すればよい．

$$\begin{aligned}\int_C \boldsymbol{A}\,dt &= \left(\int_C A_x\,dt\right)\boldsymbol{i} + \left(\int_C A_y\,dt\right)\boldsymbol{j} + \left(\int_C A_z\,dt\right)\boldsymbol{k}\\ &= \left(\int_C A_x\,dt,\ \int_C A_y\,dt,\ \int_C A_z\,dt\right),\end{aligned}$$

$$\begin{aligned}\int_C \boldsymbol{A}\times d\boldsymbol{r} &= \int_C \boldsymbol{A}\times\frac{d\boldsymbol{r}}{dt}\,dt\\ &= \left\{\int_C\left(A_y\frac{dz}{dt} - A_z\frac{dy}{dt}\right)dt\right\}\boldsymbol{i} + \left\{\int_C\left(A_z\frac{dx}{dt} - A_x\frac{dz}{dt}\right)dt\right\}\boldsymbol{j}\\ &\quad + \left\{\int_C\left(A_x\frac{dy}{dt} - A_y\frac{dx}{dt}\right)dt\right\}\boldsymbol{k}\\ &= \left(\int_C\left(A_y\frac{dz}{dt} - A_z\frac{dy}{dt}\right)dt,\ \int_C\left(A_z\frac{dx}{dt} - A_x\frac{dz}{dt}\right)dt,\right.\\ &\qquad\left.\int_C\left(A_x\frac{dy}{dt} - A_y\frac{dx}{dt}\right)dt\right).\end{aligned}$$

(IV)　単位主法線ベクトルと曲率

弧長 s をパラメータとする空間曲線のベクトル方程式

$$\boldsymbol{r} = \boldsymbol{r}(s)$$

をもとにして曲線の曲がりに関する性質について考察しよう．曲線 C 上の点において局所的に直線近似したものが接線であるので，パラメータ s の変化に対する接線の方向の変化が曲線の曲がり具合を示すと考えられる．図 3.5 (a) に示すように，曲線 C 上の点 P における単位接線ベクトルを $\boldsymbol{t}(s)$，弧長が Δs だけ変化した C 上の点 Q における単位接線ベクトルを $\boldsymbol{t}(s+\Delta s)$ とすると，単位接線ベクトルの向きは曲線の曲がりによって変化する．図 3.5 (b) に示すように，$\boldsymbol{t}(s)$ と $\boldsymbol{t}(s+\Delta s)$ の始点を同じ O$'$ にすると，それらの終点 T と T$'$ は点 O$'$ を中心とする半径 1 の円周上にある．単位接線ベクトルの変位を $\boldsymbol{t}(s+\Delta s)-\boldsymbol{t}(s)=\Delta\boldsymbol{t}$ とすると，このときの $\boldsymbol{t}(s)$ の導関数ベクトルは

$$\lim_{\Delta s\to 0}\frac{\Delta\boldsymbol{t}}{\Delta s}=\frac{d\boldsymbol{t}}{ds}$$

で与えられ，$\frac{d\boldsymbol{t}}{ds}$ の方向は点 T において円の接線方向であり，$\frac{d\boldsymbol{t}}{ds}\perp\boldsymbol{t}$ である[21]．

次に $\left|\frac{d\boldsymbol{t}}{ds}\right|$ についてみてみよう．図 3.5 (b) において，接線ベクトルの角度変化を $\Delta\theta$ とすると，円の半径が 1 であるので，円弧の長さは $\widehat{\mathrm{TT'}}=\Delta\theta$ であり，$\displaystyle\lim_{\Delta s\to 0}\left|\frac{\Delta\boldsymbol{t}}{\widehat{\mathrm{TT'}}}\right|=\lim_{\Delta s\to 0}\left|\frac{\overline{\mathrm{TT'}}}{\widehat{\mathrm{TT'}}}\right|=1$ より，

$$\left|\frac{d\boldsymbol{t}}{ds}\right|=\lim_{\Delta s\to 0}\left|\frac{\Delta\boldsymbol{t}}{\Delta s}\right|=\lim_{\Delta s\to 0}\left\{\left|\frac{\Delta\boldsymbol{t}}{\widehat{\mathrm{TT'}}}\right|\left|\frac{\widehat{\mathrm{TT'}}}{\Delta s}\right|\right\}=\lim_{\Delta s\to 0}\left|\frac{\Delta\theta}{\Delta s}\right|$$

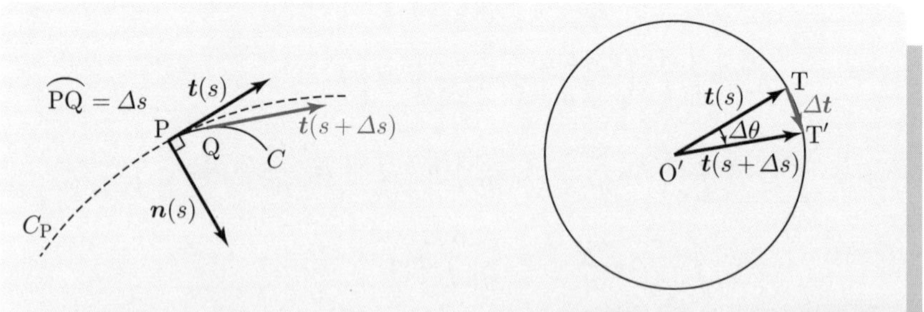

(a)　単位主法線ベクトル　　(b)　単位従接線ベクトルの角度変化

図 3.5　単位接線ベクトルの変化

---

21) $|\boldsymbol{t}|=1$ であるのでチェック問題 3.1 からも $\frac{d\boldsymbol{t}}{ds}\perp\boldsymbol{t}$ であることがわかる．

である．従って，曲線の曲がる角度の変化率は

ステップ 8：キーポイント　曲率と単位主法線ベクトル

$$\kappa = \left|\frac{d\boldsymbol{t}}{ds}\right| = \left|\frac{d\theta}{ds}\right|$$

と表され，これを曲線 C の**曲率**という．また

$$\boldsymbol{n}(s) = \frac{\frac{d\boldsymbol{t}(s)}{ds}}{\left|\frac{d\boldsymbol{t}(s)}{ds}\right|} = \frac{\frac{d\boldsymbol{t}(s)}{ds}}{\kappa} = \frac{\frac{d^2\boldsymbol{r}(s)}{ds^2}}{\kappa} \tag{3.12}$$

を**単位主法線ベクトル**という．

曲率が大きいということは，s の変化に対する単位接線ベクトルの角度変化が大きいということであるので，曲線の曲がり方が急であることを意味する．これを直感的に示すために，曲率 κ の逆数

$$\rho = \frac{1}{\kappa}$$

を**曲率半径**という．これは図 3.5 (a) の破線で示すように点 P における曲がり方を円 C_{P} で近似したときの半径であり，半径が小さいほど曲がりが急であることを示す[22)]．また点 P から $\boldsymbol{n}$ の方向に ρ の距離にある点を**曲率中心**という．

例 3.3　質点 P が力 $\boldsymbol{F}$ の作用を受け曲線 C の上を運動している場合を考える．運動を始めた位置（時刻 $t=0$）を点 A とし，質点の時刻 $t>0$ の C 上の点 P の位置ベクトルを $\boldsymbol{r}(t)$，点 A から点 P までの曲線 C の弧長を s とすると，位置ベクトルは $\boldsymbol{r}(s)$ ともかける．例 3.1 で説明したように，速度ベクトル $\boldsymbol{v}(s)$ は

$$\boldsymbol{v}(s) = \frac{d\boldsymbol{r}}{dt} = \frac{d\boldsymbol{r}}{ds}\frac{ds}{dt} = |\boldsymbol{v}|\,\boldsymbol{t}$$

である．ここで $|\boldsymbol{v}|$ は点 P における質点の速さである．

次に点 P における質点の加速度については，(3.12) 式より

22) 直線上の点の曲率は角度変化が零であるので $\kappa=0$ であり，また直線は無限の半径の円と近似できるので曲率半径は無限大である．

$$\boldsymbol{a}(s)=\frac{d\boldsymbol{v}}{dt}=\frac{d}{dt}(|\boldsymbol{v}|\,\boldsymbol{t})=\frac{d\,|\boldsymbol{v}|}{dt}\boldsymbol{t}+|\boldsymbol{v}|\,\frac{d\boldsymbol{t}}{dt}$$
$$=\frac{d\,|\boldsymbol{v}|}{dt}\boldsymbol{t}+|\boldsymbol{v}|\,\frac{d\boldsymbol{t}}{ds}\frac{ds}{dt}=\frac{d\,|\boldsymbol{v}|}{dt}\boldsymbol{t}+\kappa\,|\boldsymbol{v}|^2\,\boldsymbol{n}=a_{\mathrm{t}}\boldsymbol{t}+a_{\mathrm{n}}\boldsymbol{n}$$

となる．このように接線方向の加速度 $a_{\mathrm{t}}=\frac{d|\boldsymbol{v}|}{dt}$（**接線加速度**）と法線方向の加速度 $a_{\mathrm{n}}=\kappa\,|\boldsymbol{v}|^2=\frac{|\boldsymbol{v}|^2}{\rho}$（**法線加速度**）に分けられるが，接線方向については質点の速さの時間微分である．また法線方向の成分は曲率に比例し，半径 ρ の等速円運動と近似したときの曲率中心方向の加速度であり，これに質量を乗じた力を**求心力**という．□

例題 3.10

ベクトル方程式 $\boldsymbol{r}(t)=\frac{t^3}{3}\boldsymbol{i}+t\boldsymbol{j}+\frac{t^2}{\sqrt{2}}\boldsymbol{k}$ で与えられる曲線 C について次の問に答えよ．

(1)　単位接線ベクトル $\boldsymbol{t}$ を求めよ．

(2)　曲率 κ および単位主法線ベクトル $\boldsymbol{n}$ を求めよ．

解答　(1)　$\boldsymbol{r}'(t)=t^2\boldsymbol{i}+\boldsymbol{j}+\sqrt{2}\,t\boldsymbol{k}$ であるので，

$$\left|\boldsymbol{r}'(t)\right|=\sqrt{t^4+1+2t^2}=\sqrt{(t^2+1)^2}=t^2+1$$

である．従って，

$$\boldsymbol{t}=\frac{\boldsymbol{r}'(t)}{|\boldsymbol{r}'(t)|}=\frac{t^2}{t^2+1}\boldsymbol{i}+\frac{1}{t^2+1}\boldsymbol{j}+\frac{\sqrt{2}\,t}{t^2+1}\boldsymbol{k}$$
$$=\left(\frac{t^2}{t^2+1},\frac{1}{t^2+1},\frac{\sqrt{2}\,t}{t^2+1}\right).$$

(2)

$$\frac{d\boldsymbol{t}}{ds}=\frac{\frac{d\boldsymbol{t}}{dt}}{\frac{ds}{dt}}=\frac{\frac{2t}{(t^2+1)^2}\boldsymbol{i}-\frac{2t}{(t^2+1)^2}\boldsymbol{j}-\frac{\sqrt{2}\left(t^2-1\right)}{(t^2+1)^2}\boldsymbol{k}}{t^2+1}$$
$$=\left(\frac{2t}{(t^2+1)^3},-\frac{2t}{(t^2+1)^3},-\frac{\sqrt{2}\,(t^2-1)}{(t^2+1)^3}\right)$$

より

$$\kappa = \sqrt{\left(\frac{2t}{(t^2+1)^3}\right)^2 + \left(-\frac{2t}{(t^2+1)^3}\right)^2 + \left(-\frac{\sqrt{2}\,(t^2-1)}{(t^2+1)^3}\right)^2} = \frac{\sqrt{2}}{(t^2+1)^2},$$

$$\boldsymbol{n} = \frac{\frac{2t}{(t^2+1)^3}\boldsymbol{i} - \frac{2t}{(t^2+1)^3}\boldsymbol{j} - \frac{\sqrt{2}\,(t^2-1)}{(t^2+1)^3}\boldsymbol{k}}{\frac{\sqrt{2}}{(t^2+1)^2}} = \left(\frac{\sqrt{2}\,t}{t^2+1}, -\frac{\sqrt{2}\,t}{t^2+1}, -\frac{t^2-1}{t^2+1}\right).$$

□

（**注意**） 曲率や単位主法線ベクトルについても弧長 s をパラメータとして定義したが，位置ベクトルがパラメータ t で与えられたときの具体的な計算はやはり上の例題のように，基本的には変数 t の関数のままで計算を行えばよい．

✔ **チェック問題 3.8** ベクトル方程式 $\boldsymbol{r}(t) = -\cos\sqrt{5}\,t\boldsymbol{i} + \sin\sqrt{5}\,t\boldsymbol{j} + 2t\boldsymbol{k}$ で与えられる曲線 C について次の問に答えよ．

(1) 単位接線ベクトル $\boldsymbol{t}$ を求めよ．

(2) 曲率 κ および単位主法線ベクトル $\boldsymbol{n}$ を求めよ．

(V) 単位従法線ベクトルと捩率

これまで説明してきたように，弧長のパラメータ s を用いて曲線 C 上の点 P での単位接線ベクトル $\boldsymbol{t}(s)$ と単位主法線ベクトル $\boldsymbol{n}(s)$ が定義されるが，点 P の近傍の曲線 C は，これらの 2 つのベクトルが張る平面上の曲率半径 ρ を半径とする円（図 3.5 (a) の C_{P}）で近似される．この近似された円がある，単位接線ベクトルと単位主法線ベクトルが張る平面を**接触平面**という．

次に曲線 C 上の点 P から弧長パラメータ s が変化するときに，この曲線が P における接触平面から離れていく方向と度合いについて考えよう．そのためには P を始点とする接触平面上にない別のベクトルを考えて，s が変化したときのそのベクトルの角度が変化していく割合を調べればよい．そこで考えるベクトルとして

$$\boldsymbol{b} = \boldsymbol{t} \times \boldsymbol{n}$$

を選べば，$\boldsymbol{b}$ は接触平面に垂直なベクトルであり，パラメータ s の変化に対してこのベクトルの向きが変化すると接触平面が連続的に変化することを示すことになる[23]．また外積の定義から，$\boldsymbol{b} \perp \boldsymbol{t}$, $\boldsymbol{b} \perp \boldsymbol{n}$ および $|\boldsymbol{b}| = 1$ であり，

---

23) 曲線 C が決まった平面上の曲線であれば，ベクトル $\boldsymbol{b}$ は定ベクトルである．

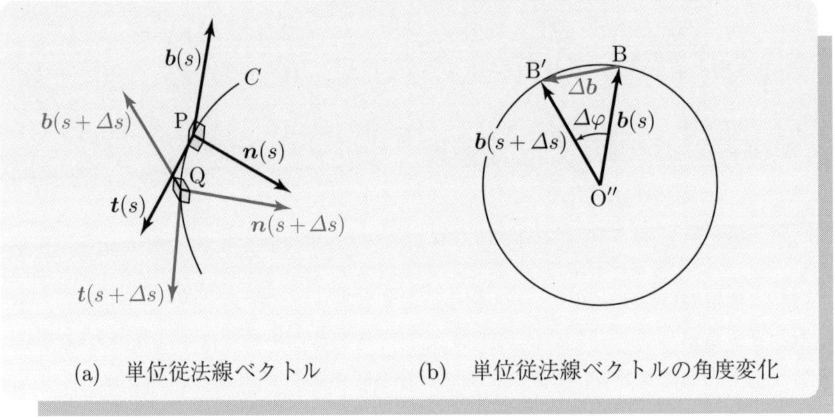

(a)　単位従法線ベクトル　　(b)　単位従法線ベクトルの角度変化

図 3.6　単位従法線ベクトルの変化

$$\boldsymbol{t} \longrightarrow \boldsymbol{n} \longrightarrow \boldsymbol{b}$$

の矢印の向きで正の符号となることに注意しよう[24]．

次にパラメータ s の変化によるベクトル $\boldsymbol{b}$ の変化について考えよう．図 3.6 (a) に示すように，曲線 C 上の点 P における単位接線ベクトルを $\boldsymbol{t}(s)$，単位主法線ベクトルを $\boldsymbol{n}(s)$ とし，それらから $\boldsymbol{b}(s)$ を求める．また弧長が点 P から $\varDelta s$ だけ変化した点 Q においても単位接線ベクトル $\boldsymbol{t}(s+\varDelta s)$，単位主法線ベクトル $\boldsymbol{n}(s+\varDelta s)$ から $\boldsymbol{b}(s+\varDelta s)$ を求めると，s の変化に対して単位ベクトル $\boldsymbol{b}$ の向きは連続的に変化する．図 3.6 (b) に示すように，$\boldsymbol{b}(s)$ と $\boldsymbol{b}(s+\varDelta s)$ の始点を同じ O$''$ にすると，それらの終点 B と B$'$ は点 O$''$ を中心とする半径 1 の円周上にある．ベクトル $\boldsymbol{b}$ の変位を $\boldsymbol{b}(s+\varDelta s)-\boldsymbol{b}(s)=\varDelta\boldsymbol{b}$ とすると，このときの $\boldsymbol{b}(s)$ の導関数ベクトルは

$$\lim_{\varDelta s\to 0}\frac{\varDelta\boldsymbol{b}}{\varDelta s}=\frac{d\boldsymbol{b}}{ds}$$

で与えられ，単位接線ベクトルの微分のときと同様に $\frac{d\boldsymbol{b}}{ds}\perp\boldsymbol{b}$ であるので，$\frac{d\boldsymbol{b}}{ds}$ は接触平面上のベクトルである．また $\boldsymbol{t}\cdot\boldsymbol{b}=0$ の両辺を s で微分すると

---

24) 3 個の単位ベクトルが右手系の基本ベクトルとなるように定義している．

$$\frac{d}{ds}(\boldsymbol{t}\cdot\boldsymbol{b})=\frac{d\boldsymbol{t}}{ds}\cdot\boldsymbol{b}+\boldsymbol{t}\cdot\frac{d\boldsymbol{b}}{ds}=\kappa\boldsymbol{n}\cdot\boldsymbol{b}+\boldsymbol{t}\cdot\frac{d\boldsymbol{b}}{ds}=\boldsymbol{t}\cdot\frac{d\boldsymbol{b}}{ds}=0$$

であり，$\frac{d\boldsymbol{b}}{ds}\perp\boldsymbol{t}$ である．従って $\frac{d\boldsymbol{b}}{ds}\mathbin{/\!/}\boldsymbol{n}$ である．

一方 $\left|\frac{d\boldsymbol{b}}{ds}\right|$ は，図 3.6 (b) に示すように，ベクトル $\boldsymbol{b}$ の角度変化を $\Delta\varphi$ とすると，

$$\left|\frac{d\boldsymbol{b}}{ds}\right|=\lim_{\Delta s\to 0}\left|\frac{\Delta\boldsymbol{b}}{\Delta s}\right|=\lim_{\Delta s\to 0}\left\{\left|\frac{\Delta\boldsymbol{b}}{\widehat{\mathrm{BB}'}}\right|\left|\frac{\widehat{\mathrm{BB}'}}{\Delta s}\right|\right\}=\lim_{\Delta s\to 0}\left|\frac{\Delta\varphi}{\Delta s}\right|=|\tau|$$

である．以上から，

ステップ 9：キーポイント　単位従法線ベクトルと捩率

$$\boldsymbol{b}(s)=\boldsymbol{t}(s)\times\boldsymbol{n}(s)$$

を**単位従法線ベクトル**もしくは**単位陪《ばい》法線ベクトル**といい[25)]，また

$$\frac{d\boldsymbol{b}}{ds}=-\tau\boldsymbol{n}(s)$$

として，τ を曲線 C の**捩率《れいりつ》**という．

例題 3.11

例題 3.10 のベクトル方程式 $\boldsymbol{r}(t)=\frac{t^3}{3}\boldsymbol{i}+t\boldsymbol{j}+\frac{t^2}{\sqrt{2}}\boldsymbol{k}$ で与えられる曲線 C について次の問に答えよ．

(1)　単位従法線ベクトル $\boldsymbol{b}$ を求めよ．

(2)　捩率 τ を求めよ．

解答　(1)　$\boldsymbol{t}=\frac{t^2}{t^2+1}\boldsymbol{i}+\frac{1}{t^2+1}\boldsymbol{j}+\frac{\sqrt{2}\,t}{t^2+1}\boldsymbol{k}$, $\boldsymbol{n}=\frac{\sqrt{2}\,t}{t^2+1}\boldsymbol{i}-\frac{\sqrt{2}\,t}{t^2+1}\boldsymbol{j}-\frac{t^2-1}{t^2+1}\boldsymbol{k}$ より

$$\boldsymbol{b}=\begin{vmatrix}\boldsymbol{i} & \boldsymbol{j} & \boldsymbol{k}\\ \frac{t^2}{t^2+1} & \frac{1}{t^2+1} & \frac{\sqrt{2}\,t}{t^2+1}\\ \frac{\sqrt{2}\,t}{t^2+1} & -\frac{\sqrt{2}\,t}{t^2+1} & -\frac{t^2-1}{t^2+1}\end{vmatrix}$$

---

25) 本書では，単位従法線ベクトルに統一する．

$$= \frac{1}{t^2+1}\boldsymbol{i} + \frac{t^2}{t^2+1}\boldsymbol{j} - \frac{\sqrt{2}\,t}{t^2+1}\boldsymbol{k}$$

$$= \left(\tfrac{1}{t^2+1},\ \tfrac{t^2}{t^2+1},\ -\tfrac{\sqrt{2}\,t}{t^2+1}\right).$$

(2)

$$\frac{d\boldsymbol{b}}{ds} = \frac{\frac{d\boldsymbol{b}}{dt}}{\frac{ds}{dt}} = \frac{-\frac{2t}{(t^2+1)^2}\boldsymbol{i} + \frac{2t}{(t^2+1)^2}\boldsymbol{j} + \frac{\sqrt{2}\,(t^2-1)}{(t^2+1)^2}\boldsymbol{k}}{t^2+1}$$

$$= -\frac{2t}{(t^2+1)^3}\boldsymbol{i} + \frac{2t}{(t^2+1)^3}\boldsymbol{j} + \frac{\sqrt{2}\,(t^2-1)}{(t^2+1)^3}\boldsymbol{k}$$

であるので，$\frac{d\boldsymbol{b}}{ds} = -\tau\boldsymbol{n}$ より

$$\tau = \frac{\sqrt{2}}{(t^2+1)^2}.$$

□

チェック問題 3.9　チェック問題 3.8 のベクトル方程式

$$\boldsymbol{r}(t) = -\cos\sqrt{5}\,t\boldsymbol{i} + \sin\sqrt{5}\,t\boldsymbol{j} + 2t\boldsymbol{k}$$

で与えられる曲線 C について次の問に答えよ．

(1)　単位従法線ベクトル $\boldsymbol{b}$ を求めよ．

(2)　捩率 τ を求めよ．

さて，$\frac{d\boldsymbol{t}}{ds} \mathbin{/\!/} \boldsymbol{n}$ と $\frac{d\boldsymbol{b}}{ds} \mathbin{/\!/} \boldsymbol{n}$ であることがわかったので，最後に $\frac{d\boldsymbol{n}}{ds}$ について考えよう．

$\boldsymbol{t}\cdot\boldsymbol{n} = 0$ の両辺を s で微分すると

$$\frac{d}{ds}(\boldsymbol{t}\cdot\boldsymbol{n}) = \frac{d\boldsymbol{t}}{ds}\cdot\boldsymbol{n} + \boldsymbol{t}\cdot\frac{d\boldsymbol{n}}{ds} = \kappa\boldsymbol{n}\cdot\boldsymbol{n} + \boldsymbol{t}\cdot\frac{d\boldsymbol{n}}{ds} = \kappa + \boldsymbol{t}\cdot\frac{d\boldsymbol{n}}{ds} = 0$$

より

$$\boldsymbol{t}\cdot\frac{d\boldsymbol{n}}{ds} = -\kappa$$

である．また $\boldsymbol{n}\cdot\boldsymbol{b} = 0$ の両辺を s で微分すると

$$\frac{d}{ds}(\boldsymbol{n}\cdot\boldsymbol{b}) = \frac{d\boldsymbol{n}}{ds}\cdot\boldsymbol{b} + \boldsymbol{n}\cdot\frac{d\boldsymbol{b}}{ds} = \frac{d\boldsymbol{n}}{ds}\cdot\boldsymbol{b} - \tau\boldsymbol{n}\cdot\boldsymbol{n} = \frac{d\boldsymbol{n}}{ds}\cdot\boldsymbol{b} - \tau = 0$$

より

$$\frac{d\boldsymbol{n}}{ds}\cdot\boldsymbol{b}=\tau$$

である．さらに単位接線ベクトルのときと同様にして，$\frac{d\boldsymbol{n}}{ds}\perp\boldsymbol{n}$ であるので，$\frac{d\boldsymbol{t}}{ds}$ は $\boldsymbol{t}$ と $\boldsymbol{b}$ が張る平面上のベクトルであるから，平面のパラメータ表示により

$$\frac{d\boldsymbol{n}}{ds}=u\boldsymbol{t}+v\boldsymbol{b}$$

とおける[26]．この式の両辺について，$\boldsymbol{t}$ および $\boldsymbol{b}$ との内積を考えれば，

$$u=\boldsymbol{t}\cdot\frac{d\boldsymbol{n}}{ds}=-\kappa,\quad v=\frac{d\boldsymbol{n}}{ds}\cdot\boldsymbol{b}=\tau$$

であるので，

$$\frac{d\boldsymbol{n}}{ds}=-\kappa\boldsymbol{t}+\tau\boldsymbol{b}$$

が得られる．$\frac{d\boldsymbol{t}}{ds}$ と $\frac{d\boldsymbol{b}}{ds}$ の式とまとめて，

ステップ 10：公式　フレネー–セレーの公式

$$\begin{cases}\dfrac{d\boldsymbol{t}}{ds}=\kappa\boldsymbol{n}\\[2mm]\dfrac{d\boldsymbol{n}}{ds}=-\kappa\boldsymbol{t}+\tau\boldsymbol{b}\\[2mm]\dfrac{d\boldsymbol{b}}{ds}=-\tau\boldsymbol{n}\end{cases}$$

を**フレネー–セレーの公式**という．

---

26) この平面を**展直平面**という．また $\boldsymbol{n}$ と $\boldsymbol{b}$ が張る平面を**法平面**という．

3.4 曲面と面積分

—曲面の解析的表現を理解し，面積分の求め方を習得する

曲面の解析的表現と面積

3 次元空間内の曲面は 2 つのパラメータのベクトル関数として表現される．そのパラメータはそれぞれ前節で学んだ空間曲線を表現するものであり，曲面上の 1 点において交わる 2 つの曲線の接線ベクトルから接平面と単位法線ベクトルを定義する．一方，単一閉曲線で囲まれた曲面から面積が求められるが，その際に重要な概念が面積要素である．さらに本節では面積要素を用いて曲面上のスカラー場，ベクトル場の面積分について学ぶ．面積分により，曲面を横切って流れる流体の流量を計算することができる等，物理現象への応用においても必要となるものである．

(I)　曲面のベクトル方程式

空間曲線は曲線上の点の位置ベクトルを 1 つのパラメータを用いて表現することで与えられるが，図 3.7 (a) に示すように，曲面 S 上のそれぞれのパラメータを u, v とする 2 つの空間曲線の交点 P の位置ベクトルを $\boldsymbol{r}(u, v)$ とする．このパラメータ u, v が uv 平面上の領域 D において連続的に変化するとき，点 P は曲面 S を描く．このとき点 P の位置ベクトルは連続な 2 変数ベク

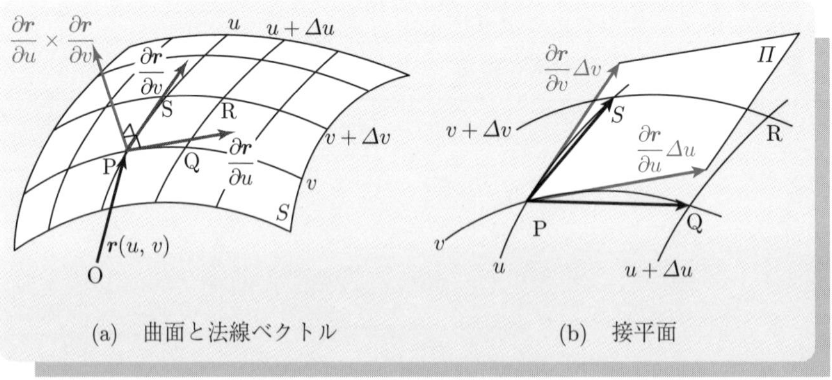

(a)　曲面と法線ベクトル　　　(b)　接平面

図 **3.7**　曲面の解析的表現

トル関数 $\boldsymbol{r}(u, v)$ であり，

$$\boldsymbol{r} = \boldsymbol{r}(u, v) = x(u, v)\boldsymbol{i} + y(u, v)\boldsymbol{j} + z(u, v)\boldsymbol{k} = (x(u, v), y(u, v), z(u, v))$$

を曲面 S の**ベクトル方程式**という．また点 P で交わる 2 本の空間曲線のうち，パラメータ v が一定である曲線を u 曲線，u が一定である曲線を v 曲線という．

3 個の座標はそれぞれ u, v の 2 変数関数で表されるが，これから u と v が消去できる場合に曲面は

$$f(x, y, z) = 0$$

の式で表される．また特にこれらの 3 つの変数 x, y, z のうち，ある 1 つの変数（例えば z）が他の 2 つの変数（例えば x と y）の関数として表される場合には，x と y を曲面を表現するパラメータと考えればよい．

例 3.4 $c \neq 0$ である平面 $ax + by + cz + d = 0$ について $z = -\frac{a}{c}x - \frac{b}{c}y - \frac{d}{c}$ とできるので，パラメータとして $x = u, y = v$ とすれば，

$$\boldsymbol{r} = \left(x, y, -\frac{a}{c}x - \frac{b}{c}y - \frac{d}{c}\right) = \boldsymbol{r}(x, y)$$

である． □

例 3.5 原点を中心とする半径 r_0 の球面 $x^2 + y^2 + z^2 = r_0^2$ について，$z \geq 0$ では $z = \sqrt{r_0^2 - x^2 - y^2}$，$z < 0$ では $z = -\sqrt{r_0^2 - x^2 - y^2}$ であるので，パラメータとして $x = u, y = v$ とすれば，$z \geq 0$ で

$$\boldsymbol{r} = \left(x, y, \sqrt{r_0^2 - x^2 - y^2}\right) = \boldsymbol{r}(x, y),$$

$z < 0$ で

$$\boldsymbol{r} = \left(x, y, -\sqrt{r_0^2 - x^2 - y^2}\right) = \boldsymbol{r}(x, y)$$

である．また極座標表示すると，

$$\begin{cases} x = r_0 \sin\theta \cos\varphi \\ y = r_0 \sin\theta \sin\varphi \\ z = r_0 \cos\theta \end{cases}$$

であるので，$\theta = u$, $\varphi = v$ とすれば次のように表される．

$$\boldsymbol{r} = (r_0 \sin\theta \cos\varphi,\ r_0 \sin\theta \sin\varphi,\ r_0 \cos\theta) = \boldsymbol{r}(\theta,\ \varphi). \qquad \square$$

(II)　曲面の単位法線ベクトルと面積要素

図 3.7 (a) に示すように，曲面 S 上の点 P について，その近傍の点 Q, R, S の位置ベクトルをそれぞれ $\overrightarrow{\mathrm{OQ}} = \boldsymbol{r}(u + \Delta u,\ v)$, $\overrightarrow{\mathrm{OR}} = \boldsymbol{r}(u + \Delta u,\ v + \Delta v)$, $\overrightarrow{\mathrm{OS}} = \boldsymbol{r}(u,\ v + \Delta v)$ とすると，P, Q は u 曲線 C_{PQ} 上の 2 点であり，P, S は v 曲線 C_{PS} 上の 2 点である．点 P における C_{PQ} の接線ベクトルは偏微分係数によって与えられ $\frac{\partial \boldsymbol{r}}{\partial u}$ である．また点 P における C_{PS} の接線ベクトルは $\frac{\partial \boldsymbol{r}}{\partial v}$ である．図 3.7 (b) は点 P 近傍の曲面の構造を示したものであるが，これら 2 つの接線ベクトルが張る平面 Π を点 P における曲面 S の**接平面**という．この接平面 Π に垂直な直線を**法線**，法線方向のベクトルを**法線ベクトル**といい，その単位ベクトル $\pm \dfrac{\frac{\partial \boldsymbol{r}}{\partial u} \times \frac{\partial \boldsymbol{r}}{\partial v}}{\left|\frac{\partial \boldsymbol{r}}{\partial u} \times \frac{\partial \boldsymbol{r}}{\partial v}\right|}$ を**単位法線ベクトル**という．ここでもしこの 2 つの接線ベクトルが平行であれば曲線 C_{PQ} と C_{PS} も点 P で接することになり接平面が定義できないので，$\frac{\partial \boldsymbol{r}}{\partial u} \times \frac{\partial \boldsymbol{r}}{\partial v} \neq \boldsymbol{0}$ であると仮定する．また上記のように単位法線ベクトルには 2 つの方向が考えられるが，曲面 S のすべての点で $\dfrac{\frac{\partial \boldsymbol{r}}{\partial u} \times \frac{\partial \boldsymbol{r}}{\partial v}}{\left|\frac{\partial \boldsymbol{r}}{\partial u} \times \frac{\partial \boldsymbol{r}}{\partial v}\right|}$ が連続であれば，2.4 節の面積ベクトルの部分でふれたように，曲面に表と裏を設定し，裏から表に向かう方向をこの曲面の向きとすることができる．本書では特に断らない限り正符号の方を単位法線ベクトルの方向とし，

ステップ 11：キーポイント　曲面の単位法線ベクトル

曲面 $\boldsymbol{r} = \boldsymbol{r}(u,\ v)$ 上の各点における単位法線ベクトルを

$$\boldsymbol{n} = \frac{\dfrac{\partial \boldsymbol{r}}{\partial u} \times \dfrac{\partial \boldsymbol{r}}{\partial v}}{\left|\dfrac{\partial \boldsymbol{r}}{\partial u} \times \dfrac{\partial \boldsymbol{r}}{\partial v}\right|} \tag{3.13}$$

で表す．

ベクトル方程式が $\boldsymbol{r} = \boldsymbol{r}(u,\ v)$ である単一閉曲線を境界とする曲面の面積を求めてみよう．図 3.7 (b) の 4 点 P, Q, R, S で囲まれた微小領域 PQRS の面積を ΔS とする．このとき Δu と Δv が十分零に近いときには

$$\overrightarrow{\mathrm{PQ}} = \boldsymbol{r}(u+\Delta u,\, v) - \boldsymbol{r}(u,\, v) \fallingdotseq \frac{\partial \boldsymbol{r}}{\partial u}\Delta u,$$

$$\overrightarrow{\mathrm{PS}} = \boldsymbol{r}(u,\, v+\Delta v) - \boldsymbol{r}(u,\, v) \fallingdotseq \frac{\partial \boldsymbol{r}}{\partial v}\Delta v$$

と近似できる．従って微小領域 PQRS の面積 ΔS はベクトル $\frac{\partial \boldsymbol{r}}{\partial u}\Delta u$ と $\frac{\partial \boldsymbol{r}}{\partial v}\Delta v$ を 2 辺とする平行四辺形の面積で近似できる．すなわち

$$\Delta S \fallingdotseq \left| \left(\frac{\partial \boldsymbol{r}}{\partial u}\Delta u\right) \times \left(\frac{\partial \boldsymbol{r}}{\partial v}\Delta v\right) \right| = \left| \frac{\partial \boldsymbol{r}}{\partial u} \times \frac{\partial \boldsymbol{r}}{\partial v} \right| \Delta u \Delta v$$

である．曲面 S の定義域を uv 平面の閉領域 D として，D を u 曲線（$v=$ 一定の曲線）と v 曲線（$u=$ 一定の曲線）によって小領域に分割してリーマン和 ΔS_Δ を考える．このとき任意の分割の仕方に対して，分割を細かくしていった極限でリーマン和の極限値は

ステップ 12：キーポイント　曲面の面積と面積要素

$$S = \iint_D \left| \frac{\partial \boldsymbol{r}}{\partial u} \times \frac{\partial \boldsymbol{r}}{\partial v} \right| dudv$$

と表され，S はベクトル方程式 $\boldsymbol{r} = \boldsymbol{r}(u,\, v)$（$(u,\, v) \in D$）で与えられる曲面の面積である[27)]．また

$$dS = \left| \frac{\partial \boldsymbol{r}}{\partial u} \times \frac{\partial \boldsymbol{r}}{\partial v} \right| dudv \tag{3.14}$$

を曲面の**面積要素**といい，面積要素 dS に単位法線ベクトル $\boldsymbol{n}$ の向きを与えたものを $d\boldsymbol{S} = \boldsymbol{n}\, dS$ で表す．

例題 3.12

例 3.5 の $z \geq 0$ のときの球面 S を以下の 2 つのベクトル方程式で表すとき，単位法線ベクトル $\boldsymbol{n}$ と面積 S を求めよ．

(1)　パラメータとして $x=u,\, y=v$ として，ベクトル方程式を

$$\boldsymbol{r} = \boldsymbol{r}(x,\, y) = \left(x,\, y,\, \sqrt{r_0^2 - x^2 - y^2}\right)$$

27) 曲面もその面積も同じ記号 S を用いるが，混同しないように注意しよう．

とする曲面 S.

(2) 極座標を用いて，$\theta = u,\ \varphi = v$ として

$$\boldsymbol{r} = \boldsymbol{r}(\theta,\ \varphi) = (r_0 \sin\theta\cos\varphi,\ r_0\sin\theta\sin\varphi,\ r_0\cos\theta)$$

とする曲面 S.

解答 (1) $\frac{\partial \boldsymbol{r}}{\partial x} = 1\boldsymbol{i} + 0\boldsymbol{j} - \frac{x}{\sqrt{r_0^2 - x^2 - y^2}}\boldsymbol{k},\ \frac{\partial \boldsymbol{r}}{\partial y} = 0\boldsymbol{i} + 1\boldsymbol{j} - \frac{y}{\sqrt{r_0^2 - x^2 - y^2}}\boldsymbol{k}$

より，

$$\begin{aligned}
\frac{\partial \boldsymbol{r}}{\partial x} \times \frac{\partial \boldsymbol{r}}{\partial y} &= \begin{vmatrix} \boldsymbol{i} & \boldsymbol{j} & \boldsymbol{k} \\ 1 & 0 & -\frac{x}{\sqrt{r_0^2 - x^2 - y^2}} \\ 0 & 1 & -\frac{y}{\sqrt{r_0^2 - x^2 - y^2}} \end{vmatrix} \\
&= \frac{x}{\sqrt{r_0^2 - x^2 - y^2}}\boldsymbol{i} + \frac{y}{\sqrt{r_0^2 - x^2 - y^2}}\boldsymbol{j} + 1\boldsymbol{k} \\
&= \left(\frac{x}{\sqrt{r_0^2 - x^2 - y^2}},\ \frac{y}{\sqrt{r_0^2 - x^2 - y^2}},\ 1\right)
\end{aligned}$$

であるので，$\left|\frac{\partial \boldsymbol{r}}{\partial x} \times \frac{\partial \boldsymbol{r}}{\partial y}\right| = \frac{r_0}{\sqrt{r_0^2 - x^2 - y^2}}$ より，

$$\boldsymbol{n} = \left(\frac{x}{r_0},\ \frac{y}{r_0},\ \frac{\sqrt{r_0^2 - x^2 - y^2}}{r_0}\right) = \left(\frac{x}{r_0},\ \frac{y}{r_0},\ \frac{z}{r_0}\right) = \frac{\boldsymbol{r}}{r_0}$$

となる[28].

面積については領域 $D = \left\{(x,\ y)\ \middle|\ x^2 + y^2 \leq r_0^2\right\}$ について

$$\iint_D \frac{r_0}{\sqrt{r_0^2 - x^2 - y^2}}\,dxdy$$

を求めることになるが，$x^2 + y^2 = r_0^2$ では被積分関数が定義されていないので，$x^2 + y^2 \to r_0^2$ のときの極限値を求める．変数変換 $x = r\cos\theta,\ y = r\sin\theta$ を行うと，$x^2 + y^2 = r^2,\ dxdy = r\,drd\theta$ であり，$r \to r_0$ の広義積分を求める.

28) これから，S 上のある点 P における法線方向は球の中心から点 P に向かうベクトルの方向であることがわかる.

従って

$$S = \iint_D \frac{r_0}{\sqrt{r_0^2 - x^2 - y^2}}\, dxdy$$
$$= r_0 \left(\int_0^{r_0} \frac{r}{\sqrt{r_0^2 - r^2}}\, dr \right) \left(\int_0^{2\pi} d\theta \right)$$
$$= 2\pi r_0 \left[-\sqrt{r_0^2 - r^2} \right]_0^{r_0} = 2\pi r_0^2.$$

(2)

$$\frac{\partial \boldsymbol{r}}{\partial \theta} = r_0 \cos\theta \cos\varphi \boldsymbol{i} + r_0 \cos\theta \sin\varphi \boldsymbol{j} - r_0 \sin\theta \boldsymbol{k},$$
$$\frac{\partial \boldsymbol{r}}{\partial \varphi} = -r_0 \sin\theta \sin\varphi \boldsymbol{i} + r_0 \sin\theta \cos\varphi \boldsymbol{j} + 0\boldsymbol{k}$$

より，

$$\frac{\partial \boldsymbol{r}}{\partial \theta} \times \frac{\partial \boldsymbol{r}}{\partial \varphi} = \begin{vmatrix} \boldsymbol{i} & \boldsymbol{j} & \boldsymbol{k} \\ r_0 \cos\theta \cos\varphi & r_0 \cos\theta \sin\varphi & -r_0 \sin\theta \\ -r_0 \sin\theta \sin\varphi & r_0 \sin\theta \cos\varphi & 0 \end{vmatrix}$$
$$= r_0^2 \sin^2\theta \cos\varphi \boldsymbol{i} + r_0^2 \sin^2\theta \sin\varphi \boldsymbol{j} + r_0^2 \sin\theta \cos\theta \boldsymbol{k}$$
$$= \left(r_0^2 \sin^2\theta \cos\varphi,\, r_0^2 \sin^2\theta \sin\varphi,\, r_0^2 \sin\theta \cos\theta \right)$$

であるので，

$$\left| \frac{\partial \boldsymbol{r}}{\partial \theta} \times \frac{\partial \boldsymbol{r}}{\partial \varphi} \right| = \sqrt{r_0^4 \sin^4\theta \cos^2\varphi + r_0^4 \sin^4\theta \sin^2\varphi + r_0^4 \sin^2\theta \cos^2\theta}$$
$$= r_0^2 \sin\theta \sqrt{\sin^2\theta \cos^2\varphi + \sin^2\theta \sin^2\varphi + \cos^2\theta} = r_0^2 \sin\theta$$

である．（ただし，$z \geq 0$ であるので，$0 \leq \theta \leq \frac{\pi}{2}$ より $\sin\theta \geq 0$ を使った．）

よって，

$$\boldsymbol{n} = (\sin\theta \cos\varphi,\, \sin\theta \sin\varphi,\, \cos\theta) = \frac{\boldsymbol{r}}{r_0}.$$

面積については領域 $D = \left\{ (\theta,\, \varphi) \,\middle|\, 0 \leq \theta \leq \frac{\pi}{2},\ 0 \leq \varphi \leq 2\pi \right\}$ において

$$S = \iint_D r_0^2 \sin\theta\, d\theta d\varphi = r_0^2 \left(\int_0^{\frac{\pi}{2}} \sin\theta\, d\theta \right) \left(\int_0^{2\pi} d\varphi \right)$$

$$= 2\pi r_0^2 \Big[-\cos\theta\Big]_0^{\frac{\pi}{2}} = 2\pi r_0^2.$$ □

チェック問題 3.10　xy 平面上の原点を中心とする半径1の円を底面とし，頂点の座標が $(0, 0, 1)$ である直円錐の側面（円錐面）S について次の問に答えよ．

(1)　S のベクトル方程式を $\boldsymbol{r} = \boldsymbol{r}(r, \theta) = (r\cos\theta, r\sin\theta, f(r, \theta))$ とするとき，$f(r, \theta)$ を求めよ．

(2)　S の単位法線ベクトル $\boldsymbol{n}$ を求めよ．ただし $\frac{\partial \boldsymbol{r}}{\partial r} \times \frac{\partial \boldsymbol{r}}{\partial \theta}$ の向きを正の向きとする．

(3)　S の面積を求めよ．

例3.5の球面のように，立体の表面であるような曲面，すなわち空間の有界な領域を囲んでいる境界のない曲面を**閉曲面**という．閉曲面も表と裏を設定し，裏から表に向かう方向をこの曲面の向きとすることができる．本書では表を外側の面として，立体の内部から外部に向かうベクトルの向きを単位法線ベクトル $\boldsymbol{n}$ の向きとする．

(III)　スカラー場の面積分

空間内の曲面 S を含む領域で定義されたスカラー場 $\phi(x, y, z)$ について，曲面 S 上のスカラー場 ϕ の面積分について考える．曲面 S のベクトル方程式を

$$\begin{aligned}\boldsymbol{r}(u, v) &= x(u, v)\boldsymbol{i} + y(u, v)\boldsymbol{j} + z(u, v)\boldsymbol{k} \\ &= (x(u, v), y(u, v), z(u, v)) \quad ((u, v) \in D)\end{aligned}$$

とすると，S 上で $\phi(x(u, v), y(u, v), z(u, v))$ はパラメータ u, v の関数として与えられる．曲面 S を小領域 ΔS_i に分割し，各小領域内の任意の点 P_i におけるスカラー場を $\phi(\mathrm{P}_i)$ としてリーマン和を $\Delta S_\Delta = \sum_{i=1}^{n} \phi(\mathrm{P}_i)\Delta S_i$ とすると，任意の分割の仕方と代表値の取り方に対して，分割を細かくしていった極限値を

$$\int_S \phi\, dS$$

とかき，これを曲面 S 上のスカラー場 ϕ の**面積分**という．(3.14) 式の面積要素から，

ステップ 13：キーポイント　スカラー場の面積分

スカラー場の面積分は次のように 2 重積分で表される．

$$\int_S \phi\, dS = \iint_D \phi(x(u,\, v),\, y(u,\, v),\, z(u,\, v))\left|\frac{\partial \boldsymbol{r}}{\partial u} \times \frac{\partial \boldsymbol{r}}{\partial v}\right| dudv. \quad (3.15)$$

従って，曲面のベクトル方程式が与えられれば，2 変数関数の 2 重積分により求めることができる．物理的には，曲面 S 上で電荷等の面密度の分布がスカラー関数として与えられているとき，面積分により S 全体の電荷が得られることになる．

例 3.6　$z = f(x,\, y)$ で表される曲面を S とし，S を xy 平面上へ正射影した領域を D として，曲面 S 上の面積分 $\int_S \phi\, dS$ を考える．曲面 S のベクトル方程式は $\boldsymbol{r} = \boldsymbol{r}(x,\, y) = (x,\, y,\, f(x,\, y))$ であるので，$x = u,\ y = v$ として (3.15) 式を変形する．$\phi(x,\, y,\, f(x,\, y)) = \widetilde{\phi}(x,\, y)$ とおく．また，

$$\frac{\partial \boldsymbol{r}}{\partial x} = 1\boldsymbol{i} + 0\boldsymbol{j} + \frac{\partial f}{\partial x}\boldsymbol{k}, \quad \frac{\partial \boldsymbol{r}}{\partial y} = 0\boldsymbol{i} + 1\boldsymbol{j} + \frac{\partial f}{\partial y}\boldsymbol{k}$$

より

$$\frac{\partial \boldsymbol{r}}{\partial x} \times \frac{\partial \boldsymbol{r}}{\partial y} = \begin{vmatrix} \boldsymbol{i} & \boldsymbol{j} & \boldsymbol{k} \\ 1 & 0 & \frac{\partial f}{\partial x} \\ 0 & 1 & \frac{\partial f}{\partial y} \end{vmatrix} = -\frac{\partial f}{\partial x}\boldsymbol{i} - \frac{\partial f}{\partial y}\boldsymbol{j} + 1\boldsymbol{k} = \left(-\frac{\partial f}{\partial x},\, -\frac{\partial f}{\partial y},\, 1\right)$$

であるので，

$$\left|\frac{\partial \boldsymbol{r}}{\partial x} \times \frac{\partial \boldsymbol{r}}{\partial y}\right| = \sqrt{\left(-\frac{\partial f}{\partial x}\right)^2 + \left(-\frac{\partial f}{\partial y}\right)^2 + 1^2} = \sqrt{\left(\frac{\partial f}{\partial x}\right)^2 + \left(\frac{\partial f}{\partial y}\right)^2 + 1}$$

である[29]．従って，

$$\int_S \phi\, dS = \iint_D \widetilde{\phi}(x,\, y)\sqrt{\left(\frac{\partial f}{\partial x}\right)^2 + \left(\frac{\partial f}{\partial y}\right)^2 + 1}\, dxdy \quad (3.16)$$

---

29) 単位法線ベクトルは $\boldsymbol{n} = \pm\frac{1}{\sqrt{\left(\frac{\partial f}{\partial x}\right)^2 + \left(\frac{\partial f}{\partial y}\right)^2 + 1}}\left(-\frac{\partial f}{\partial x},\, -\frac{\partial f}{\partial y},\, 1\right)$ である．

である．一般に曲面の方程式が $F(x, y, z) = 0$ で与えられているときは，$z = f(x, y)$ の他，$x = f(y, z)$ や $y = f(x, z)$ と変形できるかどうかやその後の計算等を考慮に入れてパラメータを選択して，上記のように (3.15) 式の計算を行えばよい[30)]．□

例題 3.13

平面 Π : $2x + 3y + 6z = 6$ （$x \geq 0, y \geq 0, z \geq 0$）上でスカラー場

$$\phi = 4x^2 + 9y^2 + 36z^2$$

が与えられているとき，面積分 $\displaystyle\int_{\Pi} \phi\, dS$ を計算せよ．

解答　例 3.6 を利用する．平面 Π について $z = f(x, y) = \frac{6-2x-3y}{6}$ であるので，ベクトル方程式を

$$\boldsymbol{r} = \boldsymbol{r}(x, y) = \left(x, y, \frac{6 - 2x - 3y}{6}\right)$$

とすると，

$$\begin{aligned}\widetilde{\phi}(x, y) &= 4x^2 + 9y^2 + 36\left(\frac{6 - 2x - 3y}{6}\right)^2 \\ &= 8x^2 - 24x + 12xy + 18y^2 - 36y + 36\end{aligned}$$

であり，また，$\frac{\partial f}{\partial x} = -\frac{1}{3}$, $\frac{\partial f}{\partial y} = -\frac{1}{2}$ より，

$$\sqrt{\left(\frac{\partial f}{\partial x}\right)^2 + \left(\frac{\partial f}{\partial y}\right)^2 + 1} = \sqrt{\left(-\frac{1}{3}\right)^2 + \left(-\frac{1}{2}\right)^2 + 1} = \frac{7}{6}$$

である．ここで図 3.8 に示すように，Π の xy 平面への正射影は

$$D = \{(x, y) \mid 2x + 3y \leq 6,\ x \geq 0,\ y \geq 0\}$$

であるので，

---

30) 単位法線ベクトル $\boldsymbol{n}$ の z 成分は $\pm\frac{1}{\sqrt{\left(\frac{\partial f}{\partial x}\right)^2 + \left(\frac{\partial f}{\partial y}\right)^2 + 1}}$ であるので，(3.16) 式において，$\sqrt{\left(\frac{\partial f}{\partial x}\right)^2 + \left(\frac{\partial f}{\partial y}\right)^2 + 1} = \frac{1}{|\boldsymbol{n}\cdot\boldsymbol{k}|}$ である．これは面積要素 dS を xy 平面上に正射影して得られる微小な長方形の面積が $dxdy$ となり，$dxdy = |\boldsymbol{n} \cdot \boldsymbol{k}|\, dS$ となることに注意しよう．

$$
\begin{aligned}
&\int_{\Pi} \phi \, dS \\
&= \iint_D \frac{7\left(8x^2 - 24x + 12xy + 18y^2 - 36y + 36\right)}{6} \, dxdy \\
&= \int_0^3 \left(\int_0^{\frac{6-2x}{3}} \frac{56x^2 - 168x + 84xy + 126y^2 - 252y + 252}{6} \, dy \right) dx \\
&= \int_0^3 \left[\frac{28}{3}x^2y - 28xy + 7xy^2 + 7y^3 - 21y^2 + 42y \right]_0^{\frac{6-2x}{3}} dx \\
&= \int_0^3 \left(-\frac{140x^3}{27} + 28x^2 - 56x + 56 \right) dx \\
&= \left[-\frac{35x^4}{27} + \frac{28x^3}{3} - 28x^2 + 56x \right]_0^3 \\
&= 63.
\end{aligned}
$$

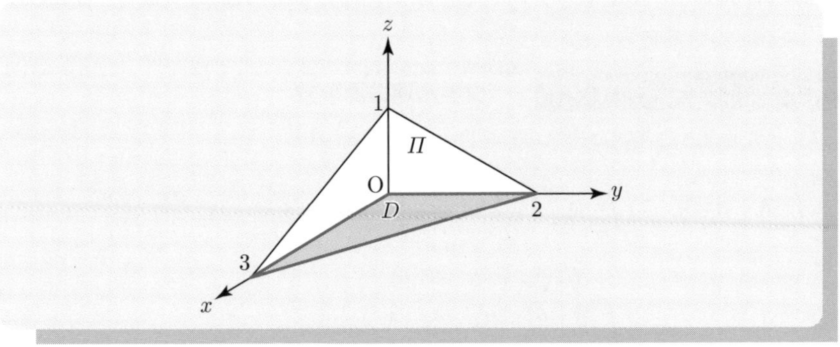

図 3.8　例題 3.13 の平面 Π とその正射影 D　□

✓ **チェック問題 3.11**　平面 Π：$x + y + z = 2$ $(x \geq 0,\ y \geq 0,\ z \geq 0)$ 上でスカラー場 $\phi = 5x + 3y + z$ が与えられているとき，面積分 $\displaystyle\int_{\Pi} \phi \, dS$ を計算せよ．

(IV)　ベクトル場の面積分

空間内の曲面 S を含む領域において定義されたベクトル場 $\boldsymbol{A}(x,\ y,\ z)$ について，曲面 S 上のベクトル場の面積分はいくつかの場合が考えられるが，ここ

ではその代表的なものとして，

$$\int_S \boldsymbol{A}\cdot\boldsymbol{n}\,dS$$

を考える．ここで $\boldsymbol{n}$ は曲面 S の単位法線ベクトルである．この面積分は被積分関数が，$\boldsymbol{A}$ と $\boldsymbol{n}$ のスカラー積であるので，$\phi=\boldsymbol{A}\cdot\boldsymbol{n}$ と考えれば，前述の S 上のスカラー場 ϕ の面積分であるが，これを S 上のベクトル場 $\boldsymbol{A}$ の**法線面積分**あるいは単に面積分という．

曲面 S のベクトル方程式を

$$\boldsymbol{r}=\boldsymbol{r}(u,\,v)=(x(u,\,v),\,y(u,\,v),\,z(u,\,v))\quad((u,\,v)\in D)$$

とすると，S 上のベクトル場 $\boldsymbol{A}$ は

$$\begin{aligned}&\boldsymbol{A}(x(u,\,v),\,y(u,\,v),\,z(u,\,v))\\&=(A_x(x(u,\,v),\,y(u,\,v),\,z(u,\,v)),\,A_y(x(u,\,v),\,y(u,\,v),\,z(u,\,v)),\\&\qquad A_z(x(u,\,v),\,y(u,\,v),\,z(u,\,v)))\end{aligned}$$

と3個のスカラー関数で与えられる．単位法線ベクトルは(3.13)式，面積要素は(3.14)式で与えられるので，

ステップ14：キーポイント　ベクトル場の面積分

ベクトル場の面積分は次のように2重積分で表される．

$$\begin{aligned}\int_S \boldsymbol{A}\cdot\boldsymbol{n}\,dS&=\iint_D \boldsymbol{A}\cdot\left(\frac{\partial\boldsymbol{r}}{\partial u}\times\frac{\partial\boldsymbol{r}}{\partial v}\right)dudv=\iint_D\left[\boldsymbol{A},\,\frac{\partial\boldsymbol{r}}{\partial u},\,\frac{\partial\boldsymbol{r}}{\partial v}\right]dudv\\&=\iint_D\left\{\begin{vmatrix}A_x & A_y & A_z\\ \frac{\partial x}{\partial u} & \frac{\partial y}{\partial u} & \frac{\partial z}{\partial u}\\ \frac{\partial x}{\partial v} & \frac{\partial y}{\partial v} & \frac{\partial z}{\partial v}\end{vmatrix}\right\}dudv.\qquad(3.17)\end{aligned}$$

物理現象の例としては，空間内の領域 V において流体の速度場を $\boldsymbol{v}(x,\,y,\,z)$ とする．V 上の曲面 S について，S の裏側から表側に通過して流れる総流量が $\displaystyle\int_S \boldsymbol{v}\cdot\boldsymbol{n}\,dS$ である．一般に面積分 $\displaystyle\int_S \boldsymbol{A}\cdot\boldsymbol{n}\,dS$ を曲面 S を通過するベクトル場 $\boldsymbol{A}$ の**流束**という．

例 3.7　スカラー場の面積分の場合と同様に $z = f(x,\, y)$ で表される曲面 S 上の面積分 $\displaystyle\int_S \boldsymbol{A}\cdot\boldsymbol{n}\,dS$ を考える．曲面 S のベクトル方程式は

$$\boldsymbol{r} = \boldsymbol{r}(x,\, y) = (x,\, y,\, f(x,\, y))$$

であるので，$x = u,\, y = v$ として (3.17) 式を変形する．$\frac{\partial \boldsymbol{r}}{\partial x} = 1\boldsymbol{i} + 0\boldsymbol{j} + \frac{\partial f}{\partial x}\boldsymbol{k}$, $\frac{\partial \boldsymbol{r}}{\partial y} = 0\boldsymbol{i} + 1\boldsymbol{j} + \frac{\partial f}{\partial y}\boldsymbol{k}$ より，

$$\boldsymbol{A}\cdot\left(\frac{\partial \boldsymbol{r}}{\partial u}\times\frac{\partial \boldsymbol{r}}{\partial v}\right) = \begin{vmatrix} A_x & A_y & A_z \\ 1 & 0 & \frac{\partial f}{\partial x} \\ 0 & 1 & \frac{\partial f}{\partial y} \end{vmatrix} = -A_x\left(\frac{\partial f}{\partial x}\right) - A_y\left(\frac{\partial f}{\partial y}\right) + A_z$$

であるので，

$$\int_S \boldsymbol{A}\cdot\boldsymbol{n}\,dS = \iint_D \left\{-A_x\left(\frac{\partial f}{\partial x}\right) - A_y\left(\frac{\partial f}{\partial y}\right) + A_z\right\} dxdy. \qquad \square$$

例題 3.14

曲面 $S : z = x^2$ $(0 \leq x \leq 1,\, 0 \leq y \leq 1)$ 上でベクトル場

$$\boldsymbol{A} = 4y\boldsymbol{i} + x\boldsymbol{j} + 3z\boldsymbol{k}$$

が与えられているとき，面積分 $\displaystyle\int_S \boldsymbol{A}\cdot\boldsymbol{n}\,dS$ を計算せよ．

解答　S は図 3.9 に示すような曲面であり，$z = f(x,\, y) = x^2$ であるので，例 3.7 を利用して面積分を計算する．ベクトル方程式を

$$\boldsymbol{r} = \boldsymbol{r}(x,\, y) = \left(x,\, y,\, x^2\right)$$

とすると，$\boldsymbol{A} = \left(4y,\, x,\, 3x^2\right)$, $\frac{\partial f}{\partial x} = 2x$, $\frac{\partial f}{\partial y} = 0$ より，

$$-A_x\left(\frac{\partial f}{\partial x}\right) - A_y\left(\frac{\partial f}{\partial y}\right) + A_z = -8xy + 3x^2$$

である．ここで図 3.9 に示すように，S の xy 平面への正射影は

$$D = \{(x,\, y) \mid 0 \leq x \leq 1,\, 0 \leq y \leq 1\}$$

の正方形領域であるので，

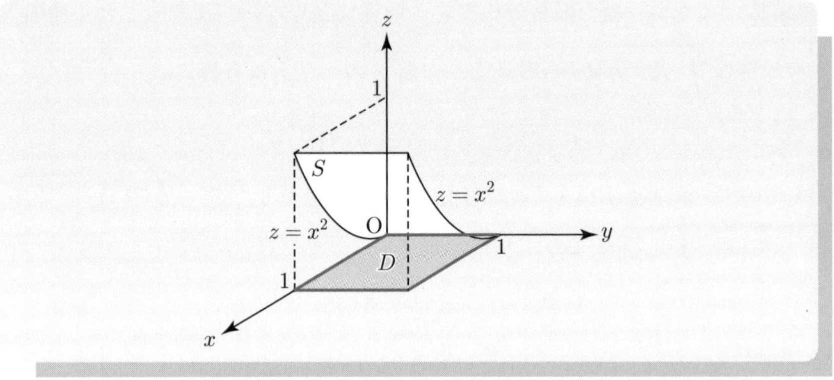

図 **3.9**　例題 3.14 の曲面 S とその正射影 D

$$
\begin{aligned}
\int_S \boldsymbol{A} \cdot \boldsymbol{n}\, dS &= \iint_D \left(-8xy + 3x^2\right) dxdy \\
&= \int_0^1 \left\{ \int_0^1 \left(-8xy + 3x^2\right) dy \right\} dx = \int_0^1 \left[-4xy^2 + 3x^2 y \right]_0^1 dx \\
&= \int_0^1 \left(-4x + 3x^2\right) dx = \left[-2x^2 + x^3 \right]_0^1 = -1.
\end{aligned}
$$
□

例題 3.15

位置ベクトルを $\boldsymbol{r} = (x, y, z)$，その大きさを $r = |\boldsymbol{r}| = \sqrt{x^2 + y^2 + z^2}$ とする．原点を中心とし半径 a の球面を S とするとき，次を証明せよ．

$$\int_S \frac{\boldsymbol{r}}{r^3} \cdot \boldsymbol{n}\, dS = 4\pi.$$

解答　例題 3.12 より $\boldsymbol{n} = \frac{\boldsymbol{r}}{a}$ であり，球面 S 上では $r = a$ であるから，

$$\int_S \frac{\boldsymbol{r}}{r^3} \cdot \boldsymbol{n}\, dS = \int_S \frac{\boldsymbol{r}}{r^3} \cdot \frac{\boldsymbol{r}}{a}\, dS = \int_S \frac{a^2}{a^4}\, dS = \frac{1}{a^2} \int_S dS = \frac{4\pi a^2}{a^2} = 4\pi.$$
□

✔ **チェック問題 3.12**　曲面 $S : x^2 + y^2 = z$（$0 \leq z \leq 4$）上でベクトル場

$$\boldsymbol{A} = -x\boldsymbol{i} - y\boldsymbol{j} + 2z\boldsymbol{k}$$

が与えられているとき，面積分 $\int_S \boldsymbol{A} \cdot \boldsymbol{n}\, dS$ を計算せよ．

3 章の演習問題

□ **1** 次の問に答えよ．

(1) 区間 I で方向が一定のベクトル関数 $\boldsymbol{A}(t)$ は区間 I のすべての t において $\boldsymbol{A}(t) \mathbin{/\!/} \boldsymbol{A}'(t)$ を満たすことを示せ．

(2) ベクトル関数 $\boldsymbol{A}(t)$ について，

$$\big(\boldsymbol{A}(t) \times \boldsymbol{A}'(t)\big) \times \big(\boldsymbol{A}(t) \times \boldsymbol{A}'(t)\big)' = \big[\boldsymbol{A}(t),\, \boldsymbol{A}'(t),\, \boldsymbol{A}''(t)\big]\, \boldsymbol{A}(t)$$

であることを示せ．

(3) $\boldsymbol{A}(t) = (-2t,\, \log t,\, 2)$, $\boldsymbol{B}(t) = (-2,\, t,\, 0)$, $\boldsymbol{C}(t) = (0,\, 1,\, 2t)$ とするとき，$\displaystyle\int_1^2 [\boldsymbol{A}(t),\, \boldsymbol{B}(t),\, \boldsymbol{C}(t)]\, dt$ と $\displaystyle\int_1^2 \{(\boldsymbol{A}(t) \times \boldsymbol{B}(t)) \times \boldsymbol{C}(t)\}\, dt$ を求めよ．

□ **2** ベクトル方程式 $\boldsymbol{r}(t) = \sqrt{2}\, t\boldsymbol{i} + e^{-t}\boldsymbol{j} + e^{t}\boldsymbol{k}$ で与えられる曲線 C について次の問に答えよ．

(1) 単位接線ベクトル $\boldsymbol{t}$ を求めよ．

(2) 曲率 κ を求めよ．

(3) 単位主法線ベクトル $\boldsymbol{n}$ を求めよ．

(4) 単位従法線ベクトル $\boldsymbol{b}$ を求めよ．

(5) 捩率 τ を求めよ．

□ **3** 次の問に答えよ．

(1) ベクトル方程式 $\boldsymbol{r} = \boldsymbol{r}(u,\, v)$ で与えられる曲面 S に対して，

$$\begin{cases} E = \dfrac{\partial \boldsymbol{r}}{\partial u} \cdot \dfrac{\partial \boldsymbol{r}}{\partial u} \\ F = \dfrac{\partial \boldsymbol{r}}{\partial u} \cdot \dfrac{\partial \boldsymbol{r}}{\partial v} \\ G = \dfrac{\partial \boldsymbol{r}}{\partial v} \cdot \dfrac{\partial \boldsymbol{r}}{\partial v} \end{cases}$$

とするとき，次のようになることを示せ[31)]．

$$\left| \frac{\partial \boldsymbol{r}}{\partial u} \times \frac{\partial \boldsymbol{r}}{\partial v} \right| = \sqrt{EG - F^2}.$$

---

31) この $E,\, F,\, G$ を曲面 S の**第一基本量**といい，面積要素は $dS = \sqrt{EG - F^2}\, dudv$ で与えられる．

(2)　uv 平面の領域 $D = \{(u, v) \mid 0 \leq u \leq 2\pi,\ 0 \leq v \leq 2\pi\}$ において定義された曲面 S の方程式を

$$\boldsymbol{r} = \boldsymbol{r}(u, v) = ((3 + \sin u)\cos v,\ (3 + \sin u)\sin v,\ \cos u)$$

とする．このとき，S の単位法線ベクトル $\boldsymbol{n}$，第一基本量（E, F, G）および面積 S を求めよ[32]．

(3)　(1) の曲面上の曲線 C の方程式を $\boldsymbol{r} = \boldsymbol{r}(u(t), v(t)) = \boldsymbol{r}(t)$ とするとき，始点 A（$t = a$）から終点 B（$t = b$）までの C の弧長 s は

$$s = \int_a^b \sqrt{E\left(\frac{du}{dt}\right)^2 + 2F\left(\frac{du}{dt}\right)\left(\frac{dv}{dt}\right) + G\left(\frac{dv}{dt}\right)^2}\, dt$$

で与えられることを示せ．

□ **4**　スカラー場 $\phi = 2xy$ とベクトル場 $\boldsymbol{A} = y\boldsymbol{i} + x\boldsymbol{j} + z\boldsymbol{k} = (y, x, z)$ について，曲線 $C : \boldsymbol{r}(t) = \left(\sqrt{3}\cos t,\ \sqrt{3}\sin t,\ t\right)$（$0 \leq t \leq \pi$）に沿った以下の線積分を求めよ．

(1)　$\displaystyle\int_C \phi\, ds$　　(2)　$\displaystyle\int_C \phi\, d\boldsymbol{r}$　　(3)　$\displaystyle\int_C \boldsymbol{A} \cdot \boldsymbol{t}\, ds$　　(4)　$\displaystyle\int_C \boldsymbol{A} \times d\boldsymbol{r}$

□ **5**　スカラー場 $\phi = x + y$ とベクトル場 $\boldsymbol{A} = zx\boldsymbol{i} + yz\boldsymbol{j} + xy\boldsymbol{k} = (zx, yz, xy)$ について，以下の曲面 S 上の面積分 $\displaystyle\int_S \phi\, dS$, $\displaystyle\int_S \boldsymbol{A} \cdot \boldsymbol{n}\, dS$ を計算せよ．

(1)　平面 $\Pi_1 : y = 0$（$0 \leq x \leq 1, 0 \leq z \leq 1$）および平面 $\Pi_2 : z = 1$（$0 \leq x \leq 1$, $0 \leq y \leq 1$）とするとき，曲面 $S = \Pi_1 + \Pi_2$.

(2)　ベクトル方程式

$$\boldsymbol{r} = \boldsymbol{r}(u, v) = (\cos u,\ \sin u,\ v) \quad \left(0 \leq u \leq \tfrac{\pi}{2},\ 0 \leq v \leq 1\right)$$

で表される曲面 S.

(3)　ベクトル方程式

$$\boldsymbol{r} = \boldsymbol{r}(u, v) = (\sin u \cos v,\ \sin u \sin v,\ \cos u) \quad \left(0 \leq u \leq \tfrac{\pi}{2},\ 0 \leq v \leq 2\pi\right)$$

で表される曲面 S.

32）この曲面を**円環面**という．

第 4 章
スカラー場の勾配，ベクトル場の発散，回転

前章では空間内に分布しているスカラーやベクトルについて，それらを各点の座標を変数とするスカラー関数やベクトル関数で表された「場」として取り扱うことを紹介し，それらの線積分や面積分について学んだ．本章では，スカラー場やベクトル場が与えられたとき，それがどのような性質をもっているかを調べるためにスカラー場の勾配，ベクトル場の発散および回転という概念を紹介する．これらは偏微分で与えられ，計算そのものは難しくはないが，それらの意味や物理的な解釈が重要となる．すなわち，これらの考え方は物理現象を解析的に表現する上で必要となる基本的なものであり，そこから導き出されるポテンシャル，保存則等を扱う上で必要不可欠の概念である．まずはそれぞれの項目の計算がきちんとできるようにすることと，同時に直感的な理解や具体的な現象の例でそれらの考え方を習得することによって物理の問題に応用できるようにしてほしい．

[4 章の内容]

スカラー場の勾配
ベクトル場の発散
ベクトル場の回転
勾配，発散，回転に関する公式とその応用

4.1 スカラー場の勾配
―スカラー場の勾配の計算法を習得し，幾何的意味とその応用について理解する

スカラー場の勾配

スカラー場についてこれを各空間変数で偏微分して得られるベクトル場をスカラー場の勾配といい，その各成分はそれぞれの座標軸に平行な方向のスカラー場の変化率を表す．勾配の幾何的意味を理解する上でスカラー場の等位面を取り上げるが，その具体例として2次元的な描像としての天気図の等圧線や地図の等高線等を考えれば直感的に理解しやすい．またスカラー場の勾配（ベクトル場）の線積分を考えることによって，スカラーポテンシャルの意味も明らかになる．

(I) スカラー場の勾配

空間内のある領域 D で定義されたスカラー場 $\phi(x,\,y,\,z)$ に対して，

$$\mathrm{grad}\,\phi = \frac{\partial \phi}{\partial x}\boldsymbol{i} + \frac{\partial \phi}{\partial y}\boldsymbol{j} + \frac{\partial \phi}{\partial z}\boldsymbol{k} = \left(\frac{\partial \phi}{\partial x},\, \frac{\partial \phi}{\partial y},\, \frac{\partial \phi}{\partial z}\right)$$

を ϕ の**勾配**もしくは**勾配ベクトル**といい[1]，grad は「グラジエント」と読む．勾配は領域 D の空間変数のベクトル関数であり，ベクトル場である．またこの式からわかるように，$\mathrm{grad}\,\phi$ の各成分は直交座標系の各軸方向のスカラー場 ϕ の変化率を表す．

ここで記号

$$\nabla = \boldsymbol{i}\frac{\partial}{\partial x} + \boldsymbol{j}\frac{\partial}{\partial y} + \boldsymbol{k}\frac{\partial}{\partial z} = \left(\frac{\partial}{\partial x},\, \frac{\partial}{\partial y},\, \frac{\partial}{\partial z}\right)$$

を考え，

ステップ1：キーポイント　スカラー場の勾配と微分演算子ナブラ

$$\nabla\phi = \mathrm{grad}\,\phi = \left(\frac{\partial \phi}{\partial x},\, \frac{\partial \phi}{\partial y},\, \frac{\partial \phi}{\partial z}\right)$$

1) 本書では勾配に統一する．

とする．この ∇ を**ハミルトンの演算子**といい，**ナブラ**と読む．

微分演算子という言葉からもわかるように，∇ はスカラー関数に作用して 3 個の偏導関数を与えるものである[2)]．またスカラー場の勾配は偏微分によって与えられるので，スカラー場 ϕ, ψ，実定数 λ, μ に対して次の公式が成立する[3)]．

$$\nabla(\lambda\phi+\mu\psi)\ (=\mathrm{grad}(\lambda\phi+\mu\psi)) = \lambda\nabla\phi+\mu\nabla\psi\ (=\lambda\,\mathrm{grad}\,\phi+\mu\,\mathrm{grad}\,\psi),$$
$$\nabla(\phi\psi)\ (=\mathrm{grad}(\phi\psi)) = \psi\nabla\phi+\phi\nabla\psi\ (=\psi\,\mathrm{grad}\,\phi+\phi\,\mathrm{grad}\,\psi)$$

例題 4.1

位置ベクトルを $\boldsymbol{r}=(x,\,y,\,z)$，その大きさを $r=|\boldsymbol{r}|=\sqrt{x^2+y^2+z^2}$ とする．このとき次のスカラー場 ϕ の勾配を計算せよ．

(1)　$\phi=r$　　(2)　$\phi=\dfrac{1}{r}$

解答　(1)　$\nabla\phi=\left(\frac{\partial r}{\partial x},\,\frac{\partial r}{\partial y},\,\frac{\partial r}{\partial z}\right)$ である．x 成分の偏導関数は

$$\frac{\partial r}{\partial x}=\frac{\partial}{\partial x}\left(\sqrt{x^2+y^2+z^2}\right)=\frac{x}{\sqrt{x^2+y^2+z^2}}=\frac{x}{r}$$

であり，同様にして $\frac{\partial r}{\partial y}=\frac{y}{r}$, $\frac{\partial r}{\partial z}=\frac{z}{r}$ より

$$\nabla\phi=\left(\frac{x}{r},\,\frac{y}{r},\,\frac{z}{r}\right)=\frac{\boldsymbol{r}}{r}.$$

(2)　$\nabla\phi=\left(\frac{\partial}{\partial x}\left(\frac{1}{r}\right),\,\frac{\partial}{\partial y}\left(\frac{1}{r}\right),\,\frac{\partial}{\partial z}\left(\frac{1}{r}\right)\right)$ である．x 成分の偏導関数は

$$\frac{\partial}{\partial x}\left(\frac{1}{r}\right)=\frac{\partial}{\partial x}\left(\frac{1}{\sqrt{x^2+y^2+z^2}}\right)=-\frac{x}{(x^2+y^2+z^2)^{\frac{3}{2}}}=-\frac{x}{r^3}$$

であり，同様にして $\frac{\partial}{\partial y}\left(\frac{1}{r}\right)=-\frac{y}{r^3}$, $\frac{\partial}{\partial z}\left(\frac{1}{r}\right)=-\frac{z}{r^3}$ より

$$\nabla\phi=\left(-\frac{x}{r^3},\,-\frac{y}{r^3},\,-\frac{z}{r^3}\right)=-\frac{\boldsymbol{r}}{r^3}.$$

□

---

2) このようにある関数に作用することから**微分作用素**ともよばれるが，本書では**微分演算子**に統一する．また本書では，できるだけ ∇ を用いて表現することにする．

3) 証明は省略するが，各成分についての微分公式を用いればよい．

チェック問題 4.1 次のスカラー場の勾配を計算せよ．

(1) $\phi(x,\,y,\,z) = xy + yz + zx$ (2) $\phi(x,\,y,\,z) = \sin xyz$

(3) $\phi(x,\,y,\,z) = e^{\sqrt{x^2+y^2+z^2}}$

(II) スカラー場の等位面と勾配

スカラー場の性質を表現する上で，同じ値をもつ点の集合を考えると直感的に捉えやすい．すなわちある定数 k に対して集合

$$S_k = \{(x,\,y,\,z) \mid \phi(x,\,y,\,z) = k\}$$

を考えれば，S_k は曲面になる．この曲面をスカラー場 ϕ の**等位面**という．また2次元の xy 平面上のスカラー場 $\phi(x,\,y)$ について集合

$$C_k = \{(x,\,y) \mid \phi(x,\,y) = k\}$$

を考えると C_k は曲線になる．これをスカラー場 ϕ の**等位線**という[4)]．各等位線の間隔が狭いところはスカラー場の変化が急であることからわかるように，等位面についてもそれが密になっているところではスカラー場の変化が急である．

次にスカラー場の勾配と等位面との関係を考えよう．いま $\nabla\phi \neq \mathbf{0}$ とする．曲面 S_k の方程式は $\phi(x,\,y,\,z) = k$ であり，曲面 S_k 上の任意の曲線 C のベクトル方程式は

$$\boldsymbol{r}(t) = (x(t),\,y(t),\,z(t))$$

より

$$\phi(x(t),\,y(t),\,z(t)) = k$$

とパラメータ t の関数として表される．この式の両辺を t で微分すれば合成関数の微分によって

$$\frac{d\phi}{dt} = \frac{\partial\phi}{\partial x}\frac{dx}{dt} + \frac{\partial\phi}{\partial y}\frac{dy}{dt} + \frac{\partial\phi}{\partial z}\frac{dz}{dt} = (\nabla\phi)\cdot\boldsymbol{r}'(t) = 0 \tag{4.1}$$

となり，$\nabla\phi \perp \boldsymbol{r}'(t)$ である．ここで曲線 C は曲面 S_k 上の任意の曲線であり，$\boldsymbol{r}'(t)$ は C の接線ベクトルより

4) 場所 $(x,\,y)$ の標高をスカラー場と考えれば，各等位線はそれぞれの標高の等高線であり，いくつかの標高の値の等高線を示したものが地形図である．

ステップ 2：キーポイント　スカラー場の勾配と等位面の関係

$\nabla\phi$ は等位面 S_k に垂直であり，曲面 S_k の単位法線ベクトル $\boldsymbol{n}$ に平行である．よって

$$\nabla\phi = |\nabla\phi|\,\boldsymbol{n} \tag{4.2}$$

である．ただし，$\boldsymbol{n}$ の向きは等位面 S_k の k の値が増加する側を表としたときの裏から表に向かう方向とする．

（注意） スカラー場の勾配と等位面の関係を考察するときに，$\nabla\phi \neq \boldsymbol{0}$ としたが，

$$\nabla\phi = \left(\frac{\partial\phi}{\partial x}, \frac{\partial\phi}{\partial y}, \frac{\partial\phi}{\partial z}\right) = \boldsymbol{0}$$

が D のすべての点で満たされる場合の ϕ は次のように与えられる．まず x 成分の式 $\frac{\partial\phi}{\partial x} = 0$ から，$\phi(x, y, z) = f(y, z)$（変数 x を含まない）が得られる．次に y 成分の式 $\frac{\partial\phi}{\partial y} = 0$ から，$\frac{\partial\phi}{\partial y} = \frac{\partial f}{\partial y} = 0$ より $f(y, z) = g(z)$（変数 y を含まない）が得られる．最後に z 成分の式 $\frac{\partial\phi}{\partial z} = 0$ から，$\frac{\partial\phi}{\partial z} = \frac{\partial g}{\partial z} = \frac{dg}{dz} = 0$ より $g(z) = k$（定数）が得られる．従って，D のすべての点 (x, y, z) で $\phi(x, y, z) = k$（定数関数）である．

例 4.1 例題 4.1 (1) について，等位面 $\phi = r = k$ を S_k とすると，S_k は原点を中心とする半径 k の球面である．このとき

$$\nabla\phi = \frac{\boldsymbol{r}}{r}$$

であるので，S_k 上の点 P（位置ベクトルは $\boldsymbol{r}$）における勾配ベクトル $\nabla\phi$ の向きは原点から P へ向かう方向（球面 $r = k$ の法線方向）である． □

例 4.2 曲面 S の方程式が $\widetilde{\phi}(x, y, z) = 0$ で与えられるとき，(4.2) 式と同様に S の単位法線ベクトルは $\nabla\widetilde{\phi} \neq \boldsymbol{0}$ のとき，S を等位面と考えれば

$$\boldsymbol{n} = \frac{\nabla\widetilde{\phi}}{|\nabla\widetilde{\phi}|}\ \left(= \frac{\operatorname{grad}\widetilde{\phi}}{|\operatorname{grad}\widetilde{\phi}|}\right) \tag{4.3}$$

で与えられる． □

(III)　方向微分係数

スカラー場の勾配の向きは等位面に垂直であることがわかったが，次に定義域上のある点を通る直線の向きを定めたときに勾配を用いてスカラー場の変化率（微分係数）を求めることを考えよう．図 4.1 に示すように，等位面 S_k 上の点 $\mathrm{P}(x, y, z)$ を通る直線 ℓ を考え，その方向の単位ベクトルを $\boldsymbol{e}_\ell = (\alpha, \beta, \gamma)$ とする．直線 ℓ 上の点 Q の座標を $(x + \alpha \Delta s, y + \beta \Delta s, z + \gamma \Delta s)$ とすると，点 Q における ϕ の値は $\phi(x + \alpha \Delta s, y + \beta \Delta s, z + \gamma \Delta s)$ である．x, y, z を固定して $\Delta s \to 0$ としたときの微分係数を

$$\lim_{\Delta s \to 0} \frac{\phi(x + \alpha \Delta s, y + \beta \Delta s, z + \gamma \Delta s) - \phi(x, y, z)}{\Delta s} = \frac{\partial \phi}{\partial \ell} \qquad (4.4)$$

とかき，スカラー場 ϕ の点 P における ℓ 方向の**方向微分係数**という．(4.4) 式において

$$\Delta x = \alpha \Delta s, \quad \Delta y = \beta \Delta s, \quad \Delta z = \gamma \Delta s$$

とすると，点 P と Q が非常に近いとき，近似的に

$$\Delta \phi \fallingdotseq \frac{\partial \phi}{\partial x} \Delta x + \frac{\partial \phi}{\partial y} \Delta y + \frac{\partial \phi}{\partial z} \Delta z$$

と表される．よって $\Delta \phi = \phi(x + \alpha \Delta s, y + \beta \Delta s, z + \gamma \Delta s) - \phi(x, y, z)$ に対して

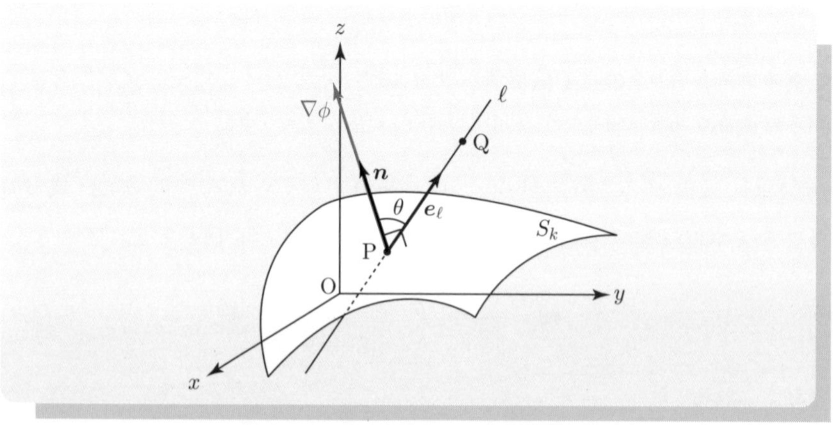

図 **4.1**　スカラー場の方向微分係数

$$\frac{\partial\phi}{\partial\ell} = \lim_{\Delta s\to 0}\left(\frac{\partial\phi}{\partial x}\frac{\Delta x}{\Delta s} + \frac{\partial\phi}{\partial y}\frac{\Delta y}{\Delta s} + \frac{\partial\phi}{\partial z}\frac{\Delta z}{\Delta s}\right)$$
$$= \frac{\partial\phi}{\partial x}\alpha + \frac{\partial\phi}{\partial y}\beta + \frac{\partial\phi}{\partial z}\gamma$$
$$= (\nabla\phi)\cdot\boldsymbol{e}_\ell \tag{4.5}$$

が得られる．図 4.1 で点 P において $\nabla\phi$ と $\boldsymbol{e}_\ell$ のなす角を θ とすると，

$$(\nabla\phi)\cdot\boldsymbol{e}_\ell = |\nabla\phi|\cos\theta$$

より，

$$\frac{\partial\phi}{\partial\ell} = |\nabla\phi|\cos\theta \tag{4.6}$$

とも表される．これから，$\frac{\partial\phi}{\partial\ell}$ は $\nabla\phi$ の方向のとき（$\theta = 0$）に最大となる[5)]．

例題 4.2

曲面 $S : x^2 + y^2 - z = 1$ 上の 1 点 P(1, 1, 1) において，次のものを求めよ．

(1)　z 成分が正である S の単位法線ベクトル $\boldsymbol{n}_S$．

(2)　スカラー場 $\phi = \sin\pi x + \cos\pi y - \sin\pi z$ の点 P における等位面の単位法線ベクトル $\boldsymbol{n}$．

(3)　ϕ の点 P における (1) の $\boldsymbol{n}_S$ 方向の方向微分係数 $\frac{\partial\phi}{\partial n_S}$．

解答　(1)　例 4.2 で S の方程式を

$$\widetilde{\phi}(x,\, y,\, z) = -x^2 - y^2 + z + 1 = 0$$

とする．$\nabla\widetilde{\phi} = -2x\boldsymbol{i} - 2y\boldsymbol{j} + \boldsymbol{k}$ である．従って

$$\boldsymbol{n}_S = \frac{-2x\boldsymbol{i} - 2y\boldsymbol{j} + \boldsymbol{k}}{\sqrt{4x^2 + 4y^2 + 1}}$$

であるので，点 P においては

$$\boldsymbol{n}_S = \frac{-2\boldsymbol{i} - 2\boldsymbol{j} + \boldsymbol{k}}{3} = \left(-\frac{2}{3},\, -\frac{2}{3},\, \frac{1}{3}\right).$$

---

5)　勾配 $\mathrm{grad}\,\phi$ の方向の方向微分係数を（等位面の単位法線ベクトル $\boldsymbol{n}$ の方向であるので）$\frac{\partial\phi}{\partial n}$ とかく場合がある．

(2)

$$\nabla\phi = (\pi\cos\pi x,\ -\pi\sin\pi y,\ -\pi\cos\pi z)$$

であり，点 P においては $\nabla\phi = (-\pi,\ 0,\ \pi)$ より，

$$\boldsymbol{n} = \frac{-\pi\boldsymbol{i} + 0\boldsymbol{j} + \pi\boldsymbol{k}}{\sqrt{2}\,\pi} = \left(-\frac{\sqrt{2}}{2},\ 0,\ \frac{\sqrt{2}}{2}\right).$$

(3)

$$\frac{\partial\phi}{\partial n_S} = (\nabla\phi)\cdot\boldsymbol{n}_S = \pi. \qquad \square$$

チェック問題 4.2　平面 Π : $-2x + 2y + z = 2$ 上の 1 点 $\mathrm{P}(1,\ 3,\ -2)$ において，次のものを求めよ.

(1)　z 成分が正である Π の単位法線ベクトル $\boldsymbol{n}_\Pi$.

(2)　スカラー場 $\phi = xy^2z$ の点 P における等位面の単位法線ベクトル $\boldsymbol{n}$.

(3)　ϕ の点 P における (1) の $\boldsymbol{n}_\Pi$ 方向の方向微分係数 $\frac{\partial\phi}{\partial n_\Pi}$.

(IV)　スカラーポテンシャルとスカラー場の勾配の線積分

スカラー場 ϕ の勾配 $\mathrm{grad}\,\phi = \nabla\phi$ はベクトル場であるが，逆にベクトル場 $\boldsymbol{A}$ に対して，

$$\boldsymbol{A} = -\nabla\phi \tag{4.7}$$

を満たすスカラー関数 ϕ が存在するとき，ϕ を $\boldsymbol{A}$ の**スカラーポテンシャル**という[6]. (4.7) 式の右辺に「−」（マイナス）が付いているのは，勾配 $\nabla\phi$ の向きがその変化が増加する方向であるのに対して，ベクトル場 $\boldsymbol{A}$ の流線（例えば水の流れ）がスカラーポテンシャルの高い側から低い側の向きと定義されているためである.

---

[6] 単に**ポテンシャル**ということもあるが，後述のベクトルポテンシャルと混同しないようにするためにスカラーポテンシャルに統一する.

例 4.3　静電場 $\boldsymbol{E}$ に対して，電位 ϕ はスカラーポテンシャルであり，

$$\boldsymbol{E} = -\nabla\phi$$

の関係がある．従って，電場 $\boldsymbol{E}$ の流線（電気力線）は等電位面（$\phi = k =$ 定数）に垂直である．□

次にスカラー場の勾配の性質について，線積分を用いて考察しよう．勾配 $\nabla\phi$ はベクトル場であるので，領域 D 内の始点 P（$s = \alpha$），終点 Q（$s = \beta$）である曲線 C：$\boldsymbol{r}(s) = (x(s),\, y(s),\, z(s))$（$\alpha \leq s \leq \beta$）に沿った線積分

$$\int_C (\nabla\phi)\cdot\boldsymbol{t}\,ds = \int_C (\nabla\phi)\cdot d\boldsymbol{r}$$

を考える．ここで C 上で $\phi(x(s),\, y(s),\, z(s)) = \widetilde{\phi}(s)$ であることに注意すると，合成関数の微分より

$$(\nabla\phi)\cdot\boldsymbol{t} = (\nabla\phi)\cdot\frac{d\boldsymbol{r}}{ds} = \frac{\partial\phi}{\partial x}\frac{dx}{ds} + \frac{\partial\phi}{\partial y}\frac{dy}{ds} + \frac{\partial\phi}{\partial z}\frac{dz}{ds} = \frac{d\phi}{ds}$$

より

$$\int_C (\nabla\phi)\cdot\boldsymbol{t}\,ds = \int_\alpha^\beta \frac{d\phi}{ds}\,ds = \Big[\phi(x(s),y(s),z(s))\Big]_\alpha^\beta = \phi(\mathrm{Q}) - \phi(\mathrm{P}) \quad (4.8)$$

となる．あるいは全微分を用いて

$$(\nabla\phi)\cdot d\boldsymbol{r} = \frac{\partial\phi}{\partial x}\,dx + \frac{\partial\phi}{\partial y}\,dy + \frac{\partial\phi}{\partial z}\,dz = d\phi$$

であるので，(4.8) 式は

$$\int_C (\nabla\phi)\cdot d\boldsymbol{r} = \int_C d\phi = \Big[\phi\Big]_{\mathrm{P}}^{\mathrm{Q}} = \phi(\mathrm{Q}) - \phi(\mathrm{P})$$

ともかける．ここで $\phi(\mathrm{P})$ および $\phi(\mathrm{Q})$ はそれぞれ始点 P と終点 Q の ϕ の値であるので，C に沿った $\nabla\phi$ の線積分は 2 つの点の ϕ の値のみで決定されることになる．すなわち同じ始点と終点の（交わらない）任意の 2 つの積分路 C_1 と C_2 に沿った線積分について

$$\int_{C_1} (\nabla\phi)\cdot\boldsymbol{t}\,ds = \int_{C_2} (\nabla\phi)\cdot\boldsymbol{t}\,ds$$

が成り立つ．ここで，(3.6) 式から

$$\int_{C_2} (\nabla\phi)\cdot \boldsymbol{t}\, ds = -\int_{-C_2} (\nabla\phi)\cdot \boldsymbol{t}\, ds$$

であるから，$C = C_1 - C_2$ の任意の単一閉曲線を積分路とする周回積分について

$$\oint_{C} (\nabla\phi)\cdot \boldsymbol{t}\, ds = \int_{C_1} (\nabla\phi)\cdot \boldsymbol{t}\, ds + \int_{-C_2} (\nabla\phi)\cdot \boldsymbol{t}\, ds = 0$$

が成り立つ．

次にベクトル場 $\boldsymbol{A}$ が任意の閉曲線 C に沿った周回積分について

$$\oint_{C} \boldsymbol{A}\cdot d\boldsymbol{r} = 0$$

を満足するとき，$\boldsymbol{A} = (A_x, A_y, A_z)$ がスカラーポテンシャル ϕ をもつことを示そう．図 4.2 に示すように，ベクトル場 $\boldsymbol{A}$ の定義域 D の内部に任意の 1 点 P を固定する．D 内の別の任意の 1 点 Q をとり，D 内の始点を P として途中に点 Q を通る単一閉曲線を C とする．このとき C の P から Q への 2 つの積分路を C_1, C_2 とすると

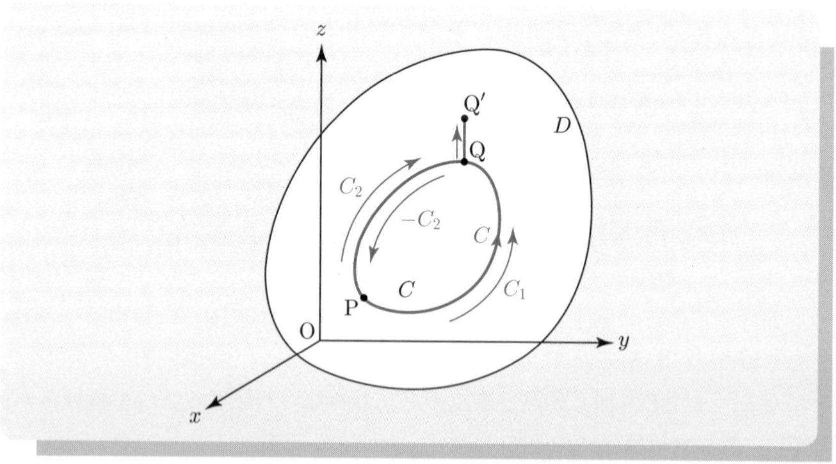

図 4.2　スカラー場の線積分の積分路

$$\oint_C \boldsymbol{A}\cdot d\boldsymbol{r} = \int_{C_1} \boldsymbol{A}\cdot d\boldsymbol{r} + \int_{-C_2} \boldsymbol{A}\cdot d\boldsymbol{r} = \int_{C_1} \boldsymbol{A}\cdot d\boldsymbol{r} - \int_{C_2} \boldsymbol{A}\cdot d\boldsymbol{r} = 0$$

より，

$$\int_{C_1} \boldsymbol{A}\cdot d\boldsymbol{r} = \int_{C_2} \boldsymbol{A}\cdot d\boldsymbol{r}$$

であり，P は固定しているので，$\mathrm{Q}(x,\, y,\, z)$ によってベクトル場 $\boldsymbol{A}$ の線積分の値が決まることになる．従ってこれを

$$-\phi(x,\, y,\, z) = \int_{\mathrm{PQ}} \boldsymbol{A}\cdot d\boldsymbol{r}$$

とおく．次に Q から z 方向に微小な距離 Δz だけ離れた D 内の点 $\mathrm{Q}'(x,\, y,\, z+\Delta z)$ をとると，始点 P，終点 Q' の任意の積分に沿った線積分の値はやはり積分路に無関係に Q' の位置のみによって決まる．ここで線分 QQ' の積分路上（$z=t$）では $d\boldsymbol{r} = \boldsymbol{k}\,dt$ であるので，$\boldsymbol{A}\cdot d\boldsymbol{r} = A_z\,dt$ である．よって $x,\, y$ を固定して

$$\begin{aligned}
-\phi(x,\, y,\, z+\Delta z) &= \int_{\mathrm{PQ}'} \boldsymbol{A}\cdot d\boldsymbol{r} \\
&= \int_{\mathrm{PQ}} \boldsymbol{A}\cdot d\boldsymbol{r} + \int_{\mathrm{QQ}'} \boldsymbol{A}\cdot d\boldsymbol{r} \\
&= -\phi(x,\, y,\, z) + \int_z^{z+\Delta z} A_z(x,\, y,\, t)\,dt
\end{aligned}$$

より，平均値の定理から

$$-\phi(x,\, y,\, z+\Delta z) + \phi(x,\, y,\, z) = A_z(x,\, y,\, \xi)\Delta z \quad (z < \xi < z+\Delta z)$$

が得られる．両辺を Δz で割って $\Delta z \to 0$ の極限を考えれば，

$$-\frac{\partial \phi}{\partial z} = A_z(x,\, y,\, z)$$

となる．同様に Q' を Q から x 方向または y 方向に微小距離だけ離れた点と考えれば

$$-\frac{\partial \phi}{\partial x} = A_x(x,\, y,\, z), \quad -\frac{\partial \phi}{\partial y} = A_y(x,\, y,\, z)$$

が得られる．従って

$$\boldsymbol{A} = -\nabla\phi$$

より，ベクトル場 $\boldsymbol{A}$ はスカラーポテンシャル ϕ をもつことが示された．まとめると，

ステップ 3：キーポイント　スカラーポテンシャル

領域 D で定義されたベクトル場 $\boldsymbol{A}$ がスカラーポテンシャル ϕ をもつための必要十分条件は，D 内の任意の単一閉曲線に沿った周回積分が

$$\oint_C \boldsymbol{A}\cdot d\boldsymbol{r} = 0$$

を満たすことである．

例 4.4　空間内で質点が力 $\boldsymbol{F}$（ベクトル場）を受けながら運動するとする．任意の閉曲線 C に対して周回積分が

$$\oint_C \boldsymbol{F}\cdot d\boldsymbol{r} = 0 \tag{4.9}$$

であるとき，力 $\boldsymbol{F}$ を**保存力**といい，(4.9) 式は，経路 C を一周してきたときになされる仕事が零であることを示している．このとき $\boldsymbol{F}$ はスカラーポテンシャル ϕ をもち

$$\boldsymbol{F} = -\nabla\phi$$

である[7)]．いま保存力 $\boldsymbol{F}$ の分布している領域を質点が作用を受けながら始点 P（$s=\alpha$）から終点 Q（$s=\beta$）まで経路 $C：\boldsymbol{r}(s)$ に沿って運動している場合を考えると，例 2.1 および例 3.2 より，運動エネルギー E_{k} の変化分はなされた仕事量に等しく，

$$\int_C \boldsymbol{F}(s)\cdot d\boldsymbol{r} = E_{\mathrm{k}}(\mathrm{Q}) - E_{\mathrm{k}}(\mathrm{P})$$

である．ここで $E_{\mathrm{k}}(\mathrm{P})$ および $E_{\mathrm{k}}(\mathrm{Q})$ は，それぞれ始点 P と終点 Q の運動エネルギーの値である．一方質点が受ける仕事量は（途中の経路に関係なく）(4.8) 式より

---

7) スカラーポテンシャルをもつ力のベクトル場を**保存力場**という．

$$\int_C \boldsymbol{F}(s) \cdot d\boldsymbol{r} = -\int_C (\nabla\phi(s)) \cdot d\boldsymbol{r} = -\phi(\mathrm{Q}) + \phi(\mathrm{P})$$

であるので，上の 2 式から

$$E_{\mathrm{k}}(\mathrm{P}) + \phi(\mathrm{P}) = E_{\mathrm{k}}(\mathrm{Q}) + \phi(\mathrm{Q})$$

となる．すなわち，運動エネルギーとスカラーポテンシャル[8)]の和は一定であり，**エネルギー保存則**が成立している．□

例 4.5　位置ベクトルを $\boldsymbol{r} = (x, y, z)$，その大きさを

$$r = |\boldsymbol{r}| = \sqrt{x^2 + y^2 + z^2}$$

とするとき，例題 4.1 (2) より，$\nabla\frac{1}{r} = -\frac{\boldsymbol{r}}{r^3}$ である．真空中の原点 O に電荷 q があるときの点 P における静電場 $\boldsymbol{E} = \frac{q}{4\pi\varepsilon_0}\frac{\boldsymbol{r}}{r^3}$（$\varepsilon_0$ は真空の誘電率）は電位（静電ポテンシャル）$\phi = \frac{q}{4\pi\varepsilon_0}\frac{1}{r}$ をもつ．□

例題 4.3

スカラー場 $\phi = \sin xy + \cos yz$ について，始点を $\mathrm{P}(1, \pi, 0)$，終点を $\mathrm{Q}\left(-\frac{1}{3}, \frac{\pi}{2}, 2\right)$ とする任意の曲線 C に沿った線積分 $\displaystyle\int_C \nabla\phi \cdot \boldsymbol{t}\, ds$ を計算せよ．

解答　(4.8) 式より

$$\int_C (\nabla\phi) \cdot \boldsymbol{t}\, ds = \phi\left(-\frac{1}{3}, \frac{\pi}{2}, 2\right) - \phi(1, \pi, 0)$$

$$= \left\{\sin\left(-\frac{\pi}{6}\right) + \cos\pi\right\} - (\sin\pi + \cos 0) = -\frac{5}{2}.$$ □

✔ チェック問題 4.3　位置ベクトルを $\boldsymbol{r} = (x, y, z)$，その大きさを

$$r = |\boldsymbol{r}| = \sqrt{x^2 + y^2 + z^2}$$

とするとき，スカラー場 $\phi = r^2$ の勾配を求め，任意の単一閉曲線 C に沿った周回積分 $\displaystyle\oint_C \boldsymbol{r} \cdot \boldsymbol{t}\, ds$ を計算せよ．

---

8) 位置エネルギーもしくはポテンシャルエネルギーともよばれる．

4.2 ベクトル場の発散

—ベクトル場の発散の計算法を習得し，物理的意味とその応用について理解する

ベクトル場の発散

ナブラとベクトル場の形式的な内積によって与えられる3個の偏導関数の和で与えられるスカラー場をベクトル場の発散という．ベクトル場の発散は，定義域内のベクトル場を流体の速度ベクトルの場と考えたときに，ある点における（極限として）単位面積当たり，単位時間に湧き出す（あるいは吸い込む）流体の量（流線の数）を表している．従って物理量の保存則に関する次章のガウスの発散定理を学ぶ上での基礎となる．また前節のスカラー場の勾配であるベクトル場の発散から得られるラプラシアンを含む微分方程式は応用上重要であり，その代表的な例であるラプラスの方程式やポアソンの方程式等は電磁気学の分野でも現れる．

(I)　ベクトル場の発散

空間内のある領域 D で定義されたベクトル場

$$\boldsymbol{A}(x,\, y,\, z) = (A_x(x,\, y,\, z),\, A_y(x,\, y,\, z),\, A_z(x,\, y,\, z))$$

に対して，

$$\operatorname{div} \boldsymbol{A} = \frac{\partial A_x}{\partial x} + \frac{\partial A_y}{\partial y} + \frac{\partial A_z}{\partial z}$$

を $\boldsymbol{A}$ の**発散**といい，div は「ダイバージェンス」と読む．div $\boldsymbol{A}$ は領域 D の各点で与えられるスカラー関数であり，スカラー場である．また発散は ∇ を形式的なベクトルと考え，次のように形式的な内積によって表される．

ステップ4：キーポイント　ベクトル場の発散

$$\operatorname{div} \boldsymbol{A} = \nabla \cdot \boldsymbol{A} = \frac{\partial A_x}{\partial x} + \frac{\partial A_y}{\partial y} + \frac{\partial A_z}{\partial z}.$$

発散について以下の公式が成立する．すなわち，ベクトル場 $\boldsymbol{A}$, $\boldsymbol{B}$，実定数 λ, μ に対して次が成り立つ．

$$\nabla\cdot(\lambda\boldsymbol{A}+\mu\boldsymbol{B})\ (=\mathrm{div}(\lambda\boldsymbol{A}+\mu\boldsymbol{B}))$$
$$=\lambda\nabla\cdot\boldsymbol{A}+\mu\nabla\cdot\boldsymbol{B}\ (=\lambda\,\mathrm{div}\,\boldsymbol{A}+\mu\,\mathrm{div}\,\boldsymbol{B}).$$

例題 4.4

ベクトル場 $\boldsymbol{A}$，スカラー場 ϕ に対して次を示せ．

$$\nabla\cdot(\phi\boldsymbol{A})\ (=\mathrm{div}(\phi\boldsymbol{A}))$$
$$=(\nabla\phi)\cdot\boldsymbol{A}+\phi(\nabla\cdot\boldsymbol{A})\ (=(\mathrm{grad}\,\phi)\cdot\boldsymbol{A}+\phi\,\mathrm{div}\,\boldsymbol{A})$$

解答　$\phi\boldsymbol{A}=(\phi A_x,\ \phi A_y,\ \phi A_z)$ より

$$\begin{aligned}
\nabla\cdot(\phi\boldsymbol{A}) &= \frac{\partial(\phi A_x)}{\partial x}+\frac{\partial(\phi A_y)}{\partial y}+\frac{\partial(\phi A_z)}{\partial z}\\
&=\left(\frac{\partial\phi}{\partial x}A_x+\phi\frac{\partial A_x}{\partial x}\right)+\left(\frac{\partial\phi}{\partial y}A_y+\phi\frac{\partial A_y}{\partial y}\right)+\left(\frac{\partial\phi}{\partial z}A_z+\phi\frac{\partial A_z}{\partial z}\right)\\
&=\left(\frac{\partial\phi}{\partial x}A_x+\frac{\partial\phi}{\partial y}A_y+\frac{\partial\phi}{\partial z}A_z\right)+\phi\left(\frac{\partial A_x}{\partial x}+\frac{\partial A_y}{\partial y}+\frac{\partial A_z}{\partial z}\right)\\
&=(\nabla\phi)\cdot\boldsymbol{A}+\phi(\nabla\cdot\boldsymbol{A}).
\end{aligned}$$

□

チェック問題 4.4　位置ベクトルを $\boldsymbol{r}=(x,\ y,\ z)$，その大きさを

$$r=|\boldsymbol{r}|=\sqrt{x^2+y^2+z^2}$$

とするとき，次のベクトル場の発散を計算せよ．

(1)　$\boldsymbol{r}$　　(2)　$e^r\boldsymbol{r}$　　(3)　$\dfrac{\boldsymbol{r}}{r^3}$

（注意）　ベクトル場の発散 $\nabla\cdot\boldsymbol{A}$ は 3 変数関数であるが，同じ ∇ と $\boldsymbol{A}$ の形式的な内積である $\boldsymbol{A}\cdot\nabla$ は

$$\begin{aligned}
\boldsymbol{A}\cdot\nabla &= (A_x\boldsymbol{i}+A_y\boldsymbol{j}+A_z\boldsymbol{k})\cdot\left(\boldsymbol{i}\frac{\partial}{\partial x}+\boldsymbol{j}\frac{\partial}{\partial y}+\boldsymbol{k}\frac{\partial}{\partial z}\right)\\
&=A_x\frac{\partial}{\partial x}+A_y\frac{\partial}{\partial y}+A_z\frac{\partial}{\partial z} \qquad (4.10)
\end{aligned}$$

であり，これは微分演算子である．従って，スカラー場 ϕ もしくはベクトル場 $\boldsymbol{B}=(B_x,\ B_y,\ B_z)$ に作用させて（ベクトル場の偏微分については (3.5) 式を利用して）

$$(\boldsymbol{A}\cdot\nabla)\,\phi = A_x\frac{\partial\phi}{\partial x} + A_y\frac{\partial\phi}{\partial y} + A_z\frac{\partial\phi}{\partial z},$$

$$(\boldsymbol{A}\cdot\nabla)\,\boldsymbol{B}$$

$$= \left(A_x\frac{\partial B_x}{\partial x} + A_y\frac{\partial B_x}{\partial y} + A_z\frac{\partial B_x}{\partial z},\ A_x\frac{\partial B_y}{\partial x} + A_y\frac{\partial B_y}{\partial y} + A_z\frac{\partial B_y}{\partial z},\right.$$

$$\left. A_x\frac{\partial B_z}{\partial x} + A_y\frac{\partial B_z}{\partial y} + A_z\frac{\partial B_z}{\partial z}\right)$$

が得られることに注意しよう．

(II)　ベクトル場の発散の物理的意味

ベクトル場の発散の物理的意味を考える上で，領域 D 内における密度が一定の流体の流れを取り上げる．流体の速度ベクトルのベクトル場を $\boldsymbol{A}(x,\,y,\,z) = (A_x(x,\,y,\,z),\ A_y(x,\,y,\,z),\ A_z(x,\,y,\,z))$ とする．図 4.3 に示すように，D 内の点 $\mathrm{P}(x,\,y,\,z)$ を基準点として，x 軸の正方向に微小な距離だけ離れた点 $\mathrm{Q}(x+\Delta x,\,y,\,z)$，$y$ 軸の正方向に点 $\mathrm{R}(x,\,y+\Delta y,\,z)$，$z$ 軸の正方向に点 $\mathrm{S}(x,\,y,\,z+\Delta z)$（それぞれ黒点で示している）をとり，直方体 PQP′S–RQ′S′R′ を考えて，この直方体に流入流出する流体量を計算する[9]．流出する量を正として，それぞれの座標軸に平行な速度成分に分けて別々に計算する．

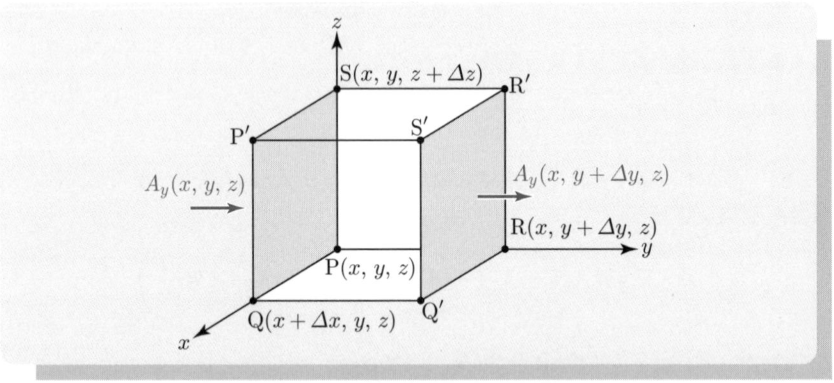

図 **4.3**　y 方向の流体の流入流出量

[9] 流体量としては体積に密度を乗じた質量で計算するべきであるが，密度を一定としているのでそれを省略して体積で考えることにする．

図 4.3 では y 方向について示しているが，y 軸に垂直な色づけしている長方形 PQP′S（S_1 とする）を横切って直方体に流入する単位時間当たりの流体量は第 3 章のベクトル場の面積分のところで説明したように S_1 の単位法線ベクトルが $\boldsymbol{n} = \boldsymbol{j}$ であるので

$$\int_{S_1} \boldsymbol{A} \cdot \boldsymbol{n}\, dS = \int_{S_1} A_y\, dS$$

のように y 方向の速度成分のスカラー関数の面積分で与えられる（図 4.3 を参照）．同様に y 軸に垂直な色づけしている長方形 RQ′S′R′（S_2 とする）を横切って直方体から流出する単位時間当たりの流体量は

$$\int_{S_2} \boldsymbol{A} \cdot \boldsymbol{n}\, dS = \int_{S_2} A_y\, dS$$

となる．これらの面積分は具体的なベクトル関数が与えられていないのでそのまま計算することができない．そこで S_1 の長方形の 2 辺の長さ $\varDelta x$, $\varDelta z$ が微小量であることから，面積分の被積分関数を点 P での y 方向の速度成分 $A_y(x,\, y,\, z)$ で近似する．これにより近似された流入量は

$$\int_{S_1} A_y(x,\, y,\, z)\, dS = A_y(x,\, y,\, z)\varDelta x \varDelta z$$

で与えられる．同様に S_2 についての面積分の被積分関数を点 R での y 方向の速度成分 $A_y(x,\, y + \varDelta y,\, z)$ で近似すれば，近似された流出量は

$$\int_{S_2} A_y(x,\, y + \varDelta y,\, z)\, dS = A_y(x,\, y + \varDelta y,\, z)\varDelta x \varDelta z$$

となる．従って

$$y \text{ 方向の（流出量} - \text{流入量）} = \left(A_y(x,\, y + \varDelta y,\, z) - A_y(x,\, y,\, z)\right) \varDelta x \varDelta z \tag{4.11}$$

となる．ここで PR の距離 $\varDelta y$ は微小であるので点 P の近傍で 1 次までのテイラー展開

$$A_y(x,\, y + \varDelta y,\, z) \fallingdotseq A_y(x,\, y,\, z) + \frac{\partial A_y}{\partial y} \varDelta y$$

で近似できるので，(4.11) 式に代入すると

$$y\text{ 方向の（流出量 − 流入量）} \fallingdotseq \frac{\partial A_y}{\partial y}\Delta x\Delta y\Delta z \tag{4.12}$$

が得られる．

同様にして，x 方向については，長方形 PRR′S からの流入量を点 P での x 方向の速度成分 $A_x(x,\,y,\,z)$ を用いて，また長方形 QQ′S′P′ からの流出量を点 Q での x 方向の速度成分 $A_x(x+\Delta x,\,y,\,z)$ を用いて近似すれば，y 方向の場合と同様にして

$$x\text{ 方向の（流出量 − 流入量）} \fallingdotseq \frac{\partial A_x}{\partial x}\Delta x\Delta y\Delta z \tag{4.13}$$

が得られる．さらに z 方向については，長方形 PQQ′R からの流入量を点 P での z 方向の速度成分 $A_z(x,\,y,\,z)$ を用いて，また長方形 SP′S′R′ からの流出量を点 S での z 方向の速度成分 $A_z(x,\,y,\,z+\Delta z)$ を用いて近似すれば，y 方向の場合と同様にして

$$z\text{ 方向の（流出量 − 流入量）} \fallingdotseq \frac{\partial A_z}{\partial z}\Delta x\Delta y\Delta z \tag{4.14}$$

が得られる．よって全体としての単位時間当たりの（流出量 − 流入量）は (4.12) 式，(4.13) 式，(4.14) 式の辺々を加えると

$$\begin{aligned}\text{全体の（流出量 − 流入量）} &\fallingdotseq \left(\frac{\partial A_x}{\partial x}+\frac{\partial A_y}{\partial y}+\frac{\partial A_z}{\partial z}\right)\Delta x\Delta y\Delta z\\ &\fallingdotseq (\nabla\cdot\boldsymbol{A})\,\Delta x\Delta y\Delta z\end{aligned}$$

であるので，

$$\nabla\cdot\boldsymbol{A} \fallingdotseq \frac{\text{全体の（流出量 − 流入量）}}{\Delta x\Delta y\Delta z}$$

と，$\nabla\cdot\boldsymbol{A}$ は単位時間，単位体積当たりの（流出量 − 流入量）である．以上の考察では体積が有限の $\Delta x\Delta y\Delta z$ である直方体における（流出量 − 流入量）を評価したが，点 P における発散は $\Delta x,\,\Delta y,\,\Delta z\to 0$ の極限を考えればよい．すなわち

ステップ5：キーポイント　ベクトル場の発散の物理的意味

$\nabla\cdot\boldsymbol{A}$ は点 P において単位時間当たりに単位体積から出る（入る）流体量を表しており，全体の（流出量 − 流入量）は流出量を正としたので，もし

$\nabla \cdot \boldsymbol{A}$ が正であれば**湧き出し**があることを意味し，負であれば**吸い込み**があることを意味する．また $\nabla \cdot \boldsymbol{A} = 0$ であれば，湧き出しも吸い込みもなく流量が保存されている[10] ことを意味しており，このようなベクトル場を**湧き出しなし**，**ソレノイド**，**管状**等という[11]．

例 4.6 例 4.5 の真空中の原点 O に電荷 q があるときの点 P における静電場

$$\boldsymbol{E} = \frac{q}{4\pi\varepsilon_0}\frac{\boldsymbol{r}}{r^3} \quad (\varepsilon_0 \text{ は真空の誘電率})$$

について，その発散はチェック問題 4.4 (3) の結果より

$$\nabla \cdot \boldsymbol{E} = \nabla \cdot \left(\frac{q}{4\pi\varepsilon_0}\frac{\boldsymbol{r}}{r^3}\right) = 0$$

である．従って原点 O 以外のすべての点において発散が零であり，電気力線の数は保存される． □

(III) ラプラシアンと調和関数

領域 D で定義されたスカラー場 $\phi(x, y, z)$ の勾配 $\nabla\phi$ の発散を考えると

$$\nabla \cdot (\nabla\phi) = \frac{\partial}{\partial x}\left(\frac{\partial\phi}{\partial x}\right) + \frac{\partial}{\partial y}\left(\frac{\partial\phi}{\partial y}\right) + \frac{\partial}{\partial z}\left(\frac{\partial\phi}{\partial z}\right) = \frac{\partial^2\phi}{\partial x^2} + \frac{\partial^2\phi}{\partial y^2} + \frac{\partial^2\phi}{\partial z^2}$$

が得られる．ここで ∇ 同士の形式的な内積を

$$\nabla \cdot \nabla = \nabla^2 = \frac{\partial^2}{\partial x^2} + \frac{\partial^2}{\partial y^2} + \frac{\partial^2}{\partial z^2}$$

で表すと

$$\nabla \cdot (\nabla\phi) = \nabla^2\phi = \frac{\partial^2\phi}{\partial x^2} + \frac{\partial^2\phi}{\partial y^2} + \frac{\partial^2\phi}{\partial z^2} \tag{4.15}$$

と微分演算子 $\nabla \cdot \nabla$ を ϕ に作用させたものと考えることができる．この微分演

---

[10] 脚注 9) で述べたように，密度をかけることにより質量が保存されていることになる．また直感的に理解しやすくするために流体の速度ベクトルの場と流入流出する流体量を例に説明したが，流体量をベクトル場の流線の数におきかえて考えれば，電気力線等の他のベクトル場の発散についても同様に考えられる．

[11] 本書では湧き出しなしに統一する．

算子 ∇^2 を**ラプラスの演算子**もしくは**ラプラシアン**といい[12)]，「ナブラ 2 乗」と読む．

この $\nabla^2\phi$ の代表的な偏微分方程式

$$\nabla^2\phi = 0 \tag{4.16}$$

は**ラプラスの方程式**といい，電磁気学等，多くの物理学の分野に現れる．ラプラスの方程式 (4.16) の解を**調和関数**という．ここで (4.15) 式の $\nabla^2\phi$ の物理的な意味について考えよう．ここでも離散的な考え方を基本とし，スカラー場 ϕ が定義された領域 D 内に，図 4.4 のそれぞれ黒点で示しているように，点 $\mathrm{P}\,(x,\,y,\,z)$ を基準点として，x 軸の正，負方向にそれぞれ微小な距離 h だけ離れた点 $\mathrm{Q}(x+h,\,y,\,z)$，$\mathrm{Q}'\,(x-h,\,y,\,z)$，$y$ 軸の正，負方向に点 $\mathrm{R}(x,\,y+h,\,z)$，$\mathrm{R}'\,(x,\,y-h,\,z)$，$z$ 軸の正，負方向に点 $\mathrm{S}(x,\,y,\,z+h)$，$\mathrm{S}'\,(x,\,y,\,z-h)$ をとる．（簡単のため 3 方向の微小な距離をすべて等しくしている．）x 軸方向について点 Q と Q$'$ のスカラー場 ϕ を $(x,\,y,\,z)$ のまわりで 2 次までテイラー展開して近似すると

$$\phi(x+h,\,y,\,z) \fallingdotseq \phi(x,\,y,\,z) + \frac{\partial\phi}{\partial x}(x,\,y,\,z)h + \frac{1}{2}\frac{\partial^2\phi}{\partial x^2}(x,\,y,\,z)h^2,$$
$$\phi(x-h,\,y,\,z) \fallingdotseq \phi(x,\,y,\,z) - \frac{\partial\phi}{\partial x}(x,\,y,\,z)h + \frac{1}{2}\frac{\partial^2\phi}{\partial x^2}(x,\,y,\,z)h^2$$

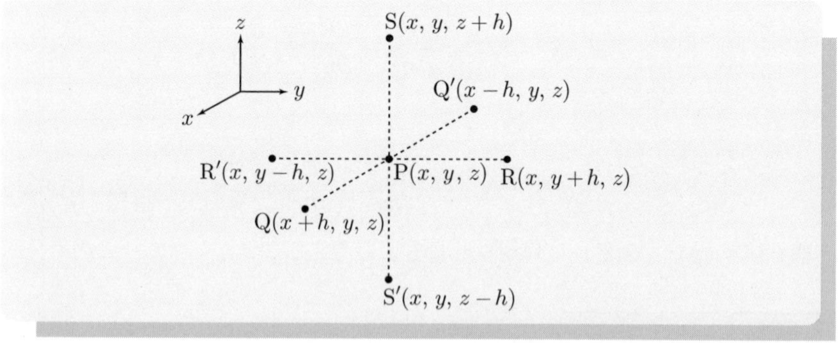

図 4.4　$\nabla^2\phi$ を離散化する各軸方向の空間点

[12)] 本書ではラプラシアンに統一する．ラプラシアンは Δ ともかかれるが，x の微小変化を表す Δx の Δ と混同しやすいので，本書では ∇^2 を用いる．

であるので，2 つの式を辺々加えて変形すると

$$\frac{\partial^2 \phi}{\partial x^2}(x,\, y,\, z) \fallingdotseq \frac{\phi(x+h,\, y,\, z) - 2\phi(x,\, y,\, z) + \phi(x-h,\, y,\, z)}{h^2} \tag{4.17}$$

が得られる．同様にして y 方向と z 方向についても

$$\begin{aligned} \frac{\partial^2 \phi}{\partial y^2}(x,\, y,\, z) &\fallingdotseq \frac{\phi(x,\, y+h,\, z) - 2\phi(x,\, y,\, z) + \phi(x,\, y-h,\, z)}{h^2}, \\ \frac{\partial^2 \phi}{\partial z^2}(x,\, y,\, z) &\fallingdotseq \frac{\phi(x,\, y,\, z+h) - 2\phi(x,\, y,\, z) + \phi(x,\, y,\, z-h)}{h^2} \end{aligned} \tag{4.18}$$

であるので，(4.17) 式と (4.18) 式の 3 式について辺々加え，ϕ の値をそれぞれの点でのスカラー関数値として表すと

$$\nabla^2 \phi \fallingdotseq \frac{6}{h^2}\left(\frac{\phi(\mathrm{Q}) + \phi(\mathrm{Q}') + \phi(\mathrm{R}) + \phi(\mathrm{R}') + \phi(\mathrm{S}) + \phi(\mathrm{S}')}{6} - \phi(\mathrm{P})\right) \tag{4.19}$$

が得られる．(4.19) 式の右辺括弧内の第 1 項は点 P のまわりの各軸方向にある最も近くの 6 点のスカラー関数値の算術平均であるので，

ステップ 6：キーポイント　$\nabla^2 \phi$ の物理的意味

$\nabla^2 \phi$ はある点におけるスカラー関数値とまわりの点のスカラー関数値の算術平均との差を示している．

$\nabla^2 \phi$ が上記の意味をもつので，調和関数 ϕ について，領域 D 内の点 P におけるスカラー関数値 $\phi(\mathrm{P})$ は P を中心とする D 内の任意の球の表面上でのスカラー関数値の算術平均に等しいという性質をもつ．これについては次章で説明することにするが，この性質により調和関数は，（到るところで定数であるという場合を除けば）定義域 D の内部で最大値および最小値をとることがないことがわかる．これを**最大値・最小値の定理**という．

例題 4.5

スカラー関数

$$\phi(x,\, y,\, z) = e^x\,(\cos y + \sin z)$$

は調和関数であることを示せ．

解答

$$\frac{\partial \phi}{\partial x} = e^x\,(\cos y + \sin z), \quad \frac{\partial^2 \phi}{\partial x^2} = e^x\,(\cos y + \sin z)\,,$$
$$\frac{\partial \phi}{\partial y} = -e^x \sin y, \quad \frac{\partial^2 \phi}{\partial y^2} = -e^x \cos y,$$
$$\frac{\partial \phi}{\partial z} = e^x \cos z, \quad \frac{\partial^2 \phi}{\partial z^2} = -e^x \sin z$$

より

$$\nabla^2 \phi = e^x\,(\cos y + \sin z) + (-e^x \cos y) + (-e^x \sin z) = 0$$

となるから，ϕ は調和関数である．□

チェック問題 4.5　位置ベクトルを $\boldsymbol{r} = (x,\, y,\, z)$，その大きさを

$$r = |\boldsymbol{r}| = \sqrt{x^2 + y^2 + z^2}$$

とするとき，次のスカラー関数 ϕ について $\nabla^2 \phi$ を計算せよ．

(1)　$\phi = \left(\nabla r^2\right) \cdot \boldsymbol{r}$　　(2)　$\phi = \dfrac{1}{r^2}$

（注意）　ラプラシアンをベクトル関数 $\boldsymbol{A}(x,\, y,\, z)$ に作用させて得られる関数は (3.5) 式を利用して

$$\begin{aligned}\nabla^2 \boldsymbol{A} &= \frac{\partial^2 \boldsymbol{A}}{\partial x^2} + \frac{\partial^2 \boldsymbol{A}}{\partial y^2} + \frac{\partial^2 \boldsymbol{A}}{\partial z^2} = \left(\nabla^2 A_x,\, \nabla^2 A_y,\, \nabla^2 A_z\right) \\ &= \left(\frac{\partial^2 A_x}{\partial x^2} + \frac{\partial^2 A_x}{\partial y^2} + \frac{\partial^2 A_x}{\partial z^2},\, \frac{\partial^2 A_y}{\partial x^2} + \frac{\partial^2 A_y}{\partial y^2} + \frac{\partial^2 A_y}{\partial z^2},\right. \\ &\qquad \left.\frac{\partial^2 A_z}{\partial x^2} + \frac{\partial^2 A_z}{\partial y^2} + \frac{\partial^2 A_z}{\partial z^2}\right) \end{aligned} \tag{4.20}$$

となる．

4.3 ベクトル場の回転

—ベクトル場の回転の計算法を習得し，物理的意味とその応用について理解する

ベクトル場の回転

ナブラとベクトル場の形式的な外積によって与えられる，偏導関数を 3 成分とするベクトル場をベクトル場の回転という．定義域内のある点におけるベクトル場の回転は，ベクトル場を流体の速度ベクトルの場と考えたときに，ある点のまわりの流体が循環する向きとその程度を表している．このようにベクトル場の回転は物体の回転に関係する量として渦や角速度ベクトルを考える上で重要である．

(I)　ベクトル場の回転

空間内のある領域 D で定義されたベクトル場

$$\boldsymbol{A}(x, y, z) = (A_x(x, y, z), A_y(x, y, z), A_z(x, y, z))$$

に対して，

$$\begin{aligned}\mathrm{rot}\,\boldsymbol{A} &= \left(\frac{\partial A_z}{\partial y} - \frac{\partial A_y}{\partial z}\right)\boldsymbol{i} + \left(\frac{\partial A_x}{\partial z} - \frac{\partial A_z}{\partial x}\right)\boldsymbol{j} + \left(\frac{\partial A_y}{\partial x} - \frac{\partial A_x}{\partial y}\right)\boldsymbol{k} \\ &= \left(\frac{\partial A_z}{\partial y} - \frac{\partial A_y}{\partial z}, \frac{\partial A_x}{\partial z} - \frac{\partial A_z}{\partial x}, \frac{\partial A_y}{\partial x} - \frac{\partial A_x}{\partial y}\right)\end{aligned}$$

を $\boldsymbol{A}$ の**回転**といい，rot は「ローテイション」と読む[13]．rot $\boldsymbol{A}$ は領域 D の各点で与えられるベクトル関数でありベクトル場である．また回転は ∇ を用いて

ステップ 7：キーポイント　ベクトル場の回転

$$\mathrm{rot}\,\boldsymbol{A} = \nabla \times \boldsymbol{A} = \begin{vmatrix} \boldsymbol{i} & \boldsymbol{j} & \boldsymbol{k} \\ \frac{\partial}{\partial x} & \frac{\partial}{\partial y} & \frac{\partial}{\partial z} \\ A_x & A_y & A_z \end{vmatrix}$$

13) 回転は curl（「カール」とよむ）も使われるが，本書では rot に統一する．

$$= \left(\frac{\partial A_z}{\partial y} - \frac{\partial A_y}{\partial z}, \frac{\partial A_x}{\partial z} - \frac{\partial A_z}{\partial x}, \frac{\partial A_y}{\partial x} - \frac{\partial A_x}{\partial y}\right)$$

と形式的な外積によって表される．

回転について以下の公式が成立する．すなわち，ベクトル場 $\boldsymbol{A}$, $\boldsymbol{B}$，実定数 λ, μ に対して

$$\begin{aligned}&\nabla \times (\lambda \boldsymbol{A} + \mu \boldsymbol{B}) \ (= \mathrm{rot}(\lambda \boldsymbol{A} + \mu \boldsymbol{B}))\\ &= \lambda \nabla \times \boldsymbol{A} + \mu \nabla \times \boldsymbol{B} \ (= \lambda\, \mathrm{rot}\, \boldsymbol{A} + \mu\, \mathrm{rot}\, \boldsymbol{B})\end{aligned}$$

が成り立つ．

例題 4.6

ベクトル場 $\boldsymbol{A}$，スカラー場 ϕ に対して

$$\begin{aligned}&\nabla \times (\phi \boldsymbol{A}) \ (= \mathrm{rot}(\phi \boldsymbol{A}))\\ &= (\nabla \phi) \times \boldsymbol{A} + \phi (\nabla \times \boldsymbol{A}) \ (= (\mathrm{grad}\, \phi) \times \boldsymbol{A} + \phi\, \mathrm{rot}\, \boldsymbol{A})\end{aligned}$$

を示せ．

解答 $\phi \boldsymbol{A} = (\phi A_x, \phi A_y, \phi A_z)$ より $\nabla \times (\phi \boldsymbol{A})$ の x 成分は

$$\begin{aligned}\frac{\partial (\phi A_z)}{\partial y} - \frac{\partial (\phi A_y)}{\partial z} &= \left(\frac{\partial \phi}{\partial y} A_z + \phi \frac{\partial A_z}{\partial y}\right) - \left(\frac{\partial \phi}{\partial z} A_y + \phi \frac{\partial A_y}{\partial z}\right)\\ &= \left(\frac{\partial \phi}{\partial y} A_z - \frac{\partial \phi}{\partial z} A_y\right) + \phi \left(\frac{\partial A_z}{\partial y} - \frac{\partial A_y}{\partial z}\right) \quad (4.21)\end{aligned}$$

である．同様にして y 成分と z 成分は

$$\begin{aligned}\frac{\partial (\phi A_x)}{\partial z} - \frac{\partial (\phi A_z)}{\partial x} &= \left(\frac{\partial \phi}{\partial z} A_x - \frac{\partial \phi}{\partial x} A_z\right) + \phi \left(\frac{\partial A_x}{\partial z} - \frac{\partial A_z}{\partial x}\right),\\ \frac{\partial (\phi A_y)}{\partial x} - \frac{\partial (\phi A_x)}{\partial y} &= \left(\frac{\partial \phi}{\partial x} A_y - \frac{\partial \phi}{\partial y} A_x\right) + \phi \left(\frac{\partial A_y}{\partial x} - \frac{\partial A_x}{\partial y}\right). \quad (4.22)\end{aligned}$$

一方，

$$(\nabla \phi) \times \boldsymbol{A} = \left(\frac{\partial \phi}{\partial y} A_z - \frac{\partial \phi}{\partial z} A_y, \frac{\partial \phi}{\partial z} A_x - \frac{\partial \phi}{\partial x} A_z, \frac{\partial \phi}{\partial x} A_y - \frac{\partial \phi}{\partial y} A_x\right)$$

より，(4.21) 式，(4.22) 式の右辺の第 1 項が $(\nabla \phi) \times \boldsymbol{A}$ のそれぞれ各成分で

あることがわかる．また

$$\phi(\nabla \times \boldsymbol{A}) = \phi\left(\frac{\partial A_z}{\partial y} - \frac{\partial A_y}{\partial z},\ \frac{\partial A_x}{\partial z} - \frac{\partial A_z}{\partial x},\ \frac{\partial A_y}{\partial x} - \frac{\partial A_x}{\partial y}\right)$$

より，(4.21) 式，(4.22) 式の右辺の第 2 項が $\phi(\nabla \times \boldsymbol{A})$ のそれぞれ各成分であることがわかる．□

チェック問題 4.6　位置ベクトルを $\boldsymbol{r} = (x,\ y,\ z)$，その大きさを

$$r = |\boldsymbol{r}| = \sqrt{x^2 + y^2 + z^2}$$

とするとき，次のベクトル場の回転を計算せよ．

(1)　$\boldsymbol{r}$　　(2)　$\dfrac{\boldsymbol{r}}{r^3}$　　(3)　$f(r)\boldsymbol{r}$　（$f(r)$ は r の微分可能な関数）

(II)　ベクトル場の回転の物理的意味

ベクトル場の回転の物理的意味を考える上で，発散のときと同様に領域 D 内を流れている密度が一定の流体の速度ベクトルのベクトル場

$$\boldsymbol{A}(x,\ y,\ z) = (A_x(x,\ y,\ z),\ A_y(x,\ y,\ z),\ A_z(x,\ y,\ z))$$

を取り上げる．流れが回転する現象として直感的に連想されるのが「渦」である．この「渦」の性質を表現する上で必要なことは，渦の回転軸がどの方向を向いているか，また回転軸のまわりの「渦」の向きは時計回りか，反時計回りか，さらに「渦」の強さはどうか，である．そこで領域内の各点における回転軸に垂直な平面内で軸のまわりを回って流れる総量で上記の「渦」の性質を表現しよう．すなわち点 P を通る回転軸に垂直な平面内に P を内部に含む任意の閉曲線をとり，この閉曲線に沿って流れる単位時間当たりの流れの総量を評価し，（極限として）その量が正か負かで「渦」の向きを決定し，その量の絶対値を「渦」の強さとするのである．回転の向きと強さが決定されれば，これまでの面積ベクトルのときと同様に右ネジの進む方向を平面に垂直な回転軸の方向のベクトル $\boldsymbol{\omega}$ として定義すればよい．しかしながらベクトル量 $\boldsymbol{\omega}$ を一度に求めるのは困難である．そこで $\boldsymbol{\omega}$ を各軸方向の成分：$\boldsymbol{\omega}_x$, $\boldsymbol{\omega}_y$ および $\boldsymbol{\omega}_z$ に分けて別々に求め，

$$\boldsymbol{\omega} = \boldsymbol{\omega}_x + \boldsymbol{\omega}_y + \boldsymbol{\omega}_z$$

とする．

まず $\boldsymbol{\omega}_z$ を求めることにしよう．D 内の点 $\mathrm{P}(x,\, y,\, z)$ を基準点として回転軸が z 軸方向を向いており，回転軸に垂直な xy 平面における閉曲線に沿った流れの総量を計算する．図 4.5 に示すように，点 P のまわりに 4 点

$$\mathrm{Q}\left(x+\frac{\Delta x}{2},\, y+\frac{\Delta y}{2},\, z\right),\quad \mathrm{Q}'\left(x+\frac{\Delta x}{2},\, y-\frac{\Delta y}{2},\, z\right),$$
$$\mathrm{R}\left(x-\frac{\Delta x}{2},\, y+\frac{\Delta y}{2},\, z\right),\quad \mathrm{R}'\left(x-\frac{\Delta x}{2},\, y-\frac{\Delta y}{2},\, z\right)$$

（それぞれ黒点で示している）をとり，長方形のまわりを P を左手に見ながら 1 周する積分路 C：$\mathrm{Q}' \to \mathrm{Q} \to \mathrm{R} \to \mathrm{R}' \to \mathrm{Q}'$ に沿ったベクトル場 $\boldsymbol{A}$ の周回積分

$$\oint_C \boldsymbol{A}\cdot\boldsymbol{t}\,ds$$

を計算する．得られた積分値（流れの総量）を閉曲線 C に沿った**循環**という．次に積分路を長方形の 4 辺 $C = C_1 + C_2 + C_3 + C_4$ に分割して，それぞれの経路での線積分を求めていこう．

(i)　積分路 C_1：点 Q' から点 Q までの線分に沿った線積分

　$\boldsymbol{t} = \boldsymbol{j}$ であるので

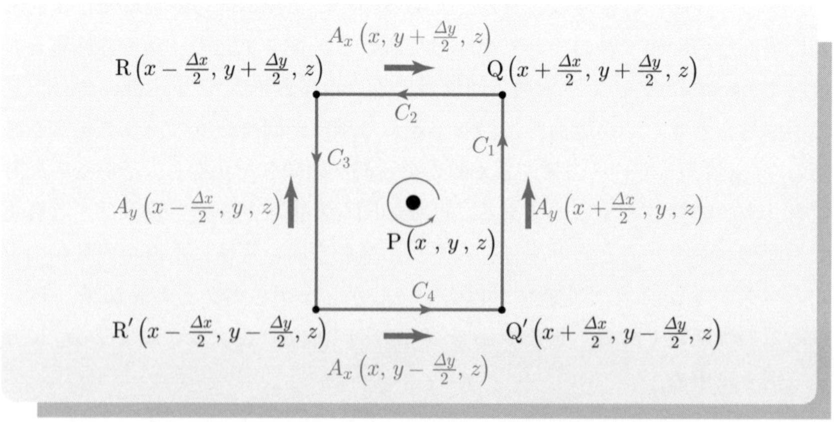

図 4.5　z 方向を回転軸とする渦の循環を求める積分経路とそれに沿う近似された速度成分

$$\int_{C_1} \boldsymbol{A}\cdot\boldsymbol{t}\,ds = \int_{C_1} A_y\,ds$$

である．ここで上記の線積分は具体的なベクトル関数が与えられていないのでそのまま計算することができない．そこで長方形の辺の長さ $\varDelta x$, $\varDelta y$ が微小量であることから，線積分の被積分関数を点 Q と Q$'$ の中点での y 方向の速度成分 $A_y\left(x+\frac{\varDelta x}{2},\, y,\, z\right)$ で近似する（図 4.5 の太い矢印参照）．これにより C_1 に沿った線積分は

$$\int_{C_1} \boldsymbol{A}\cdot\boldsymbol{t}\,ds = A_y\left(x+\frac{\varDelta x}{2},\, y,\, z\right)\varDelta y. \tag{4.23}$$

(ii)　積分路 C_2：点 Q から点 R までの線分に沿った線積分

$\boldsymbol{t} = -\boldsymbol{i}$ であるので

$$\int_{C_2} \boldsymbol{A}\cdot\boldsymbol{t}\,ds = -\int_{C_2} A_x\,ds$$

であり，(i) と同様にして，線積分の被積分関数を点 Q と R の中点での x 方向の速度成分 $A_x\left(x,\, y+\frac{\varDelta y}{2},\, z\right)$ で近似する（図 4.5 の太い矢印参照）．これにより C_2 に沿った線積分は

$$\int_{C_2} \boldsymbol{A}\cdot\boldsymbol{t}\,ds = -A_x\left(x,\, y+\frac{\varDelta y}{2},\, z\right)\varDelta x. \tag{4.24}$$

(iii)　積分路 C_3：点 R から点 R$'$ までの線分に沿った線積分

$\boldsymbol{t} = -\boldsymbol{j}$ であるので

$$\int_{C_3} \boldsymbol{A}\cdot\boldsymbol{t}\,ds = -\int_{C_3} A_y\,ds$$

である．(i) と同様にして，線積分の被積分関数を点 R と R$'$ の中点での y 方向の速度成分 $A_y\left(x-\frac{\varDelta x}{2},\, y,\, z\right)$ で近似する（図 4.5 の太い矢印参照）．これにより C_3 に沿った線積分は

$$\int_{C_3} \boldsymbol{A}\cdot\boldsymbol{t}\,ds = -A_y\left(x-\frac{\varDelta x}{2},\, y,\, z\right)\varDelta y. \tag{4.25}$$

(iv)　積分路 C_4：点 R$'$ から点 Q$'$ までの線分に沿った線積分

$\boldsymbol{t}=\boldsymbol{i}$ であるので

$$\int_{C_4} \boldsymbol{A}\cdot\boldsymbol{t}\,ds=\int_{C_4} A_x\,ds$$

であり，(i) と同様にして，線積分の被積分関数を点 R$'$ と Q$'$ の中点での x 方向の速度成分 $A_x\left(x,\,y-\frac{\Delta y}{2},\,z\right)$ で近似する（図 4.5 の太い矢印参照）．これにより C_4 に沿った線積分は

$$\int_{C_4} \boldsymbol{A}\cdot\boldsymbol{t}\,ds=A_x\left(x,\,y-\frac{\Delta y}{2},\,z\right)\Delta x. \tag{4.26}$$

以上の 4 個の近似された線積分の和で循環が与えられるわけであるが，ここで A_x, A_y について $(x,\,y,\,z)$ のまわりで 1 次までテイラー展開すると，

$$A_x\left(x,\,y\pm\frac{\Delta y}{2},\,z\right)\fallingdotseq A_x(x,\,y,\,z)\pm\frac{\partial A_x}{\partial y}(x,\,y,\,z)\left(\frac{\Delta y}{2}\right)\quad\text{（複号同順）},$$

$$A_y\left(x\pm\frac{\Delta x}{2},\,y,\,z\right)\fallingdotseq A_y(x,\,y,\,z)\pm\frac{\partial A_y}{\partial x}(x,\,y,\,z)\left(\frac{\Delta x}{2}\right)\quad\text{（複号同順）}$$

となる．この式を 4 個の線積分の近似式：(4.23) 式〜(4.26) 式に代入して C_1 と C_3 の経路でまとめ，また別に C_2 と C_4 の経路でまとめると

$$\begin{aligned}
&\int_{C_1} \boldsymbol{A}\cdot\boldsymbol{t}\,ds+\int_{C_3} \boldsymbol{A}\cdot\boldsymbol{t}\,ds\\
&\fallingdotseq\left(A_y\left(x+\frac{\Delta x}{2},\,y,\,z\right)-A_y\left(x-\frac{\Delta x}{2},\,y,\,z\right)\right)\Delta y\\
&\fallingdotseq\frac{\partial A_y}{\partial x}(x,\,y,\,z)\Delta x\Delta y,
\end{aligned}\tag{4.27}$$

$$\begin{aligned}
&\int_{C_2} \boldsymbol{A}\cdot\boldsymbol{t}\,ds+\int_{C_4} \boldsymbol{A}\cdot\boldsymbol{t}\,ds\\
&\fallingdotseq\left(-A_x\left(x,\,y+\frac{\Delta y}{2},\,z\right)+A_x\left(x,\,y-\frac{\Delta y}{2},\,z\right)\right)\Delta x\\
&\fallingdotseq-\frac{\partial A_x}{\partial y}(x,\,y,\,z)\Delta x\Delta y
\end{aligned}\tag{4.28}$$

が得られる．従って単位時間当たりの C に沿っての循環は

$$\oint_C \boldsymbol{A} \cdot \boldsymbol{t}\, ds \fallingdotseq \left(\frac{\partial A_y}{\partial x} - \frac{\partial A_x}{\partial y} \right) \Delta x \Delta y \fallingdotseq (\nabla \times \boldsymbol{A})_z \, \Delta x \Delta y$$

となる．ここで，$(\nabla \times \boldsymbol{A})_z$ は $\nabla \times \boldsymbol{A}$ の z 成分を表す．従って

$$\omega_z = (\nabla \times \boldsymbol{A})_z \fallingdotseq \frac{\displaystyle\oint_C \boldsymbol{A} \cdot \boldsymbol{t}\, ds}{\Delta x \Delta y}$$

より，ω_z は単位時間，単位面積当たりの循環である[14]．以上の考察では有限の面積 $\Delta x \Delta y$ の長方形における循環で評価したが，点 P における回転の z 成分は Δx, $\Delta y \to 0$ の極限を考えればよい．すなわち

ステップ 8：キーポイント　ベクトル場の回転の物理的意味

空間内の点 $\mathrm{P}(x, y, z)$ における $\omega_z = (\nabla \times \boldsymbol{A}) \cdot \boldsymbol{k} = (\nabla \times \boldsymbol{A})_z$ は点 P を通る z 軸に平行な軸のまわりを回っている単位時間当たりに単位面積当たりの循環を表している．得られる周回積分の値は正方向に回る経路で計算したので，そのベクトルの方向は積分の値が正ならば $\boldsymbol{k}$ の方向，値が負なら $-\boldsymbol{k}$ の方向になるから

$$\boldsymbol{\omega}_z = (\nabla \times \boldsymbol{A})_z \, \boldsymbol{k} \tag{4.29}$$

である．

同様にして，回転軸が x および y 方向である場合の循環は

$$\boldsymbol{\omega}_x = (\nabla \times \boldsymbol{A})_x \, \boldsymbol{i}, \quad \boldsymbol{\omega}_y = (\nabla \times \boldsymbol{A})_y \, \boldsymbol{j} \tag{4.30}$$

であるから，(4.29) 式と (4.30) 式をまとめて

$$\boldsymbol{\omega} = \nabla \times \boldsymbol{A} = \mathrm{rot}\, \boldsymbol{A} \tag{4.31}$$

となり，この $\boldsymbol{\omega}$ を**渦度ベクトル**という．なお $\nabla \times \boldsymbol{A} = \boldsymbol{0}$ であるとき，ベクトル場 $\boldsymbol{A}$ は渦なしもしくは**層状**であるという[15]．

---

14) 「渦」を循環という量で評価したが，直感的には点 P の位置に z 方向に軸をもつ水車を置いてその回転の向きと強さをみればよい．$A_y\left(x + \frac{\Delta x}{2}, y, z\right) - A_y\left(x - \frac{\Delta x}{2}, y, z\right)$ が正のより大きな値になればなるほど水車は z 軸の正方向から見て反時計回りにより勢いよく回転する．また $A_x\left(x, y - \frac{\Delta y}{2}, z\right) - A_x\left(x, y + \frac{\Delta y}{2}, z\right)$ が正の大きな値になればなるほど水車は反時計回りにより勢いよく回転する．各自図を描いて確かめてみてほしい．

15) 本書では渦なしに統一する．

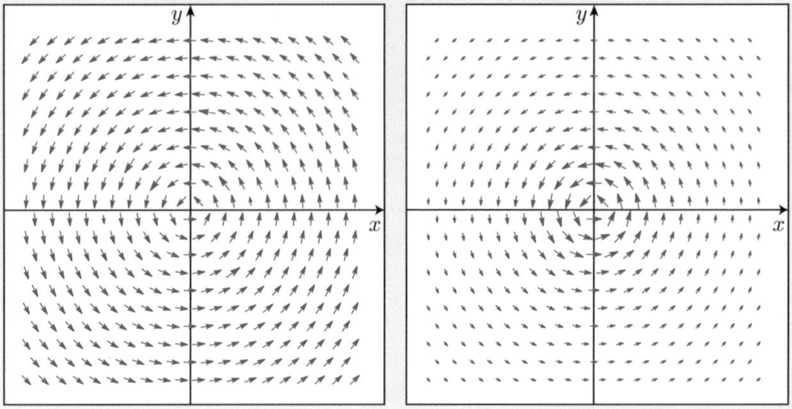

(a)　ベクトル場 $\boldsymbol{A}_1$　　(b)　ベクトル場 $\boldsymbol{A}_2$

図 4.6　xy 平面上で定義された 2 つのベクトル場

図 4.5 に示した積分路に沿う速度成分の大きさは z 軸の正方向から見たときに正の方向の回転（反時計回りの渦）が生成する場合の例を示しており，(4.27) 式から $A_y\left(x+\frac{\Delta x}{2},\, y,\, z\right)-A_y\left(x-\frac{\Delta x}{2},\, y,\, z\right)$ が正の値であれば反時計回りの（正の）回転の流れであり，この絶対値が大きいほど渦は強いことがわかる．また (4.28) 式から $A_x\left(x,\, y-\frac{\Delta y}{2},\, z\right)-A_x\left(x,\, y+\frac{\Delta y}{2},\, z\right)$ が正の値であれば反時計回りの（正の）回転の流れであり，この絶対値が大きいほど渦は強いことがわかる．

（注意）　以上のようにベクトル場の回転は流体の渦度というベクトル量で表されることがわかったが，これは見た目の直感的な回転する流れと異なることがあることを以下の例を用いて説明しよう．z 軸を除く空間 D で定義された 2 種類の速度ベクトルの場 $\boldsymbol{A}_1=\left(-\dfrac{y}{\sqrt{x^2+y^2}},\, \dfrac{x}{\sqrt{x^2+y^2}},\, 0\right)$ と $\boldsymbol{A}_2=\left(-\dfrac{y}{x^2+y^2},\, \dfrac{x}{x^2+y^2},\, 0\right)$ を考えよう．これらのベクトル場を xy 平面に平行な平面：$z=k$（k は定数）で表したものが図 4.6 (a), (b) である．2 つの図を比較すると，両者とも流れが点 $(0,\, 0,\, k)$ のまわりを回転していることがわかる．異なる点は図 4.6 (b) は点 $(0,\, 0,\, k)$ から平面 $z=k$ 上を無限遠に遠ざかるに従って速度ベクトルの大きさが減少し零に収束していくことである．さて，それぞれのベクトル場の回転については，x 成分と y 成分はともに零であり，z 成分を求めてみると，z 軸を除いた点で $(\nabla \times \boldsymbol{A}_1)_z = \frac{1}{\sqrt{x^2+y^2}}$ であるのに対して，$(\nabla \times \boldsymbol{A}_2)_z = 0$ である．このことから，図 4.6 (b) のような見かけ上回転がある場合においても，平面 $z = k$ 上の点 $(0, 0, k)$ 以外のすべての点でベクトル場の回転が零である．このように全体的な流れが回転しているように見える場合においても各点での回転の値（零）と一致しない場合があることを注意しよう[16]．

例 4.7（**剛体の回転**）　第 2 章で説明した剛体が回転している場合におけるベクトル場の回転について考察しよう．具体的には図 2.8 に示す直線 ℓ を z 軸として一定の角速度 ω で図 2.8 に示しているような方向で回転運動をしているときの角速度ベクトル $\boldsymbol{\omega}$ と剛体内の各点での速度ベクトルの場の関係を調べよう．図 4.7 に示すように，z 座標が k である剛体内の任意の点 $\mathrm{P}(x, y, k)$ は回転に伴い，z に垂直な平面 $\Pi : z = k$ 内の点 O' を中心とする円周上で等速円運動する．ここで時間が t から微小時間 Δt だけ経過して P が P' に移ったとすると，

$$\angle \mathrm{PO'P'} = \Delta\varphi = \omega \Delta t$$

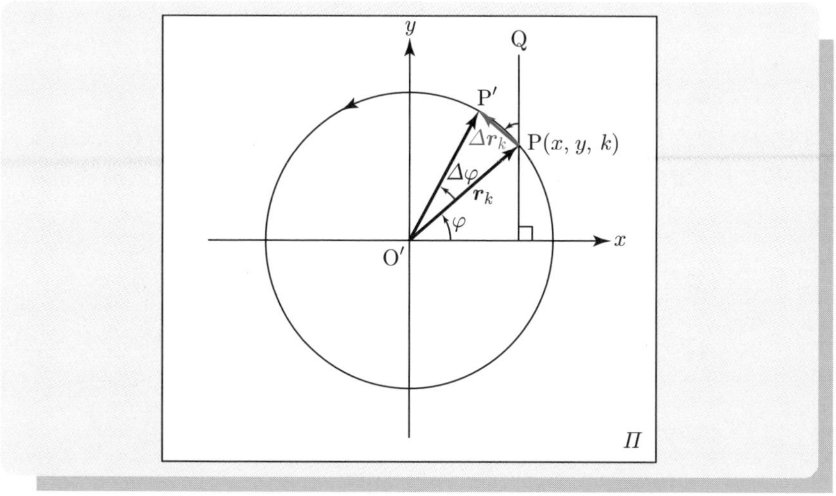

図 4.7　z 方向を回転軸として回転する剛体内の点の軸に垂直な平面内での運動

16) z 軸は渦糸とよばれるものになっている．詳細は流体力学の書籍等を参考のこと．

である．このとき $\Delta \boldsymbol{r}_k = \overrightarrow{\mathrm{PP'}} = (\Delta x,\, \Delta y,\, 0)$, $r_k = |\boldsymbol{r}_k|$ とすれば，Δt が微小であるので，$|\Delta \boldsymbol{r}_k| \fallingdotseq r_k \Delta\varphi$ である．また P を通り y 軸に平行な直線上に Q をとったとき，$\angle \mathrm{P'PQ} \fallingdotseq \varphi$ と近似できるから

$$\begin{aligned} \frac{\Delta x}{\Delta t} &= -\frac{|\Delta \boldsymbol{r}_k| \sin\angle \mathrm{P'PQ}}{\Delta t} \fallingdotseq -\frac{r_k \Delta\varphi \sin\varphi}{\Delta t} = -\frac{y\Delta\varphi}{\Delta t}, \\ \frac{\Delta y}{\Delta t} &= \frac{|\Delta \boldsymbol{r}_k| \cos\angle \mathrm{P'PQ}}{\Delta t} \fallingdotseq \frac{r_k \Delta\varphi \cos\varphi}{\Delta t} = \frac{x\Delta\varphi}{\Delta t} \end{aligned} \tag{4.32}$$

であるので，(4.32) 式で $\Delta t \to 0$ の極限を考えると

$$v_x = \frac{dx}{dt} = -\omega y, \quad v_y = \frac{dy}{dt} = \omega x$$

となる．なお $z = k$ 上の等速円運動だから $v_z = \frac{dz}{dt} = 0$ であるので，速度ベクトルは $\boldsymbol{v} = (-\omega y,\, \omega x,\, 0)$ となる．従って剛体内の点の座標を決めれば，その点における速度ベクトル $\boldsymbol{v}(x,\, y,\, z)$ が決まるので，$\boldsymbol{v}(x,\, y,\, z)$ はベクトル場である．角速度ベクトルは $\boldsymbol{\omega} = (0,\, 0,\, \omega)$ であったので，この $\boldsymbol{v}$ の回転は

$$\nabla \times \boldsymbol{v} = \begin{vmatrix} \boldsymbol{i} & \boldsymbol{j} & \boldsymbol{k} \\ \frac{\partial}{\partial x} & \frac{\partial}{\partial y} & \frac{\partial}{\partial z} \\ -\omega y & \omega x & 0 \end{vmatrix} = (0,\, 0,\, 2\omega) = 2\boldsymbol{\omega} \tag{4.33}$$

で与えられる．

回転軸が原点 O を通る一般的な場合の説明は省略するが，$\boldsymbol{\omega} = (\omega_x,\, \omega_y,\, \omega_z)$ が定ベクトルであるとき，(2.22) 式を用いて $\nabla \times \boldsymbol{v} = \nabla \times (\boldsymbol{\omega} \times \boldsymbol{r})$ を計算すると

$$\begin{aligned} (\nabla \times \boldsymbol{v})_x &= \frac{\partial\,(y\omega_x - x\omega_y)}{\partial y} - \frac{\partial\,(x\omega_z - z\omega_x)}{\partial z} = 2\omega_x, \\ (\nabla \times \boldsymbol{v})_y &= \frac{\partial\,(z\omega_y - y\omega_z)}{\partial z} - \frac{\partial\,(y\omega_x - x\omega_y)}{\partial x} = 2\omega_y, \\ (\nabla \times \boldsymbol{v})_z &= \frac{\partial\,(x\omega_z - z\omega_x)}{\partial x} - \frac{\partial\,(z\omega_y - y\omega_z)}{\partial y} = 2\omega_z \end{aligned}$$

より，(4.33) 式が成立する[17]．　□

---

[17] (4.33) 式は回転軸が原点を通らないときにも成立する．

上記のいくつかの例で見たように，速度ベクトルの回転がある中心軸のまわりの渦や角速度ベクトルといった回転運動に関係する量を表すことがわかったが，最後に極性ベクトル $\boldsymbol{A}$ の回転が軸性ベクトルであることを説明しよう．例 2.13 では角速度ベクトルが軸性ベクトルであることを示し，また上記の例 4.7 からは角速度ベクトルが (4.33) 式で表されるので，ベクトル場の回転が軸性ベクトルであることの例を示しているが，ここでは $\mathrm{rot}\,\boldsymbol{A} = \nabla \times \boldsymbol{A}$ と形式的に表されることから調べてみよう．

2.4 節で説明したように，右手系から左手系への変換：空間反転を考える．極性ベクトル $\breve{\boldsymbol{A}}$ の左手系での回転 $\nabla \times \breve{\boldsymbol{A}}$ の $\breve{x}$ 成分：$\left(\nabla \times \breve{\boldsymbol{A}}\right)_x$ について (2.17) 式および (2.18) 式を用いると

$$
\begin{aligned}
\left(\nabla \times \breve{\boldsymbol{A}}\right)_x &= \frac{\partial \breve{A_z}}{\partial \breve{y}} - \frac{\partial \breve{A_y}}{\partial \breve{z}} \\
&= -\frac{\partial\,(-A_z)}{\partial y} - \left\{-\frac{\partial\,(-A_y)}{\partial z}\right\} = \frac{\partial A_z}{\partial y} - \frac{\partial A_y}{\partial z} \\
&= (\nabla \times \boldsymbol{A})_x
\end{aligned}
$$

が得られる．$\breve{y}$ 成分，$\breve{z}$ 成分も同様に

$$
\begin{aligned}
\left(\nabla \times \breve{\boldsymbol{A}}\right)_y &= (\nabla \times \boldsymbol{A})_y\,, \\
\left(\nabla \times \breve{\boldsymbol{A}}\right)_z &= (\nabla \times \boldsymbol{A})_z
\end{aligned}
$$

であり，これらは (2.19) 式で表される関係であるので，$\nabla \times \boldsymbol{A}$ は軸性ベクトルである[18)]．

[18)] ∇ を形式的な極性ベクトルと考えると，回転は ∇ と極性ベクトル $\boldsymbol{A}$ との形式的な外積で表されるので，(2.20) 式より軸性ベクトルであることがわかる．

4.4 勾配，発散，回転に関する公式とその応用

—勾配，発散，回転に関する公式を理解し，物理現象へ応用する

勾配，発散，回転に関する公式

前節まででで学んだスカラー場の勾配およびベクトル場の発散・回転が組み合わされて得られるベクトル場やスカラー場について学ぶ．スカラー倍やベクトルの内積，外積も含めると多数の複雑な公式が得られるが，学んだ規則に従って偏微分をきちんと計算すれば証明できる．それらの公式の中で重要なものは，物理的な応用において広く使われる概念となっているものである．特にスカラーポテンシャルやベクトルポテンシャルは物理学の多くの分野で現象を説明するために用いられるものであり，その数学的な意味と物理法則をセットにして理解することが肝要である．

(I)　勾配，発散，回転に関する公式

まず2つのベクトル場 $\boldsymbol{A}=(A_x,\,A_y,\,A_z)$ および $\boldsymbol{B}=(B_x,\,B_y,\,B_z)$ の積（内積，外積）として得られるスカラー場，ベクトル場の勾配，発散，回転についての公式を列挙しておこう．

(1)

$$\begin{aligned}&\nabla(\boldsymbol{A}\cdot\boldsymbol{B})\ \ (=\mathrm{grad}(\boldsymbol{A}\cdot\boldsymbol{B}))\\&\quad=(\boldsymbol{A}\cdot\nabla)\,\boldsymbol{B}+(\boldsymbol{B}\cdot\nabla)\,\boldsymbol{A}+\boldsymbol{A}\times(\nabla\times\boldsymbol{B})+\boldsymbol{B}\times(\nabla\times\boldsymbol{A}).\end{aligned}$$

(2)

$$\nabla\cdot(\boldsymbol{A}\times\boldsymbol{B})\ \ (=\mathrm{div}(\boldsymbol{A}\times\boldsymbol{B}))=(\nabla\times\boldsymbol{A})\cdot\boldsymbol{B}-\boldsymbol{A}\cdot(\nabla\times\boldsymbol{B}).\tag{4.34}$$

(3)

$$\begin{aligned}&\nabla\times(\boldsymbol{A}\times\boldsymbol{B})\ \ (=\mathrm{rot}(\boldsymbol{A}\times\boldsymbol{B}))\\&\quad=(\boldsymbol{B}\cdot\nabla)\,\boldsymbol{A}-(\boldsymbol{A}\cdot\nabla)\,\boldsymbol{B}+(\nabla\cdot\boldsymbol{B})\,\boldsymbol{A}-(\nabla\cdot\boldsymbol{A})\,\boldsymbol{B}.\end{aligned}$$

（証明）

(1)　x 成分について示す．（y 成分，z 成分については各自確認すること．）

(左辺)

$$
\begin{aligned}
(\nabla(\boldsymbol{A}\cdot\boldsymbol{B}))_x &= \frac{\partial}{\partial x}(A_xB_x + A_yB_y + A_zB_z)\\
&= B_x\frac{\partial A_x}{\partial x} + A_x\frac{\partial B_x}{\partial x} + B_y\frac{\partial A_y}{\partial x} + A_y\frac{\partial B_y}{\partial x} + B_z\frac{\partial A_z}{\partial x} + A_z\frac{\partial B_z}{\partial x}.
\end{aligned}
$$

(右辺)

$$
\begin{aligned}
((\boldsymbol{A}\cdot\nabla)\boldsymbol{B})_x &= A_x\frac{\partial B_x}{\partial x} + A_y\frac{\partial B_x}{\partial y} + A_z\frac{\partial B_x}{\partial z},\\
((\boldsymbol{B}\cdot\nabla)\boldsymbol{A})_x &= B_x\frac{\partial A_x}{\partial x} + B_y\frac{\partial A_x}{\partial y} + B_z\frac{\partial A_x}{\partial z},\\
(\boldsymbol{A}\times(\nabla\times\boldsymbol{B}))_x &= A_y\left(\frac{\partial B_y}{\partial x} - \frac{\partial B_x}{\partial y}\right) - A_z\left(\frac{\partial B_x}{\partial z} - \frac{\partial B_z}{\partial x}\right),\\
(\boldsymbol{B}\times(\nabla\times\boldsymbol{A}))_x &= B_y\left(\frac{\partial A_y}{\partial x} - \frac{\partial A_x}{\partial y}\right) - B_z\left(\frac{\partial A_x}{\partial z} - \frac{\partial A_z}{\partial x}\right)
\end{aligned}
$$

より，左辺 = 右辺 である.

(2)

(左辺)

$$
\begin{aligned}
&\nabla\cdot(\boldsymbol{A}\times\boldsymbol{B})\\
&= \frac{\partial}{\partial x}(A_yB_z - A_zB_y) + \frac{\partial}{\partial y}(A_zB_x - A_xB_z) + \frac{\partial}{\partial z}(A_xB_y - A_yB_x)\\
&= B_z\frac{\partial A_y}{\partial x} + A_y\frac{\partial B_z}{\partial x} - B_y\frac{\partial A_z}{\partial x} - A_z\frac{\partial B_y}{\partial x}\\
&\quad + B_x\frac{\partial A_z}{\partial y} + A_z\frac{\partial B_x}{\partial y} - B_z\frac{\partial A_x}{\partial y} - A_x\frac{\partial B_z}{\partial y}\\
&\quad + B_y\frac{\partial A_x}{\partial z} + A_x\frac{\partial B_y}{\partial z} - B_x\frac{\partial A_y}{\partial z} - A_y\frac{\partial B_x}{\partial z}.
\end{aligned}
$$

(右辺)

$$
\begin{aligned}
&(\nabla\times\boldsymbol{A})\cdot\boldsymbol{B}\\
&= B_x\left(\frac{\partial A_z}{\partial y} - \frac{\partial A_y}{\partial z}\right) + B_y\left(\frac{\partial A_x}{\partial z} - \frac{\partial A_z}{\partial x}\right) + B_z\left(\frac{\partial A_y}{\partial x} - \frac{\partial A_x}{\partial y}\right),\\
&\boldsymbol{A}\cdot(\nabla\times\boldsymbol{B})\\
&= A_x\left(\frac{\partial B_z}{\partial y} - \frac{\partial B_y}{\partial z}\right) + A_y\left(\frac{\partial B_x}{\partial z} - \frac{\partial B_z}{\partial x}\right) + A_z\left(\frac{\partial B_y}{\partial x} - \frac{\partial B_x}{\partial y}\right)
\end{aligned}
$$

より，左辺 = 右辺 である．

(3)　x 成分について示す．（y 成分，z 成分については各自確認すること．）

（左辺）

$$\begin{aligned}(\nabla \times (\boldsymbol{A} \times \boldsymbol{B}))_x &= \frac{\partial}{\partial y}(A_x B_y - A_y B_x) - \frac{\partial}{\partial z}(A_z B_x - A_x B_z) \\ &= B_y \frac{\partial A_x}{\partial y} + A_x \frac{\partial B_y}{\partial y} - B_x \frac{\partial A_y}{\partial y} - A_y \frac{\partial B_x}{\partial y} \\ &\quad - B_x \frac{\partial A_z}{\partial z} - A_z \frac{\partial B_x}{\partial z} + B_z \frac{\partial A_x}{\partial z} + A_x \frac{\partial B_z}{\partial z}.\end{aligned}$$

（右辺）

$$((\boldsymbol{B} \cdot \nabla)\,\boldsymbol{A})_x = B_x \frac{\partial A_x}{\partial x} + B_y \frac{\partial A_x}{\partial y} + B_z \frac{\partial A_x}{\partial z},$$

$$((\boldsymbol{A} \cdot \nabla)\,\boldsymbol{B})_x = A_x \frac{\partial B_x}{\partial x} + A_y \frac{\partial B_x}{\partial y} + A_z \frac{\partial B_x}{\partial z},$$

$$((\nabla \cdot \boldsymbol{B})\,\boldsymbol{A})_x = \left(\frac{\partial B_x}{\partial x} + \frac{\partial B_y}{\partial y} + \frac{\partial B_z}{\partial z}\right) A_x,$$

$$((\nabla \cdot \boldsymbol{A})\,\boldsymbol{B})_x = \left(\frac{\partial A_x}{\partial x} + \frac{\partial A_y}{\partial y} + \frac{\partial A_z}{\partial z}\right) B_x$$

より，左辺 = 右辺 である．　□

次にスカラー場の勾配とベクトル場の回転で与えられたベクトル場の発散，回転，およびベクトル場の発散で与えられたスカラー場の勾配に関する公式を列挙しておこう．なお，スカラー場の勾配の発散については，ラプラシアンのところで説明しているので省略する．ϕ をスカラー場，$\boldsymbol{A}$ をベクトル場として

ステップ9：公式　勾配，発散，回転の重要公式

(1)　$\nabla \times (\nabla \phi)$　$(= \mathrm{rot}(\mathrm{grad}\,\phi)) = \boldsymbol{0}$　(4.35)

(2)　$\nabla \times (\nabla \times \boldsymbol{A})$　$(= \mathrm{rot}(\mathrm{rot}\,\boldsymbol{A})) = \nabla(\nabla \cdot \boldsymbol{A}) - \nabla^2 \boldsymbol{A}$

(3)　$\nabla \cdot (\nabla \times \boldsymbol{A})$　$(= \mathrm{div}(\mathrm{rot}\,\boldsymbol{A})) = 0$　(4.36)

(証明)

(1)

$$
\begin{aligned}
&\nabla \times (\nabla \phi) \\
&= \left(\frac{\partial}{\partial y}\left(\frac{\partial \phi}{\partial z}\right) - \frac{\partial}{\partial z}\left(\frac{\partial \phi}{\partial y}\right), \frac{\partial}{\partial z}\left(\frac{\partial \phi}{\partial x}\right) - \frac{\partial}{\partial x}\left(\frac{\partial \phi}{\partial z}\right), \right. \\
&\qquad \left. \frac{\partial}{\partial x}\left(\frac{\partial \phi}{\partial y}\right) - \frac{\partial}{\partial y}\left(\frac{\partial \phi}{\partial x}\right) \right) \\
&= \left(\frac{\partial^2 \phi}{\partial y \partial z} - \frac{\partial^2 \phi}{\partial z \partial y}, \frac{\partial^2 \phi}{\partial z \partial x} - \frac{\partial^2 \phi}{\partial x \partial z}, \frac{\partial^2 \phi}{\partial x \partial y} - \frac{\partial^2 \phi}{\partial y \partial x} \right) = \mathbf{0}.
\end{aligned}
$$

(2) x 成分について示す．(y 成分，z 成分については各自確認すること．)

(左辺)

$$
\begin{aligned}
(\nabla \times (\nabla \times \boldsymbol{A}))_x &= \frac{\partial}{\partial y}\left(\frac{\partial A_y}{\partial x} - \frac{\partial A_x}{\partial y}\right) - \frac{\partial}{\partial z}\left(\frac{\partial A_x}{\partial z} - \frac{\partial A_z}{\partial x}\right) \\
&= \frac{\partial^2 A_y}{\partial y \partial x} - \frac{\partial^2 A_x}{\partial y^2} - \frac{\partial^2 A_x}{\partial z^2} + \frac{\partial^2 A_z}{\partial z \partial x}.
\end{aligned}
$$

(右辺) (4.20) 式より

$$
(\nabla(\nabla \cdot \boldsymbol{A}))_x = \frac{\partial}{\partial x}\left(\frac{\partial A_x}{\partial x} + \frac{\partial A_y}{\partial y} + \frac{\partial A_z}{\partial z}\right) = \frac{\partial^2 A_x}{\partial x^2} + \frac{\partial^2 A_y}{\partial x \partial y} + \frac{\partial^2 A_z}{\partial x \partial z},
$$

$$
(\nabla^2 \boldsymbol{A})_x = \frac{\partial^2 A_x}{\partial x^2} + \frac{\partial^2 A_x}{\partial y^2} + \frac{\partial^2 A_x}{\partial z^2}
$$

であるので，左辺 = 右辺 である．

(3)

$$
\begin{aligned}
&\nabla \cdot (\nabla \times \boldsymbol{A}) \\
&= \frac{\partial}{\partial x}\left(\frac{\partial A_z}{\partial y} - \frac{\partial A_y}{\partial z}\right) + \frac{\partial}{\partial y}\left(\frac{\partial A_x}{\partial z} - \frac{\partial A_z}{\partial x}\right) + \frac{\partial}{\partial z}\left(\frac{\partial A_y}{\partial x} - \frac{\partial A_x}{\partial y}\right) \\
&= \frac{\partial^2 A_z}{\partial x \partial y} - \frac{\partial^2 A_y}{\partial x \partial z} + \frac{\partial^2 A_x}{\partial y \partial z} - \frac{\partial^2 A_z}{\partial y \partial x} + \frac{\partial^2 A_y}{\partial z \partial x} - \frac{\partial^2 A_x}{\partial z \partial y} = 0.
\end{aligned}
$$

□

以上の公式の中で物理への応用も含めて重要なものは (4.35) 式と (4.36) 式である．それぞれについて説明しよう．

(II)　渦なしのベクトル場とスカラーポテンシャル

ベクトル場 $\boldsymbol{A}$ に対して (4.7) 式を満たすスカラー場 ϕ が存在するとき，(4.35) 式よりベクトル場 $\boldsymbol{A}$ は渦なしである．逆にベクトル場 $\boldsymbol{A}$ が渦なしであるとき，ベクトル場 $\boldsymbol{A}$ がスカラーポテンシャル ϕ をもつことを説明しよう．

ベクトル場 $\boldsymbol{A} = (A_x,\ A_y,\ A_z)$ が単連結領域 D で定義され $\nabla \times \boldsymbol{A} = \boldsymbol{0}$ を満たすとき，この条件のもとで

$$\begin{cases} \dfrac{\partial \phi}{\partial x}(x,\ y,\ z) = -A_x(x,\ y,\ z) \\ \dfrac{\partial \phi}{\partial y}(x,\ y,\ z) = -A_y(x,\ y,\ z) \\ \dfrac{\partial \phi}{\partial z}(x,\ y,\ z) = -A_z(x,\ y,\ z) \end{cases} \tag{4.37}$$

を満たすような $\phi(x,\ y,\ z)$ を構成することを考える．D 内の任意の 1 点 $\mathrm{P}(x_{\mathrm{P}},\ y_{\mathrm{P}},\ z_{\mathrm{P}})$ を固定しておき，(4.37) 式をスカラー場の勾配と等位面の関係の注意事項の中で説明した方法を参考に D 内で以下のように順に積分していく．

まず (4.37) 式の第 1 式の両辺を x について積分すると[19)]

$$\phi(x,\ y,\ z) = -\int_{x_{\mathrm{P}}}^{x} A_x(\xi,\ y,\ z)\,d\xi + f(y,\ z) \tag{4.38}$$

となる．ここで (4.38) 式の右辺の第 2 項 $f(y,\ z)$ は両辺を x で偏微分すれば零となる項であり，y と z の任意関数である．この式の両辺を y で偏微分する．A_x は連続な偏導関数をもつので偏微分と積分を入れ替えると

$$\begin{aligned} \frac{\partial \phi}{\partial y}(x,\ y,\ z) &= \frac{\partial}{\partial y}\left(-\int_{x_{\mathrm{P}}}^{x} A_x(\xi,\ y,\ z)\,d\xi + f(y,\ z)\right) \\ &= -\int_{x_{\mathrm{P}}}^{x} \frac{\partial A_x}{\partial y}(\xi,\ y,\ z)\,d\xi + \frac{\partial f}{\partial y}(y,\ z) \end{aligned} \tag{4.39}$$

となる．ここで，右辺第 1 項の被積分関数について，$\nabla \times \boldsymbol{A} = \boldsymbol{0}$ から，$\frac{\partial A_x}{\partial y} = \frac{\partial A_y}{\partial x}$ より，(4.39) 式に代入し，(4.37) 式の第 2 式と比較すると，

$$\frac{\partial \phi}{\partial y}(x,\ y,\ z) = -\int_{x_{\mathrm{P}}}^{x} \frac{\partial A_y}{\partial x}(\xi,\ y,\ z)\,d\xi + \frac{\partial f}{\partial y}(y,\ z)$$

---

19)　このとき，y および z は固定して積分していることに注意しよう．

$$= \Big[-A_y(\xi,\, y,\, z) \Big]_{x_{\mathrm{P}}}^{x} + \frac{\partial f}{\partial y}(y,\, z)$$

$$= -A_y(x,\, y,\, z) + A_y(x_{\mathrm{P}},\, y,\, z) + \frac{\partial f}{\partial y}(y,\, z)$$

$$= -A_y(x,\, y,\, z)$$

より，最後の 2 つの右辺から

$$\frac{\partial f}{\partial y}(y,\, z) = -A_y(x_{\mathrm{P}},\, y,\, z)$$

が得られるが，この式の両辺を y について積分すれば，

$$f(y,\, z) = -\int_{y_{\mathrm{P}}}^{y} A_y(x_{\mathrm{P}},\, \eta,\, z)\, d\eta + g(z)$$

となる．ここで上式の右辺の第 2 項 $g(z)$ は両辺を y で偏微分すれば零となる項であり，z の任意関数である．これから (4.38) 式は

$$\phi(x,\, y,\, z) = -\int_{x_{\mathrm{P}}}^{x} A_x(\xi,\, y,\, z)\, d\xi - \int_{y_{\mathrm{P}}}^{y} A_y(x_{\mathrm{P}},\, \eta,\, z)\, d\eta + g(z) \qquad (4.40)$$

となる．次に (4.40) 式の両辺を z で偏微分する．同様に偏微分と積分を入れ替えると

$$\frac{\partial \phi}{\partial z}(x,\, y,\, z)$$
$$= -\frac{\partial}{\partial z}\left(\int_{x_{\mathrm{P}}}^{x} A_x(\xi,\, y,\, z)\, d\xi \right) - \frac{\partial}{\partial z}\left(\int_{y_{\mathrm{P}}}^{y} A_y(x_{\mathrm{P}},\, \eta,\, z)\, d\eta \right) + \frac{dg}{dz}(z)$$
$$= -\int_{x_{\mathrm{P}}}^{x} \frac{\partial A_x}{\partial z}(\xi,\, y,\, z)\, d\xi - \int_{y_{\mathrm{P}}}^{y} \frac{\partial A_y}{\partial z}(x_{\mathrm{P}},\, \eta,\, z)\, d\eta + \frac{dg}{dz}(z).$$

ここで，右辺第 1 項および第 2 項の被積分関数について，$\nabla \times \boldsymbol{A} = \boldsymbol{0}$ から，$\frac{\partial A_x}{\partial z} = \frac{\partial A_z}{\partial x}$ および $\frac{\partial A_y}{\partial z} = \frac{\partial A_z}{\partial y}$ より，これらを上式に代入し，(4.37) 式の第 3 式と比較すると，

$$\frac{\partial \phi}{\partial z}(x,\, y,\, z)$$
$$= -\int_{x_{\mathrm{P}}}^{x} \frac{\partial A_z}{\partial x}(\xi,\, y,\, z)\, d\xi - \int_{y_{\mathrm{P}}}^{y} \frac{\partial A_z}{\partial y}(x_{\mathrm{P}},\, \eta,\, z)\, d\eta + \frac{dg}{dz}(z)$$

$$= \Big[-A_z(\xi,\,y,\,z)\Big]_{x_{\mathrm{P}}}^{x} + \Big[-A_z(x_{\mathrm{P}},\,\eta,\,z)\Big]_{y_{\mathrm{P}}}^{y} + \frac{dg}{dz}(z)$$

$$= -A_z(x,\,y,\,z) + A_z(x_{\mathrm{P}},\,y,\,z) - A_z(x_{\mathrm{P}},\,y,\,z) + A_z(x_{\mathrm{P}},\,y_{\mathrm{P}},\,z) + \frac{dg}{dz}(z)$$

$$= -A_z(x,\,y,\,z)$$

より，最後の2つの右辺から

$$\frac{dg}{dz}(z) = -A_z(x_{\mathrm{P}},\,y_{\mathrm{P}},\,z)$$

が得られるが，この式の両辺を z について積分して

$$g(z) = -\int_{z_{\mathrm{P}}}^{z} A_z(x_{\mathrm{P}},\,y_{\mathrm{P}},\,\zeta)\,d\zeta$$

と定めれば (4.40) 式は

$$\phi(x,\,y,\,z)$$
$$= -\int_{x_{\mathrm{P}}}^{x} A_x(\xi,\,y,\,z)\,d\xi - \int_{y_{\mathrm{P}}}^{y} A_y(x_{\mathrm{P}},\,\eta,\,z)\,d\eta - \int_{z_{\mathrm{P}}}^{z} A_z(x_{\mathrm{P}},\,y_{\mathrm{P}},\,\zeta)\,d\zeta$$

となり $\boldsymbol{A}$ のスカラーポテンシャル ϕ が存在する[20)]．すなわち

ステップ10：キーポイント　渦なしのベクトル場とスカラーポテンシャル

ベクトル場 $\boldsymbol{A} = (A_x,\,A_y,\,A_z)$ が渦なし（$\nabla \times \boldsymbol{A} = \boldsymbol{0}$）であるとき，ベクトル場 $\boldsymbol{A}$ はスカラーポテンシャル

$$\phi(x,\,y,\,z) = -\left(\int_{x_{\mathrm{P}}}^{x} A_x(\xi,\,y,\,z)\,d\xi + \int_{y_{\mathrm{P}}}^{y} A_y(x_{\mathrm{P}},\,\eta,\,z)\,d\eta + \int_{z_{\mathrm{P}}}^{z} A_z(x_{\mathrm{P}},\,y_{\mathrm{P}},\,\zeta)\,d\zeta\right) \tag{4.41}$$

をもつ．

本章の「ステップ3：キーポイント」で，「領域 D で定義されたベクトル場 $\boldsymbol{A}$ がスカラーポテンシャル ϕ をもつための必要十分条件は，D 内の任意の単

20) 偏微分すれば $\nabla\phi = -\boldsymbol{A}$ を満たすことを各自確認すること．

一閉曲線に沿った周回積分が $\oint_C \boldsymbol{A}\cdot d\boldsymbol{r} = 0$ を満たすことである」ことを示したが，このことから，単連結領域 D で

- ベクトル場 $\boldsymbol{A}$ はスカラーポテンシャルをもつ.
- ベクトル場 $\boldsymbol{A}$ は渦なしである.
- D 内の任意の単一閉曲線に沿った周回積分が $\oint_C \boldsymbol{A}\cdot d\boldsymbol{r} = 0$ を満たす

の 3 つの条件は同値である.

ここで (4.41) 式の右辺の積分は次の領域 D 内の積分路 $C = C_1 + C_2 + C_3$ に沿ったベクトル場 $\boldsymbol{A}$ の線積分で与えられることを補足しておこう.

C_1：P から $\mathrm{R}(x_\mathrm{P}, y_\mathrm{P}, z)$ までの線分で $z = \zeta$ として $d\boldsymbol{r} = \boldsymbol{k}\,d\zeta$ とおく.
C_2：R から $\mathrm{S}(x_\mathrm{P}, y, z)$ までの線分で $y = \eta$ として $d\boldsymbol{r} = \boldsymbol{j}\,d\eta$ とおく.
C_3：S から $\mathrm{Q}(x, y, z)$ までの線分で $x = \xi$ として $d\boldsymbol{r} = \boldsymbol{i}\,d\xi$ とおく.

これを用いて線積分を式で表すと

$$\begin{aligned}
&\phi(x, y, z)\\
&= -\int_C \boldsymbol{A}\cdot d\boldsymbol{r} = -\int_{C_1} \boldsymbol{A}\cdot d\boldsymbol{r} - \int_{C_2} \boldsymbol{A}\cdot d\boldsymbol{r} - \int_{C_3} \boldsymbol{A}\cdot d\boldsymbol{r}\\
&= -\left(\int_{x_\mathrm{P}}^{x} A_x(\xi, y, z)\,d\xi + \int_{y_\mathrm{P}}^{y} A_y(x_\mathrm{P}, \eta, z)\,d\eta + \int_{z_\mathrm{P}}^{z} A_z(x_\mathrm{P}, y_\mathrm{P}, \zeta)\,d\zeta\right)
\end{aligned}$$

である.（最後の 2 式の右辺は積分の項の順序を変えてあることに注意.）このことからも積分路を変更すれば，上記のスカラーポテンシャルの導出を (4.37) 式の第 1 式の積分から始めたが，第 2 式もしくは第 3 式から始めても与えられることに注意しよう.

例 4.8 例 4.5 より，真空中の原点 O に電荷 q があるときの静電場 $\boldsymbol{E} = \frac{q}{4\pi\varepsilon_0}\frac{\boldsymbol{r}}{r^3}$ は電位 $\phi = \frac{q}{4\pi\varepsilon_0}\frac{1}{r}$ をもち，その $\boldsymbol{E}$ の回転はチェック問題 4.6 (2) より $\boldsymbol{0}$ である．従って (4.41) 式からスカラーポテンシャル

$$\phi = -\frac{q}{4\pi\varepsilon_0}\left(\int_{x_\mathrm{P}}^{x} \frac{\xi}{(\xi^2 + y^2 + z^2)^{\frac{3}{2}}}\,d\xi + \int_{y_\mathrm{P}}^{y} \frac{\eta}{({x_\mathrm{P}}^2 + \eta^2 + z^2)^{\frac{3}{2}}}\,d\eta\right.$$

$$
\left. + \int_{z_\mathrm{P}}^{z} \frac{\zeta}{({x_\mathrm{P}}^2 + {y_\mathrm{P}}^2 + \zeta^2)^{\frac{3}{2}}} \, d\zeta \right)
$$

$$
= -\frac{q}{4\pi\varepsilon_0} \left(\left[-\frac{1}{\sqrt{\xi^2 + y^2 + z^2}} \right]_{x_\mathrm{P}}^{x} + \left[-\frac{1}{\sqrt{{x_\mathrm{P}}^2 + \eta^2 + z^2}} \right]_{y_\mathrm{P}}^{y} \right.
$$

$$
\left. + \left[-\frac{1}{\sqrt{{x_\mathrm{P}}^2 + {y_\mathrm{P}}^2 + \zeta^2}} \right]_{z_\mathrm{P}}^{z} \right)
$$

$$
= \frac{q}{4\pi\varepsilon_0} \frac{1}{\sqrt{x^2 + y^2 + z^2}} - \frac{q}{4\pi\varepsilon_0} \frac{1}{\sqrt{{x_\mathrm{P}}^2 + {y_\mathrm{P}}^2 + {z_\mathrm{P}}^2}}
$$

$$
= \frac{q}{4\pi\varepsilon_0} \frac{1}{r} - \frac{q}{4\pi\varepsilon_0} \frac{1}{r_\mathrm{P}}
$$

が得られるが，これは点 $\mathrm{P}(x_\mathrm{P},\, y_\mathrm{P},\, z_\mathrm{P})$ を基準とした電位であり，通常は無限遠を基準として $r_\mathrm{P} \to \infty$ の極限で

$$
\lim_{r_\mathrm{P} \to \infty} \frac{q}{4\pi\varepsilon_0} \frac{1}{r_\mathrm{P}} = 0
$$

から $\phi = \frac{q}{4\pi\varepsilon_0} \frac{1}{r}$ としている． □

（**注意**） この例からも明らかなように，(4.41) 式で与えられるスカラーポテンシャルに対して，基準とする点は任意であるので，k を任意定数として $\phi(x,\, y,\, z) + k$ もやはりベクトル場 $\boldsymbol{A}$ のスカラーポテンシャルであることに注意しよう．これは次のように示される．ベクトル場 $\boldsymbol{A}$ のスカラーポテンシャルとして ϕ と ψ が存在したとすると，$\boldsymbol{A} = -\nabla\phi$ および $\boldsymbol{A} = -\nabla\psi$ であるから

$$
\nabla\,(\psi - \phi) = \mathbf{0}
$$

である．ここでスカラー場の勾配と等位面の関係のところで注意したように，勾配が領域 D のすべての点で零ベクトルとなるときはそのスカラー場は定数（k）で与えられる．従って

$$
\psi - \phi = k
$$

であるので，

$$
\psi = \phi + k
$$

である．つまりベクトル場 $\boldsymbol{A}$ のスカラーポテンシャルは定数の分だけ任意性がある．

(III)　湧き出しなしのベクトル場とベクトルポテンシャル

ベクトル場 $\boldsymbol{A} = \nabla \times \boldsymbol{B}$ に対して (4.36) 式より $\nabla \cdot \boldsymbol{A} = 0$ であるからベクトル場 $\boldsymbol{A}$ は湧き出しなしである．ベクトル場 $\boldsymbol{A} = (A_x,\, A_y,\, A_z)$ に対して，

$$\boldsymbol{A} = \nabla \times \boldsymbol{B} \ (= \mathrm{rot}\, \boldsymbol{B}) \tag{4.42}$$

を満たすベクトル場 $\boldsymbol{B}$ が存在するとき，$\boldsymbol{B}$ を $\boldsymbol{A}$ の**ベクトルポテンシャル**という．ベクトル場 $\boldsymbol{A}$ が湧き出しなしのとき，ベクトル場 $\boldsymbol{A}$ がベクトルポテンシャル $\boldsymbol{B}$ をもつことを説明しよう．

全空間で定義されたベクトル場 $\boldsymbol{A} = (A_x,\, A_y,\, A_z)$ が $\nabla \cdot \boldsymbol{A} = 0$ を満たすとき，この条件のもとで

$$\boldsymbol{A} = \nabla \times \boldsymbol{B}$$

を満たすような $\boldsymbol{B}(x,\, y,\, z) = (B_x,\, B_y,\, B_z)$ を構成することを考える．その際，どのような形でも存在することが示されればよいから，いくつかの仮定をおきながら構成していく．まず $B_z(x,\, y,\, z) = 0$ とすれば $\boldsymbol{A} = \nabla \times \boldsymbol{B}$ の 3 個の式は

$$\begin{cases} \dfrac{\partial B_y}{\partial z}(x,\, y,\, z) = -A_x(x,\, y,\, z) \\ \dfrac{\partial B_x}{\partial z}(x,\, y,\, z) = A_y(x,\, y,\, z) \\ \dfrac{\partial B_y}{\partial x}(x,\, y,\, z) - \dfrac{\partial B_x}{\partial y}(x,\, y,\, z) = A_z(x,\, y,\, z) \end{cases} \tag{4.43}$$

となる．D 内の任意の 1 点 $\mathrm{P}(x_{\mathrm{P}},\, y_{\mathrm{P}},\, z_{\mathrm{P}})$ を固定しておき，(4.43) 式を D 内で以下のように順に積分していく．

まず (4.43) 式の第 1 式および第 2 式の両辺を z について積分すると

$$B_y(x,\, y,\, z) = -\int_{z_{\mathrm{P}}}^{z} A_x(x,\, y,\, \zeta)\, d\zeta + f_1(x,\, y), \tag{4.44}$$

$$B_x(x,\, y,\, z) = \int_{z_{\mathrm{P}}}^{z} A_y(x,\, y,\, \zeta)\, d\zeta + f_2(x,\, y) \tag{4.45}$$

となる．ここで (4.44) 式および (4.45) 式の右辺の第 2 項 $f_1(x,\, y)$ と $f_2(x,\, y)$ は両辺を z で偏微分すれば零となる項であり，x と y の任意関数である．ここで，$f_1(x,\, y) = 0$ とし，(4.44) 式の両辺を x で，(4.45) 式の両辺を y でそれぞれ偏微分して (4.43) 式の第 3 式に代入する．このとき A_x および A_y は連続な偏導関数をもつので偏微分と積分を入れ替えると

$$
\begin{aligned}
&\frac{\partial B_y}{\partial x}-\frac{\partial B_x}{\partial y}\\
&=\frac{\partial}{\partial x}\left(-\int_{z_{\mathrm{P}}}^{z}A_x(x,\,y,\,\zeta)\,d\zeta\right)-\frac{\partial}{\partial y}\left(\int_{z_{\mathrm{P}}}^{z}A_y(x,\,y,\,\zeta)\,d\zeta+f_2(x,\,y)\right)\\
&=-\int_{z_{\mathrm{P}}}^{z}\frac{\partial A_x}{\partial x}(x,\,y,\,\zeta)\,d\zeta-\int_{z_{\mathrm{P}}}^{z}\frac{\partial A_y}{\partial y}(x,\,y,\,\zeta)\,d\zeta-\frac{\partial f_2}{\partial y}(x,\,y)\\
&=\int_{z_{\mathrm{P}}}^{z}\left(-\frac{\partial A_x}{\partial x}(x,\,y,\,\zeta)-\frac{\partial A_y}{\partial y}(x,\,y,\,\zeta)\right)d\zeta-\frac{\partial f_2}{\partial y}(x,\,y)\\
&=A_z(x,\,y,\,z)
\end{aligned}
\tag{4.46}
$$

となる．ここで，(4.46) 式の下から 2 行目の右辺第 1 項の被積分関数について，$\nabla\cdot\boldsymbol{A}=0$ から，$-\frac{\partial A_x}{\partial x}-\frac{\partial A_y}{\partial y}=\frac{\partial A_z}{\partial z}$ より，これを (4.46) 式に代入すると，

$$
\begin{aligned}
&\int_{z_{\mathrm{P}}}^{z}\frac{\partial A_z}{\partial z}(x,\,y,\,\zeta)\,d\zeta-\frac{\partial f_2}{\partial y}(x,\,y)\\
&=\Big[A_z(x,\,y,\,\zeta)\Big]_{z_{\mathrm{P}}}^{z}-\frac{\partial f_2}{\partial y}(x,\,y)\\
&=A_z(x,\,y,\,z)-A_z(x,\,y,\,z_{\mathrm{P}})-\frac{\partial f_2}{\partial y}(x,\,y)\\
&=A_z(x,\,y,\,z)
\end{aligned}
$$

より，最後の 2 つの右辺から

$$\frac{\partial f_2}{\partial y}(x,\,y)=-A_z(x,\,y,\,z_{\mathrm{P}})$$

が得られるが，この式の両辺を y について積分すれば，

$$f_2(x,\,y)=-\int_{y_{\mathrm{P}}}^{y}A_z(x,\,\eta,\,z_{\mathrm{P}})\,d\eta+g(x)$$

となる．ここで上式の右辺の第 2 項 $g(x)$ は両辺を y で偏微分すれば零となる項であり，x の任意関数であるが，$g(x)=0$ とする．これから (4.45) 式は

$$B_x(x,\,y,\,z)=\int_{z_{\mathrm{P}}}^{z}A_y(x,\,y,\,\zeta)\,d\zeta-\int_{y_{\mathrm{P}}}^{y}A_z(x,\,\eta,\,z_{\mathrm{P}})\,d\eta$$

となり $\boldsymbol{A}$ のベクトルポテンシャル $\boldsymbol{B}$ が存在する[21]．すなわち

ステップ 11：キーポイント　湧き出しなしのベクトル場とベクトルポテンシャル

ベクトル場 $\boldsymbol{A} = (A_x,\, A_y,\, A_z)$ が湧き出しなし（$\nabla \cdot \boldsymbol{A} = 0$）のとき，ベクトル場 $\boldsymbol{A}$ はベクトルポテンシャル

$$\begin{aligned}\boldsymbol{B}(x,\, y,\, z) &= \left(\int_{z_\mathrm{P}}^{z} A_y(x,\, y,\, \zeta)\, d\zeta - \int_{y_\mathrm{P}}^{y} A_z(x,\, \eta,\, z_\mathrm{P})\, d\eta\right)\boldsymbol{i} \\ &\quad + \left(-\int_{z_\mathrm{P}}^{z} A_x(x,\, y,\, \zeta)\, d\zeta\right)\boldsymbol{j} \\ &= \left(\int_{z_\mathrm{P}}^{z} A_y(x,\, y,\, \zeta)\, d\zeta - \int_{y_\mathrm{P}}^{y} A_z(x,\, \eta,\, z_\mathrm{P})\, d\eta,\right. \\ &\qquad \left. -\int_{z_\mathrm{P}}^{z} A_x(x,\, y,\, \zeta)\, d\zeta,\, 0\right) \end{aligned} \tag{4.47}$$

をもつ．

(4.47) 式で与えられるベクトルポテンシャルについてもスカラーポテンシャルと同様に任意性について調べよう．ベクトル場 $\boldsymbol{A}$ のベクトルポテンシャルとして $\boldsymbol{B}$ と $\boldsymbol{C}$ が存在したとすると，$\boldsymbol{A} = \nabla \times \boldsymbol{B}$ および $\boldsymbol{A} = \nabla \times \boldsymbol{C}$ であるから

$$\nabla \times (\boldsymbol{C} - \boldsymbol{B}) = \boldsymbol{0}$$

である．ここで (4.35) 式より

$$\boldsymbol{C} - \boldsymbol{B} = \nabla \Phi$$

であるので，

$$\boldsymbol{C} = \boldsymbol{B} + \nabla \Phi$$

である．つまりベクトル場 $\boldsymbol{A}$ のベクトルポテンシャルはスカラー場 Φ の勾配の分だけ任意性がある．

[21] 偏微分すれば $\boldsymbol{B}$ が $\boldsymbol{A} = \nabla \times \boldsymbol{B}$ を満たすことを各自確認すること．

例 4.9（剛体の回転とベクトルポテンシャル）　例 4.7 で説明した z 軸を回転軸とする剛体の回転運動を考えよう．速度場 $\boldsymbol{v} = (-\omega y,\, \omega x,\, 0)$ の発散は

$$\nabla \cdot \boldsymbol{v} = \frac{\partial\,(-\omega y)}{\partial x} + \frac{\partial\,(\omega x)}{\partial y} + 0 = 0$$

であるので湧き出しなしである．$\boldsymbol{v}$ のベクトルポテンシャル $\boldsymbol{B}$ を (4.47) 式から求めると，

$$B_x = \int_{z_{\rm P}}^{z} (\omega x)\, d\zeta - \int_{y_{\rm P}}^{y} 0\, d\eta = \Big[\omega x \zeta\Big]_{z_{\rm P}}^{z} = \omega x z - \omega x z_{\rm P},$$

$$B_y = -\int_{z_{\rm P}}^{z} (-\omega y)\, d\zeta = \Big[\omega y \zeta\Big]_{z_{\rm P}}^{z} = \omega y z - \omega y z_{\rm P},$$

$$B_z = 0$$

より，

$$\boldsymbol{B} = (\omega x z - \omega x z_{\rm P},\, \omega y z - \omega y z_{\rm P},\, 0)$$

が得られる．ここで，スカラー場として $\Phi = -\frac{\omega z_{\rm P}}{2}\left(x^2 + y^2\right)$ を考えれば，

$$\nabla \Phi = (-\omega x z_{\rm P},\, -\omega y z_{\rm P},\, 0)$$

であるので，$\boldsymbol{C} = (\omega x z,\, \omega y z,\, 0)$ として

$$\boldsymbol{B} = \boldsymbol{C} + \nabla \Phi$$

である．ここで $\boldsymbol{C}$ は基準点の $z_{\rm P} = 0$ の場合の $\boldsymbol{v}$ のベクトルポテンシャルであることに注意しよう．　□

（**注意**）　ベクトルポテンシャルの任意性について説明したが，$B_x = 0$ とおいて上記と同様に積分してベクトルポテンシャル $\boldsymbol{B}$ を導出すれば

$$\begin{aligned}
&\boldsymbol{B}(x,\, y,\, z) \\
&= \left(\int_{x_{\rm P}}^{x} A_z(\xi,\, y,\, z)\, d\xi\right)\boldsymbol{j} + \left(\int_{y_{\rm P}}^{y} A_x(x_{\rm P},\, \eta,\, z)\, d\eta - \int_{x_{\rm P}}^{x} A_y(\xi,\, y,\, z)\, d\xi\right)\boldsymbol{k} \\
&= \left(0,\, \int_{x_{\rm P}}^{x} A_z(\xi,\, y,\, z)\, d\xi,\, \int_{y_{\rm P}}^{y} A_x(x_{\rm P},\, \eta,\, z)\, d\eta - \int_{x_{\rm P}}^{x} A_y(\xi,\, y,\, z)\, d\xi\right) \qquad (4.48)
\end{aligned}$$

が得られる[22)]．上記の例 4.9 の場合のベクトルポテンシャルを (4.48) 式で求めると

---

22) 偏微分すれば $\boldsymbol{B}$ が $\boldsymbol{A} = \nabla \times \boldsymbol{B}$ を満たすことを各自確認すること．

$$
\begin{aligned}
B_x &= 0, \\
B_y &= \int_{x_{\mathrm{P}}}^{x} 0\, d\xi = 0, \\
B_z &= \int_{y_{\mathrm{P}}}^{y} (-\omega\eta)\ d\eta - \int_{x_{\mathrm{P}}}^{x} (\omega\xi)\ d\xi \\
&= -\left[\frac{\omega\eta^2}{2}\right]_{y_{\mathrm{P}}}^{y} - \left[\frac{\omega\xi^2}{2}\right]_{x_{\mathrm{P}}}^{x} \\
&= -\frac{\omega\left(x^2+y^2\right)}{2} + \frac{\omega\left(x_{\mathrm{P}}^2+y_{\mathrm{P}}^2\right)}{2}
\end{aligned}
$$

より，

$$
\boldsymbol{B} = \left(0,\, 0, -\frac{\omega\left(x^2+y^2\right)}{2} + \frac{\omega\left(x_{\mathrm{P}}^2+y_{\mathrm{P}}^2\right)}{2}\right)
$$

が得られるが，スカラー場

$$
\varPsi = \frac{\omega\left(x^2+y^2\right)z}{2} - \frac{\omega\left(x_{\mathrm{P}}^2+y_{\mathrm{P}}^2\right)z}{2}
$$

とおけば，

$$
\nabla\varPsi = \left(\omega xz,\, \omega yz,\, \frac{\omega\left(x^2+y^2\right)}{2} - \frac{\omega\left(x_{\mathrm{P}}^2+y_{\mathrm{P}}^2\right)}{2}\right)
$$

より

$$
\boldsymbol{B} + \nabla\varPsi = (\omega xz,\, \omega yz,\, 0) = \boldsymbol{C}
$$

となり，やはりベクトルポテンシャル $\boldsymbol{C}$ が得られる．

4章の演習問題

□**1**　スカラー場 $\phi = x^2yz + xy^2z - xyz^2$，ベクトル場 $\boldsymbol{A} = \cos y\boldsymbol{i} - \sin z\boldsymbol{j} + \sin x\boldsymbol{k}$ とするとき，次のものを求めよ．

(1)　$\nabla\phi$　　(2)　$\nabla\cdot\boldsymbol{A}$　　(3)　$\nabla\times\boldsymbol{A}$

(4)　$\nabla\cdot(\phi\boldsymbol{A})$　　(5)　$\nabla^2\phi$　　(6)　$(\boldsymbol{A}\cdot\nabla)\boldsymbol{A}$

□**2**　位置ベクトルを $\boldsymbol{r} = (x,\, y,\, z)$，その大きさを $r = |\boldsymbol{r}| = \sqrt{x^2+y^2+z^2}$ とするとき，次の式が成り立つことを示せ．ただし n は整数とし，$\boldsymbol{K}$ は定ベクトルとする．

(1)　$\nabla r^n = nr^{n-2}\boldsymbol{r}$　　(2)　$\nabla\cdot(r^n\boldsymbol{r}) = (n+3)r^n$

(3)　$\nabla\times(r^n\boldsymbol{r}) = \boldsymbol{0}$　　(4)　$\nabla^2 r^n = n(n+1)r^{n-2}$

(5)　$\nabla^2\log r = \dfrac{1}{r^2}$　　(6)　$\nabla\times(\boldsymbol{K}\times\boldsymbol{r}) = 2\boldsymbol{K}$

□**3**　スカラー場 ϕ, ψ について次の式が成り立つことを示せ．

(1)　$\nabla\left(\dfrac{\phi}{\psi}\right) = \dfrac{\psi\nabla\phi - \phi\nabla\psi}{\psi^2}$

(2)　$\nabla\cdot(\psi\nabla\phi) = \psi\nabla^2\phi + (\nabla\phi)\cdot(\nabla\psi)$

(3)　$\nabla\cdot(\phi\nabla\psi - \psi\nabla\phi) = \phi\nabla^2\psi - \psi\nabla^2\phi$

(4)　$\nabla\times(\phi\nabla\phi) = \boldsymbol{0}$

(5)　$\nabla\cdot\{(\nabla\phi)\times(\nabla\psi)\} = 0$

□**4**　a, b を定数とするベクトル場

$$\boldsymbol{A} = axyz\boldsymbol{i} + \left(x^2z + ayz^2\right)\boldsymbol{j} + \left(x^2y + by^2z\right)\boldsymbol{k}$$

について次の問に答えよ．

(1)　$\nabla\times\boldsymbol{A} = \boldsymbol{0}$ が恒等的に成り立つとき，定数 a, b の値を求めよ．

(2)　(1) の a, b のとき，ベクトル場 $\boldsymbol{A}$ のスカラーポテンシャル $\phi(x,\, y,\, z)$ を求めよ．((4.41) 式で $x_{\mathrm{P}} = y_{\mathrm{P}} = z_{\mathrm{P}} = 0$ とおいて求めてみよ．)

□**5**　a を定数とするベクトル場

$$\boldsymbol{A} = e^{ax}\boldsymbol{i} - 2ye^{ax}\boldsymbol{j} + ze^{ax}\boldsymbol{k}$$

について次の問に答えよ．

(1)　$\nabla\cdot\boldsymbol{A} = 0$ が恒等的に成り立つとき，定数 a の値を求めよ．

(2)　(1) の a のとき，ベクトル場 $\boldsymbol{A}$ のベクトルポテンシャル $\boldsymbol{B}(x,\, y,\, z)$ を求めよ．((4.47) 式で $x_{\mathrm{P}} = y_{\mathrm{P}} = z_{\mathrm{P}} = 0$ とおいて求めてみよ．)

第 5 章

積分定理

本章ではスカラー場やベクトル場の線積分，面積分が関係する積分定理について学ぶ．具体的には，前章で学んだスカラー場の勾配，ベクトル場の発散および回転に関するガウスの発散定理，グリーンの定理およびストークスの定理等であり，面積分と体積分や線積分の間で成立する等式で表現される．導出する上では，微分積分学で学んだ多重積分の計算を用いるので，基本的な事項に注意しながら積分を計算すればよいが，重要なことはそれらの意味する保存則等の物理的な解釈である．前章での各項目の物理的な意味を復習しながら学習すると直感的な理解が深まることになるし，さらにヘルムホルツの定理のように一般的な概念を導出できるようになる．また一方で積分定理を用いる意味は，計算が簡単になる場合にある．面積分で計算するのが面倒である場合でも，体積分や線積分で計算すれば簡単になることもあるし，逆の場合もある．それぞれの定理で計算がやりやすい方法を選択できるように多くの問題を解き，慣れていくことが肝要である．

[5 章の内容]

ガウスの発散定理
グリーンの定理
ストークスの定理

5.1 ガウスの発散定理
—体積分の計算法を習得し，発散定理の意味を理解する

ガウスの発散定理

閉曲面上におけるベクトル場の面積分とその閉曲面で囲まれた領域についてのベクトル場の発散の体積分が等しいという定理がガウスの発散定理である．本節ではまず体積分について学び，その後でガウスの発散定理を導出する．この定理はベクトル場の発散という名前から推測できるように，閉曲面で囲まれた領域全体での流れの湧き出し，吸い込みの総量が，閉曲面を横切って流出する総流量に等しいという意味をもつ．

(I) スカラー場の体積分

空間内のある領域 V で定義されたスカラー場 $\phi(x,\,y,\,z)$ に対して，(3.8) 式で表される3重積分

$$\iiint_V \phi(x,\,y,\,z)\,dxdydz = \int_V \phi\,dV \tag{5.1}$$

をスカラー場 ϕ の V における**体積分**といい，$dV = dxdydz$ を**体積要素**という．

例 5.1 空間内の領域 V の点 P について，原点 O に対する位置ベクトルがパラメータ $u,\,v,\,w$ を用いて

$$\boldsymbol{r}(u,\,v,\,w) = (x(u,\,v,\,w),\,y(u,\,v,\,w),\,z(u,\,v,\,w)),\quad (u,\,v,\,w) \in E$$

で与えられているとする．ここで

$$E = \{(u,\,v,\,w) \mid u_0 \le u \le u_1,\, v_0 \le v \le v_1,\, w_0 \le w \le w_1\}$$

とする．図5.1に示すように，領域 V 内の点 Q の位置ベクトルを $\boldsymbol{r}(u+du,\,v,\,w)$，点 R の位置ベクトルを $\boldsymbol{r}(u,\,v+dv,\,w)$，点 S の位置ベクトルを $\boldsymbol{r}(u,\,v,\,w+dw)$ とする．ここで du, dv, dw が微小量であるとすると，PQ, PR, PS を3辺とする平行六面体の微小体積が体積要素 dV である．ここで $\overrightarrow{\mathrm{PQ}}$, $\overrightarrow{\mathrm{PR}}$, $\overrightarrow{\mathrm{PS}}$ を $(u,\,v,\,w)$

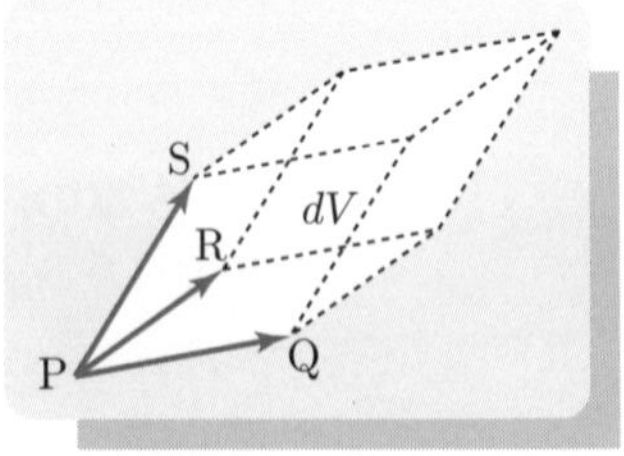

図 5.1 体積要素

のまわりで1次までテイラー展開して近似すると

$$\overrightarrow{\mathrm{PQ}} = \boldsymbol{r}(u+du,\, v,\, w) - \boldsymbol{r}(u,\, v,\, w) \fallingdotseq \frac{\partial \boldsymbol{r}}{\partial u}du,$$
$$\overrightarrow{\mathrm{PR}} = \boldsymbol{r}(u,\, v+dv,\, w) - \boldsymbol{r}(u,\, v,\, w) \fallingdotseq \frac{\partial \boldsymbol{r}}{\partial v}dv,$$
$$\overrightarrow{\mathrm{PS}} = \boldsymbol{r}(u,\, v,\, w+dw) - \boldsymbol{r}(u,\, v,\, w) \fallingdotseq \frac{\partial \boldsymbol{r}}{\partial w}dw$$

であるので，スカラー3重積より

$$dV = \left|\left[\frac{\partial \boldsymbol{r}}{\partial u},\, \frac{\partial \boldsymbol{r}}{\partial v},\, \frac{\partial \boldsymbol{r}}{\partial w}\right]\right| dudvdw$$

となる．なお体積要素を正にするため絶対値をつけていることに注意しよう．またスカラー3重積については以下の行列式（ヤコビアン）で表される．

$$J = \left[\frac{\partial \boldsymbol{r}}{\partial u},\, \frac{\partial \boldsymbol{r}}{\partial v},\, \frac{\partial \boldsymbol{r}}{\partial w}\right] = \begin{vmatrix} \frac{\partial x}{\partial u} & \frac{\partial y}{\partial u} & \frac{\partial z}{\partial u} \\ \frac{\partial x}{\partial v} & \frac{\partial y}{\partial v} & \frac{\partial z}{\partial v} \\ \frac{\partial x}{\partial w} & \frac{\partial y}{\partial w} & \frac{\partial z}{\partial w} \end{vmatrix}.$$

従って体積要素は

$$dV = |J|\, dudvdw$$

であるので，体積分は

$$\int_V \phi\, dV = \iiint_E \widetilde{\phi}(u,\, v,\, w)\ |J|\, dudvdw \tag{5.2}$$

となる．ここで $\widetilde{\phi}(u,\, v,\, w) = \phi(x(u,\, v,\, w),\, y(u,\, v,\, w),\, z(u,\, v,\, w))$ である．またパラメータが $x,\, y,\, z$ のときの体積分は (5.1) 式であり，$u,\, v,\, w$ が他の座標系の変数（例えば極座標では $u = r,\, v = \theta,\, w = \varphi,\, J = r^2 \sin\theta$）の場合には，(5.2) 式は変数変換して3重積分を求める式であることに注意しよう．□

例 5.2 スカラー場が密度 $\rho(x, y, z)$ であるとき，体積要素 dV における微小質量を dW とすると

$$\rho\, dV = dW$$

であるので

$$\int_V \rho\, dV = \int_V dW = W_V.$$

体積分は領域 V における全質量 W_V である. □

面積分の場合と同様に体積分においても複数の領域が結合して（境界を共有して）全体の領域が構成されている場合には，個別の領域の体積分の和が全体の領域の体積分となる．すなわち，領域 V が n 個の領域 $V_1, V_2, \ldots, V_n$ に分割されているとき，

$$\int_V \phi\, dV = \int_{V_1} \phi\, dV + \int_{V_2} \phi\, dV + \cdots + \int_{V_n} \phi\, dV \tag{5.3}$$

となる.

(II) スカラー場の勾配の体積分と面積分の関係

図 5.2 に示す空間内の閉曲面 S で囲まれた領域 V について，V を含む領域で定義された C^1-級のスカラー場 $\phi(x, y, z)$ の S 上の面積分と ϕ の偏導関数（スカラー場）の V における体積分の関係を考える[1)]．ここで，閉曲面 S と z 軸に平行な直線との共有点が高々 2 個であるとし，図 5.2 に示す曲線 C 上では共有点が 1 個であり閉曲面 S と z 軸に平行な直線が接しているとする．閉曲面 S の単位法線ベクトル $\boldsymbol{n} = (n_x, n_y, n_z)$ に対して，S を C によって 2 つの曲面 S_1 と S_2 に分割すると，S_1 上では $n_z > 0$，S_2 上では $n_z < 0$ である．S を xy 平面上へ正射影した領域を D とする．D の内部の 1 点 (x, y) を通る z 軸に平行な直線が曲面 S_1, S_2 と交わる点の z 座標を z_1, z_2 とすれば，これらは x と y の関数として与えられるので，それぞれの曲面のベクトル方程式は

$$S_1 : \boldsymbol{r}(x, y) = (x, y, z_1(x, y)), \quad S_2 : \boldsymbol{r}(x, y) = (x, y, z_2(x, y))$$

である.

---

1) 閉曲面 S を領域 V の境界という意味で，∂V と表すことがある.

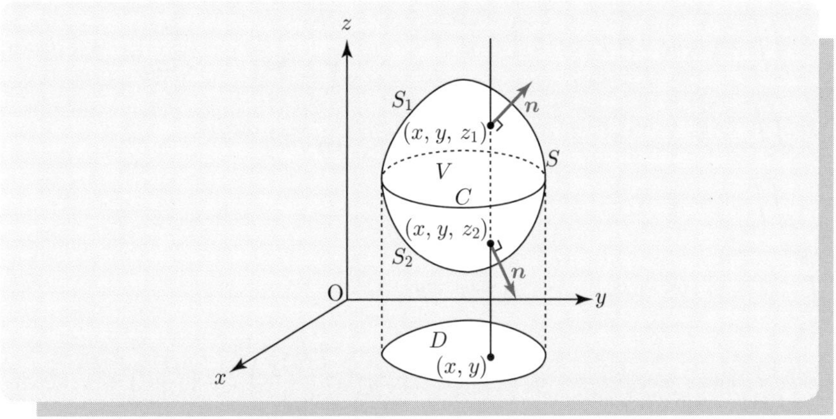

図 5.2 閉曲面に囲まれた領域における積分定理

スカラー場 $\phi(x, y, z)$ の偏導関数 $\frac{\partial \phi}{\partial z}$ の V における体積分を計算する．3 重積分の計算により

$$\int_V \frac{\partial \phi}{\partial z}\,dV = \iiint_V \frac{\partial \phi}{\partial z}\,dxdydz = \iint_D \left\{ \int_{z_2(x,\,y)}^{z_1(x,\,y)} \frac{\partial \phi}{\partial z}\,dz \right\} dxdy$$
$$= \iint_D \left\{ \Big[\phi(x,\,y,\,z) \Big]_{z_2(x,\,y)}^{z_1(x,\,y)} \right\} dxdy$$
$$= \iint_D \{\phi(x,\,y,\,z_1(x,\,y)) - \phi(x,\,y,\,z_2(x,\,y))\}\,dxdy \qquad (5.4)$$

である．

次にスカラー場 $\phi(x, y, z)$ と単位法線ベクトル $\boldsymbol{n}$ の z 成分 n_z の積の閉曲面 S 上における面積分を計算する．$S = S_1 + S_2$ より

$$\int_S \phi n_z\,dS = \int_{S_1} \phi(x,\,y,\,z_1(x,\,y))n_z(x,\,y,\,z_1(x,\,y))\,dS$$
$$+ \int_{S_2} \phi(x,\,y,\,z_2(x,\,y))n_z(x,\,y,\,z_2(x,\,y))\,dS$$

である．上式の右辺の積分について，例 3.6 の (3.16) 式および脚注から

$$\int_{S_1} \phi(x,\,y,\,z_1(x,\,y))n_z(x,\,y,\,z_1(x,\,y))\,dS$$

$$= \iint_D \phi(x,\, y,\, z_1(x,\, y)) n_z(x,\, y,\, z_1(x,\, y)) \sqrt{\left(\frac{\partial f}{\partial x}\right)^2 + \left(\frac{\partial f}{\partial y}\right)^2 + 1}\, dxdy$$

$$= \iint_D \phi(x,\, y,\, z_1(x,\, y)) n_z(x,\, y,\, z_1(x,\, y)) \frac{1}{|\boldsymbol{n} \cdot \boldsymbol{k}|}\, dxdy$$

$$= \iint_D \phi(x,\, y,\, z_1(x,\, y))\, dxdy,$$

$$\int_{S_2} \phi(x,\, y,\, z_2(x,\, y)) n_z(x,\, y,\, z_2(x,\, y))\, dS$$

$$= \iint_D \phi(x,\, y,\, z_2(x,\, y)) n_z(x,\, y,\, z_2(x,\, y)) \sqrt{\left(\frac{\partial f}{\partial x}\right)^2 + \left(\frac{\partial f}{\partial y}\right)^2 + 1}\, dxdy$$

$$= \iint_D \phi(x,\, y,\, z_2(x,\, y)) n_z(x,\, y,\, z_2(x,\, y)) \frac{1}{|\boldsymbol{n} \cdot \boldsymbol{k}|}\, dxdy$$

$$= -\iint_D \phi(x,\, y,\, z_2(x,\, y))\, dxdy.$$

ここで，S_1 上では $n_z > 0$ であるので，$|\boldsymbol{n} \cdot \boldsymbol{k}| = n_z$ である．一方 S_2 上では $n_z < 0$ であるので，$|\boldsymbol{n} \cdot \boldsymbol{k}| = -n_z$ であることに注意しよう．よって

$$\int_S \phi n_z\, dS = \iint_D \phi(x,\, y,\, z_1(x,\, y))\, dxdy - \iint_D \phi(x,\, y,\, z_2(x,\, y))\, dxdy \tag{5.5}$$

である．従って (5.4) 式および (5.5) 式より

$$\int_V \frac{\partial \phi}{\partial z}\, dV = \int_S \phi n_z\, dS \tag{5.6}$$

である．

同様にして，$\frac{\partial \phi}{\partial x}$ と $\frac{\partial \phi}{\partial y}$ についても

$$\int_V \frac{\partial \phi}{\partial x}\, dV = \int_S \phi n_x\, dS, \tag{5.7}$$

$$\int_V \frac{\partial \phi}{\partial y}\, dV = \int_S \phi n_y\, dS \tag{5.8}$$

となる．(5.7) 式を x 成分，(5.8) 式を y 成分，(5.6) 式を z 成分とするベクトルとしてまとめると

ステップ1：定理　**閉曲面で囲まれた領域のスカラー場の勾配の体積分と閉曲面上の面積分の関係**

閉曲面 S で囲まれた領域を V とするとき，C^1-級のスカラー場 ϕ に対して

$$\int_V \nabla\phi\, dV = \int_S \phi\boldsymbol{n}\, dS \tag{5.9}$$

が成立する．

（注意）　閉曲面 S と z 軸に平行な直線との共有点が3個以上である場合には，図5.3に例として示したように，囲まれた領域を境界（網掛けで示した B_{12}）によって共有点が高々2個になるように分割する．このとき S の上部 S_1 と B_{12} で閉曲面 SB_1 を構成して，それによって囲まれた領域を V_1 とし，S の下部 S_2 と B_{12} で閉曲面 SB_2 を構成して，それによって囲まれた領域を V_2 とする．それぞれについて (5.9) 式が成り立つから

$$\int_{V_1} \nabla\phi\, dV = \int_{SB_1} \phi\boldsymbol{n}\, dS, \quad \int_{V_2} \nabla\phi\, dV = \int_{SB_2} \phi\boldsymbol{n}\, dS$$

である．一方，(5.3) 式によって全体の領域での体積分は分割した領域の体積分の和になるので

$$\int_V \nabla\phi\, dV = \int_{V_1} \nabla\phi\, dV + \int_{V_2} \nabla\phi\, dV = \int_{SB_1} \phi\boldsymbol{n}\, dS + \int_{SB_2} \phi\boldsymbol{n}\, dS.$$

上式の右辺の面積分の方は $S = S_1 + S_2$, $SB_1 = S_1 + B_{12}$, $SB_2 = S_2 + B_{12}$ として計算するが，B_{12} 上の面積分の単位法線ベクトルが SB_1 では $\boldsymbol{n}_1$ であり，SB_2 で

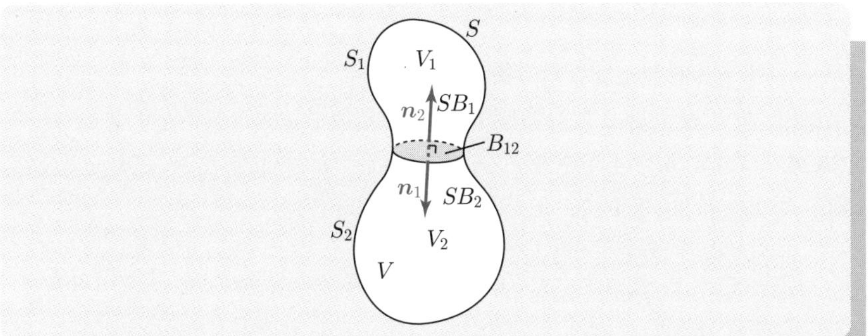

図5.3　閉曲面 S と z 軸に平行な直線との共有点が3個以上である場合の領域の分割

は $\boldsymbol{n}_2 = -\boldsymbol{n}_1$ となることに注意すると,

$$\begin{aligned}
&\int_{SB_1} \phi\boldsymbol{n}\,dS + \int_{SB_2} \phi\boldsymbol{n}\,dS \\
&= \left(\int_{S_1} \phi\boldsymbol{n}\,dS + \int_{B_{12}} \phi\boldsymbol{n}_1\,dS\right) + \left(\int_{S_2} \phi\boldsymbol{n}\,dS + \int_{B_{12}} \phi\boldsymbol{n}_2\,dS\right) \\
&= \int_{S_1} \phi\boldsymbol{n}\,dS + \int_{S_2} \phi\boldsymbol{n}\,dS \\
&= \int_{S} \phi\boldsymbol{n}\,dS
\end{aligned}$$

であるので,(5.9) 式が成り立つ.閉曲面 S と z 軸に平行な直線との共有点が 3 個以上であるさらに複雑な領域についても同様にして,いくつかの境界で共有点が高々 2 個の領域に分割することによって (5.9) 式が成り立つことが証明できる.

例題 5.1

任意の閉曲面 S について,$\displaystyle\int_S \boldsymbol{n}\,dS$ を求めよ.

解答 S で囲まれた領域を V とし,(5.9) 式で $\phi = 1$ の場合を考えると,

$$\int_S \boldsymbol{n}\,dS = \int_V \nabla 1\,dV = \int_V \boldsymbol{0}\,dV = \boldsymbol{0}. \qquad \square$$

チェック問題 5.1 任意の閉曲面 S が囲む領域を V とするとき,

$$\int_S r^n \boldsymbol{n}\,dS = n\int_V r^{n-2}\boldsymbol{r}\,dV$$

が成り立つことを示せ.ただし n は整数とする.

(III) ガウスの発散定理とその物理的意味

閉曲面 S と S で囲まれた領域 V を含む領域で定義された C^1-級のベクトル場 $\boldsymbol{A} = (A_x, A_y, A_z)$ を考える.(5.7) 式の ϕ を A_x,(5.8) 式の ϕ を A_y,(5.6) 式の ϕ を A_z として,3 式の辺々を加えると

$$\int_V \left(\frac{\partial A_x}{\partial x} + \frac{\partial A_y}{\partial y} + \frac{\partial A_z}{\partial z}\right) dV = \int_S (A_x n_x + A_y n_y + A_z n_z)\,dS$$

となるが,左辺の体積分の被積分関数は $\nabla\cdot\boldsymbol{A} = \operatorname{div}\boldsymbol{A}$ であり,右辺の面積分の被積分関数は $\boldsymbol{A}\cdot\boldsymbol{n}$ であるから

ステップ 2：定理　ガウスの発散定理

閉曲面 S で囲まれた領域を V とするとき，C^1-級のベクトル場 $\boldsymbol{A}$ に対して

$$\int_V \nabla \cdot \boldsymbol{A}\, dV = \int_S \boldsymbol{A} \cdot \boldsymbol{n}\, dS$$

が成立する．これを**ガウスの発散定理**という．

この定理の物理的意味を考えてみよう．ベクトル場 $\boldsymbol{A}$ を流体の速度ベクトルの場と考えれば，前章のベクトル場の発散の物理的意味から，左辺の体積分は流体の微小体積 dV での単位時間当たりの湧き出し量 $(\nabla \cdot \boldsymbol{A})\, dV$ を領域全体で加えたものであり，V における単位時間当たりの総湧き出し量である．また右辺の面積分は単位時間当たりに閉曲面 S を横切って流出する流体の体積の総量であり，総湧き出し量と等しいということになる．

例題 5.2

立方体 $V = \{(x,\, y,\, z) \mid 0 \le x \le 1, 0 \le y \le 1, 0 \le z \le 1\}$ の表面を S とする．ベクトル場 $\boldsymbol{A} = \left(2x^2y,\, 2y^2z,\, 2z^2x\right)$ について S 上の面積分 $\displaystyle\int_S \boldsymbol{A} \cdot \boldsymbol{n}\, dS$ を以下の 2 つの方法でそれぞれ求めよ．ただし単位法線ベクトル $\boldsymbol{n}$ の向きは立方体の内部から外部に向かう方向とする．

(1)　6 個の平面について別々に面積分を求め，その総和から $\displaystyle\int_S \boldsymbol{A} \cdot \boldsymbol{n}\, dS$ を求める方法．

(2)　ガウスの発散定理を用いて求める方法．

解答　(1)　S を以下の 6 個の平面に分割して別々に面積分を計算する．

$$S_1 = \{(0,\, y,\, z) \mid 0 \le y \le 1, 0 \le z \le 1\},$$
$$S_2 = \{(1,\, y,\, z) \mid 0 \le y \le 1, 0 \le z \le 1\},$$
$$S_3 = \{(x,\, 0,\, z) \mid 0 \le x \le 1, 0 \le z \le 1\},$$
$$S_4 = \{(x,\, 1,\, z) \mid 0 \le x \le 1, 0 \le z \le 1\},$$
$$S_5 = \{(x,\, y,\, 0) \mid 0 \le x \le 1, 0 \le y \le 1\},$$
$$S_6 = \{(x,\, y,\, 1) \mid 0 \le x \le 1, 0 \le y \le 1\}.$$

(i) S_1 について

$\boldsymbol{A}=\left(0,\,2y^2z,\,0\right)$, $\boldsymbol{n}=-\boldsymbol{i}$ より $\boldsymbol{A}\cdot\boldsymbol{n}=0$ であるので,

$$\int_{S_1}\boldsymbol{A}\cdot\boldsymbol{n}\,dS=\int_{S_1}0\,dS=0.$$

(ii) S_2 について

$\boldsymbol{A}=\left(2y,\,2y^2z,\,2z^2\right)$, $\boldsymbol{n}=\boldsymbol{i}$ より $\boldsymbol{A}\cdot\boldsymbol{n}=2y$ であるので,

$$\int_{S_2}\boldsymbol{A}\cdot\boldsymbol{n}\,dS=\int_0^1\left(\int_0^1 2y\,dy\right)dz=\int_0^1\left[y^2\right]_0^1dz=\int_0^1 1\,dz$$
$$=\left[z\right]_0^1=1.$$

(iii) S_3 について

$\boldsymbol{A}=\left(0,\,0,\,2z^2x\right)$, $\boldsymbol{n}=-\boldsymbol{j}$ より $\boldsymbol{A}\cdot\boldsymbol{n}=0$ であるので,

$$\int_{S_3}\boldsymbol{A}\cdot\boldsymbol{n}\,dS=\int_{S_3}0\,dS=0.$$

(iv) S_4 について

$\boldsymbol{A}=\left(2x^2,\,2z,\,2z^2x\right)$, $\boldsymbol{n}=\boldsymbol{j}$ より $\boldsymbol{A}\cdot\boldsymbol{n}=2z$ であるので,

$$\int_{S_4}\boldsymbol{A}\cdot\boldsymbol{n}\,dS=\int_0^1\left(\int_0^1 2z\,dz\right)dx=\int_0^1\left[z^2\right]_0^1dx=\int_0^1 1\,dx$$
$$=\left[x\right]_0^1=1.$$

(v) S_5 について

$\boldsymbol{A}=\left(2x^2y,\,0,\,0\right)$, $\boldsymbol{n}=-\boldsymbol{k}$ より $\boldsymbol{A}\cdot\boldsymbol{n}=0$ であるので,

$$\int_{S_5}\boldsymbol{A}\cdot\boldsymbol{n}\,dS=\int_{S_5}0\,dS=0.$$

(vi) S_6 について

$\boldsymbol{A}=\left(2x^2y,\,2y^2,\,2x\right)$, $\boldsymbol{n}=\boldsymbol{k}$ より $\boldsymbol{A}\cdot\boldsymbol{n}=2x$ であるので,

$$\int_{S_6} \boldsymbol{A}\cdot\boldsymbol{n}\,dS = \int_0^1 \left(\int_0^1 2x\,dx\right) dy = \int_0^1 \Big[x^2\Big]_0^1 dy = \int_0^1 1\,dy$$
$$= \Big[y\Big]_0^1 = 1.$$

以上から

$$\int_S \boldsymbol{A}\cdot\boldsymbol{n}\,dS = \sum_{i=1}^{6}\left(\int_{S_i} \boldsymbol{A}\cdot\boldsymbol{n}\,dS\right) = 0+1+0+1+0+1 = 3.$$

(2) ガウスの発散定理により $\nabla\cdot\boldsymbol{A} = 4xy + 4yz + 4zx$ であるので

$$\int_S \boldsymbol{A}\cdot\boldsymbol{n}\,dS$$
$$= \int_V (4xy + 4yz + 4zx)\,dV$$
$$= \int_0^1 \left[\int_0^1 \left\{\int_0^1 (4xy + 4yz + 4zx)\,dx\right\} dy\right] dz$$
$$= \int_0^1 \left\{\int_0^1 \Big[2x^2y + 4xyz + 2zx^2\Big]_0^1 dy\right\} dz$$
$$= \int_0^1 \left\{\int_0^1 (2y + 4yz + 2z)\,dy\right\} dz = \int_0^1 \Big[y^2 + 2y^2z + 2zy\Big]_0^1 dz$$
$$= \int_0^1 (1+4z)\,dz = \Big[z + 2z^2\Big]_0^1 = 3.$$

□

✔ **チェック問題 5.2** 円柱 $V = \left\{(x,\,y,\,z)\;\middle|\; x^2+y^2 \le 1, 0 \le z \le 1\right\}$ の表面（上底面と下底面と側面）を S とする．ベクトル場 $\boldsymbol{A} = \left(x,\,y,\,-z^2\right)$ について S 上の面積分 $\displaystyle\int_S \boldsymbol{A}\cdot\boldsymbol{n}\,dS$ を以下の 2 つの方法でそれぞれ求めよ．ただし単位法線ベクトル $\boldsymbol{n}$ の向きは円柱の内部から外部に向かう方向とする．

(1) 上底面と下底面と側面それぞれについて別々に面積分を求め，その総和から $\displaystyle\int_S \boldsymbol{A}\cdot\boldsymbol{n}\,dS$ を求める方法.

(2) ガウスの発散定理を用いて求める方法.

(IV) ガウスの発散定理の応用

ガウスの発散定理において，ベクトル場の種類によって有用な公式が得られる．いくつか紹介しよう．

(A) ベクトル場が $\nabla\phi$ のときのガウスの発散定理

$\nabla\cdot\boldsymbol{A}=\nabla\cdot(\nabla\phi)=\nabla^2\phi$ であるので，ガウスの発散定理は

$$\int_V \nabla^2\phi\,dV=\int_S \nabla\phi\cdot\boldsymbol{n}\,dS=\int_S \frac{\partial\phi}{\partial n}\,dS \tag{5.10}$$

となる．ここで $\frac{\partial\phi}{\partial n}$ は単位法線ベクトル $\boldsymbol{n}$ 方向の方向微分係数でありスカラー場である．ϕ が調和関数であれば，$\nabla^2\phi=0$ であるので

$$\int_S \frac{\partial\phi}{\partial n}\,dS=0$$

である．

(B) $\boldsymbol{K}$ を任意の定ベクトルとしてベクトル場が $\boldsymbol{A}\times\boldsymbol{K}$ のときのガウスの発散定理

(4.34) 式より左辺の被積分関数は

$$\nabla\cdot(\boldsymbol{A}\times\boldsymbol{K})=\boldsymbol{K}\cdot(\nabla\times\boldsymbol{A})-\boldsymbol{A}\cdot(\nabla\times\boldsymbol{K})=\boldsymbol{K}\cdot(\nabla\times\boldsymbol{A})$$

であり，右辺の被積分関数は

$$(\boldsymbol{A}\times\boldsymbol{K})\cdot\boldsymbol{n}=\boldsymbol{K}\cdot(\boldsymbol{n}\times\boldsymbol{A})$$

であるので，ガウスの発散定理は

$$\text{左辺}=\int_V \{\boldsymbol{K}\cdot(\nabla\times\boldsymbol{A})\}\,dV=\boldsymbol{K}\cdot\left\{\int_V(\nabla\times\boldsymbol{A})\,dV\right\},$$

$$\text{右辺}=\int_S \{\boldsymbol{K}\cdot(\boldsymbol{n}\times\boldsymbol{A})\}\,dS=\boldsymbol{K}\cdot\left\{\int_S(\boldsymbol{n}\times\boldsymbol{A})\,dS\right\}$$

となる[2)]．$\boldsymbol{K}$ は任意の定ベクトルであったので，

$$\int_V(\nabla\times\boldsymbol{A})\,dV=\int_S(\boldsymbol{n}\times\boldsymbol{A})\,dS$$

が得られる．

---

2) 定ベクトルを積分の外に出せることに注意しよう．

(C)　ガウスの積分と立体角

物理学でもよく現れるガウスの積分と立体角について説明しよう．空間内の任意の閉曲面 S 上の任意の点の原点 O に対する位置ベクトルを $\boldsymbol{r}$，その大きさを $r = |\boldsymbol{r}|$ とするとき

$$\int_S \frac{\boldsymbol{r}}{r^3} \cdot \boldsymbol{n}\, dS = \begin{cases} 0 & （原点\mathrm{O}が S の外部にあるとき） \\ 4\pi & （原点\mathrm{O}が S の内部にあるとき） \\ 2\pi & （原点\mathrm{O}が S 上にあるとき） \end{cases} \tag{5.11}$$

となる．この積分を**ガウスの積分**という．簡単に (5.11) 式を示そう．

S によって囲まれる領域を V とする．ベクトル場 $\frac{\boldsymbol{r}}{r^3}$ は原点 O 以外では定義されており，その発散は第 4 章の演習問題 2 (2) で $n = -3$ の場合であるので

$$\nabla \cdot \frac{\boldsymbol{r}}{r^3} = (-3+3)\, r^{-3} = 0$$

である．このことに注意してそれぞれの場合について考えよう．

(i)　原点 O が S の外部にあるとき

ベクトル場 $\frac{\boldsymbol{r}}{r^3}$ は S 上および V で定義されているので，ガウスの発散定理が利用できる．従って

$$\int_S \frac{\boldsymbol{r}}{r^3} \cdot \boldsymbol{n}\, dS = \int_V \left(\nabla \cdot \frac{\boldsymbol{r}}{r^3}\right) dV = 0.$$

(ii)　原点 O が S の内部にあるとき

ベクトル場 $\frac{\boldsymbol{r}}{r^3}$ は V 全体では定義されていないので，そのままガウスの発散定理を利用できない．そこで図 5.4 (a) に示すように V の内部に原点を中心とする半径が ε の微小な球面 S_1 と S_1 で囲まれた領域 V_1 をとると，V から V_1 を除いた領域 $V - V_1$ とそれを囲む曲面 S および S_1 上に原点 O はないので，ガウスの発散定理を利用できる．曲面 S 上の単位法線ベクトルを $\boldsymbol{n}$ とする．また球面 S_1 の単位法線ベクトルは例題 3.12 より $\boldsymbol{n}_1 = \frac{\boldsymbol{r}}{\varepsilon}$ であるので，球面 S_1 上で領域 $V - V_1$ の内部から外部に向かう単位法線ベクトルは

$$-\boldsymbol{n}_1 = -\frac{\boldsymbol{r}}{\varepsilon}$$

である．よって

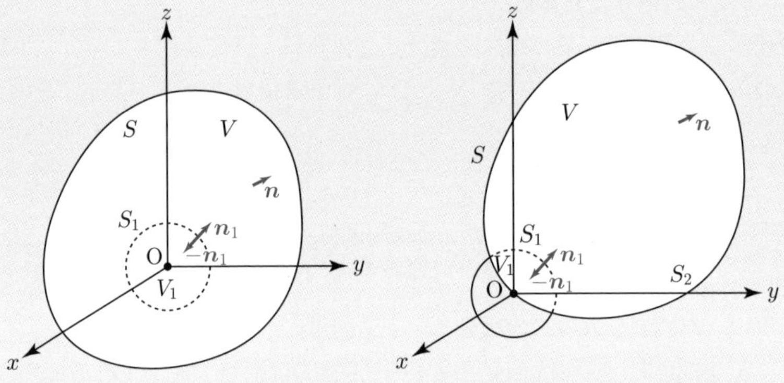

(a)　原点 O が S の内部にある場合　　(b)　原点 O が S 上にある場合

図 **5.4**　ガウスの積分の領域

$$\int_S \frac{\boldsymbol{r}}{r^3}\cdot\boldsymbol{n}\,dS+\int_{S_1}\frac{\boldsymbol{r}}{r^3}\cdot(-\boldsymbol{n}_1)\,dS=\int_S \frac{\boldsymbol{r}}{r^3}\cdot\boldsymbol{n}\,dS-\int_{S_1}\frac{\boldsymbol{r}}{r^3}\cdot\boldsymbol{n}_1\,dS$$
$$=\int_{V-V_1}\left(\nabla\cdot\frac{\boldsymbol{r}}{r^3}\right)dV=0$$

である．例題 3.15 を利用すれば

$$\int_S \frac{\boldsymbol{r}}{r^3}\cdot\boldsymbol{n}\,dS=\int_{S_1}\frac{\boldsymbol{r}}{r^3}\cdot\boldsymbol{n}_1\,dS=4\pi.$$

(iii)　原点 O が S 上にあるとき

図 5.4 (b) に示すように S 上にある原点を中心とする半径が ε の微小な球をとり，V の内部にある球面の部分を S_1，球の一部を領域 V_1 とする．また球面の外部にある S の部分を S_2 とする．(ii) の場合と同様に，V から V_1 を除いた領域 $V-V_1$ とそれを囲む曲面 S_1+S_2 上には原点 O はないので，ガウスの発散定理を利用できる．よって (ii) と同様にして

$$\int_{S_2}\frac{\boldsymbol{r}}{r^3}\cdot\boldsymbol{n}\,dS-\int_{S_1}\frac{\boldsymbol{r}}{r^3}\cdot\boldsymbol{n}_1\,dS=0$$

である．ここで上式で球の半径 $\varepsilon\to 0$ という極限を考えれば，球の一部である領域 V_1 は近似的に原点 O を中心とする半球と考えられるから，左辺第 2 項は

2π に収束する．また第1項については，$\varepsilon \to 0$ で S_2 は S に近づくので

$$\int_S \frac{\boldsymbol{r}}{r^3} \cdot \boldsymbol{n}\, dS = 2\pi.$$

次に立体角について説明しよう．空間内の曲面 S は有向面分とする．図 5.5 に示すように，原点 O から S 上のすべての点 P へひいた半直線 OP で構成される錐体 V において，V の内部の半直線と曲面 S との共有点は 1 個であるとする．原点 O を中心とする半径 1 の球面 Σ を考え，V が Σ から切り取る面積 ω を O に対する曲面 S の**立体角**という．立体角 ω を求めてみよう．図 5.5 の曲面 S 上の位置ベクトルが $\boldsymbol{r}$ である点 P を含む微小な有向面分を ΔS とし，P における S の単位法線ベクトルを $\boldsymbol{n}$ とする．面分 ΔS の面積ベクトルは $\Delta S\boldsymbol{n}$ であるので，ΔS の $\boldsymbol{r}$ に垂直な平面への正射影の面積を $\Delta\Omega$ とすると

$$\Delta\Omega = (\Delta S\boldsymbol{n}) \cdot \left(\frac{\boldsymbol{r}}{r}\right) = \left(\frac{\boldsymbol{r}}{r} \cdot \boldsymbol{n}\right) \Delta S$$

と近似できる[3)]．原点 O から面分 ΔS の内部および周辺を結んで構成される錐体が Σ から切り取る面積を $\Delta\omega$ とすれば，相似形の面積比が $1 : r^2$ であるので

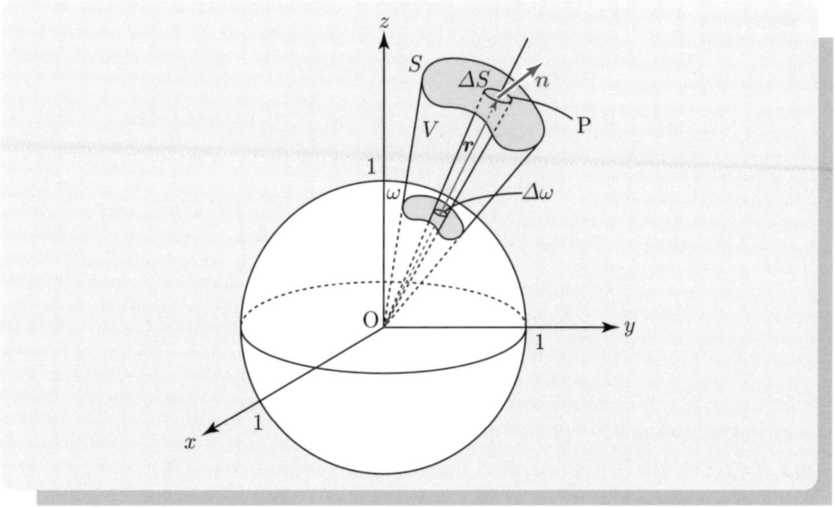

図 **5.5** 立体角

3) 微小な面分 ΔS とその面積 ΔS に同じ記号を用いているが注意して区別しよう．

$$\Delta\omega = \frac{\Delta\Omega}{r^2} = \left(\frac{\boldsymbol{r}}{r^3}\cdot\boldsymbol{n}\right)\Delta S$$

となる．よってこの両辺を曲面 S について積分すると立体角は

$$\omega = \int_S \frac{\boldsymbol{r}}{r^3}\cdot\boldsymbol{n}\,dS \tag{5.12}$$

となる．(5.12) 式の右辺について，S が閉曲面であるときは (5.11) 式に示したガウスの積分である．従って，閉曲面 S の点 O に対する立体角は

(i) O が S の外部にあるとき $\omega = 0$,

(ii) O が S の内部にあるとき $\omega = 4\pi$,

(iii) O が S 上にあるとき $\omega = 2\pi$

である[4].

例 5.3 原点 O に点電荷 Q があるときの電場は

$$\boldsymbol{E} = \frac{Q}{4\pi\varepsilon_0 r^2}\frac{\boldsymbol{r}}{r}$$

で与えられる．O が内部にある任意の閉曲面 S 上の電場 $\boldsymbol{E}$ の面積分 $\displaystyle\int_S \boldsymbol{E}\cdot\boldsymbol{n}\,dS$ を求める上で，

$$\boldsymbol{E}\cdot\boldsymbol{n} = \left(\frac{Q}{4\pi\varepsilon_0 r^2}\frac{\boldsymbol{r}}{r}\right)\cdot\boldsymbol{n} = \frac{Q}{4\pi\varepsilon_0}\left(\frac{\boldsymbol{r}}{r^3}\cdot\boldsymbol{n}\right)$$

であるから (5.12) 式で立体角 $\omega = 4\pi$ だから

$$\int_S \boldsymbol{E}\cdot\boldsymbol{n}\,dS = \frac{Q}{4\pi\varepsilon_0}(4\pi) = \frac{Q}{\varepsilon_0}$$

となる．これを拡張して，閉曲面 S の内部に複数の点電荷 $Q_1, Q_2, \ldots, Q_n$ があるとき，

---

4) O が外部にある場合は，O から S 上の微小な有向面分内の点 P へ引いた半直線と曲面 S との共有点は偶数個存在する．それぞれの微小な錐面が Σ から切り取る部分は，O からの半直線が外部から内部に向かう部分と，次に内部から外部に向かう部分とは同じ面積で符号が逆であるので相殺して零になる．O が内部にある場合に，S に凹凸があり半直線と曲面 S との共有点が複数個存在する場合には，その個数は奇数個であるので偶数個分は相殺して最終的に共有点が 1 個の場合と同じになる．

$$\int_S \boldsymbol{E}\cdot\boldsymbol{n}\,dS=\sum_{i=1}^{n}\frac{Q_i}{\varepsilon_0}$$

が得られる．さらに閉曲面 S で囲まれた領域 V に電荷が連続的に電荷密度 $\rho(x,\,y,\,z)$ で分布しているとすると，体積分により全電荷 Q が

$$Q=\int_V \rho\,dV$$

で与えられるので，

$$\int_S \boldsymbol{E}\cdot\boldsymbol{n}\,dS=\int_V \frac{\rho}{\varepsilon_0}\,dV$$

となる．ρ は S 上および V のすべての点で定義されているので，ガウスの発散定理より

$$\int_S \boldsymbol{E}\cdot\boldsymbol{n}\,dS=\int_V \frac{\rho}{\varepsilon_0}\,dV=\int_V \nabla\cdot\boldsymbol{E}\,dV$$

となる．ここで例 4.3 より，静電場 $\boldsymbol{E}$ に対して，電位 ϕ はスカラーポテンシャルであり，

$$\boldsymbol{E}=-\nabla\phi$$

であるから，(5.10) 式から

$$-\int_S \nabla\phi\cdot\boldsymbol{n}\,dS=-\int_V \nabla^2\phi\,dV=\int_V \frac{\rho}{\varepsilon_0}\,dV$$

が得られる．体積分する領域 V は任意であるので

$$\nabla^2\phi=-\frac{\rho}{\varepsilon_0} \tag{5.13}$$

が得られる．この式を**ポアソンの方程式**といい，静電場だけでなくいろいろな物理学の分野で現れる重要な方程式である[5)]．□

[5)] $\rho=0$ のときはラプラスの方程式であることに注意しよう．

5.2 グリーンの定理
—グリーンの定理・公式，平面のグリーンの定理の意味を理解し，その物理的な応用について学ぶ

グリーンの定理

本節で学ぶグリーンの定理のうち，閉曲面上における面積分とその閉曲面で囲まれた領域についての体積分の関係については，前節のガウスの発散定理の応用である．その定理を用いて具体的なスカラー場について記述したものを本書ではグリーンの公式とよぶことにするが，この公式によって調和関数やポアソンの方程式の解の性質についての理解が深まる．また2次元の平面でのグリーンの定理についても学ぶが，この定理は複素関数論における正則関数の性質を与える上での基礎となるものである．

(I) グリーンの定理

グリーンの定理は，ガウスの発散定理について前節で紹介したものと同様に領域 D で定義されたスカラー場 ϕ, ψ について，ベクトル場を $\phi\nabla\psi$ として応用したものである．第4章演習問題3(2) より

$$\nabla\cdot(\psi\nabla\phi) = \psi\nabla^2\phi + (\nabla\phi)\cdot(\nabla\psi)$$

であるから，

ステップ3：定理 グリーンの定理

領域 D 内の閉曲面 S で囲まれた領域を V とすると

$$\begin{aligned}\int_V \left\{\psi\nabla^2\phi + (\nabla\phi)\cdot(\nabla\psi)\right\} dV &= \int_S (\psi\nabla\phi)\cdot\boldsymbol{n}\, dS \\ &= \int_S \left(\psi\frac{\partial\phi}{\partial n}\right) dS \qquad (5.14)\end{aligned}$$

が成立する．ここで $\frac{\partial\phi}{\partial n} = \nabla\phi\cdot\boldsymbol{n}$ はスカラー場 ϕ の法線方向の方向微分係数である．これを**グリーンの定理**という．また (5.14) 式の ϕ と ψ を入れ替えた式と (5.14) 式について辺々減じると

$$\int_V \left(\psi\nabla^2\phi - \phi\nabla^2\psi\right) dV = \int_S \left(\psi\frac{\partial\phi}{\partial n} - \phi\frac{\partial\psi}{\partial n}\right) dS \tag{5.15}$$

が得られる[6)]が，この式もグリーンの定理とよばれる．

(5.14) 式，(5.15) 式を用いて調和関数の性質について説明しよう．領域 D で定義された ϕ, ψ が調和関数であるとすると，$\nabla^2\phi = \nabla^2\psi = 0$ を満たす．D 内の任意の閉曲面 S と S で囲まれた領域 V について，(5.14) 式で $\phi = \psi$ の場合を考えると

$$\int_V |\nabla\phi|^2 \, dV = \int_S \left(\phi\frac{\partial\phi}{\partial n}\right) dS \tag{5.16}$$

が得られる．ここで S 上で $\phi = 0$ であれば (5.16) 式は

$$\int_V |\nabla\phi|^2 \, dV = 0$$

であるが，$|\nabla\phi|^2 \geq 0$ であるので，右辺が零となるためには $\nabla\phi = \mathbf{0}$ でなければならない．前章で証明したように，このとき $\phi =$ 定数 であるが，S 上で $\phi = 0$ であるので V でも $\phi = 0$ である．また S 上で $\frac{\partial\phi}{\partial n} = 0$ の場合にも $\nabla\phi = \mathbf{0}$ でなければならないので $\phi =$ 定数 である．

(II)　グリーンの公式とその応用

次に空間内の領域 D で定義されたスカラー場 ϕ に対して，D 内の任意の点の定点 P に対する位置ベクトルを $\boldsymbol{r}$，その大きさを $r = |\boldsymbol{r}|$ として (5.15) 式において $\psi = \frac{1}{r}$ の場合を考えよう．ただし，点 P では $\psi = \frac{1}{r}$ は定義されないので，点 P が閉曲面 S の外部にある場合と内部にある場合に分けて考える．

(i)　点 P が S の外部にあるとき

$\psi = \frac{1}{r}$ は S 上および V で定義されているので，(5.15) 式は $\nabla^2\frac{1}{r} = 0$ より

$$\int_V \frac{1}{r}\nabla^2\phi \, dV = \int_S \left\{\frac{1}{r}\frac{\partial\phi}{\partial n} - \phi\frac{\partial}{\partial n}\left(\frac{1}{r}\right)\right\} dS.$$

---

6) (5.15) 式の左辺の被積分関数については，第 4 章演習問題 3 (3) を参照のこと．

(ii) 点 P が S の内部にあるとき

ガウスの積分のときと同様に，図 5.4 (a) の原点 O を点 P に変えたものを考える．S に含まれる点 P を中心とした半径 ε の球面を S_1 とし，S_1 で囲まれた領域を V_1 とする．S 上，S_1 上および $V-V_1$ の領域には点 P はないので，(i) と同様にして

$$\int_{V-V_1} \frac{1}{r}\nabla^2\phi\, dV$$
$$= \int_S \left\{\frac{1}{r}\frac{\partial\phi}{\partial n} - \phi\frac{\partial}{\partial n}\left(\frac{1}{r}\right)\right\} dS + \int_{S_1} \left\{\frac{1}{r}\frac{\partial\phi}{\partial n} - \phi\frac{\partial}{\partial n}\left(\frac{1}{r}\right)\right\} dS \quad (5.17)$$

が得られる．ここで (5.17) 式の右辺の S_1 についての面積分のうち前半部は

$$\int_{S_1} \frac{1}{r}\frac{\partial\phi}{\partial n}\, dS = \int_{S_1} \frac{1}{\varepsilon}\frac{\partial\phi}{\partial n}\, dS$$

であり，$\frac{\partial\phi}{\partial n}$ は S_1 上の点における単位法線方向の方向微分係数であり有界であるので，

$$\left|\frac{\partial\phi}{\partial n}\right| \leq M$$

を満たす正の定数 M が存在する．従って

$$\left|\int_{S_1} \frac{1}{r}\frac{\partial\phi}{\partial n}\, dS\right| \leq \frac{M}{\varepsilon}\int_{S_1} dS = \frac{M}{\varepsilon}\left(4\pi\varepsilon^2\right) = 4\pi M\varepsilon$$

であるので，$\varepsilon \to 0$ の極限で零になる．また後半部の面積分については，球面 S_1 の単位法線ベクトル $\boldsymbol{n}$ は S_1 上の点 P$'$ の位置ベクトルを $\boldsymbol{r}$ とすると $\boldsymbol{n} = -\frac{\boldsymbol{r}}{r}$ であり，$\boldsymbol{n}$ と $\boldsymbol{r}$ の向きは逆であるので，$\frac{\partial}{\partial n}\left(\frac{1}{r}\right) = -\frac{\partial}{\partial r}\left(\frac{1}{r}\right)$ である．従って

$$-\int_{S_1} \phi\frac{\partial}{\partial n}\left(\frac{1}{r}\right) dS = \int_{S_1} \phi\frac{\partial}{\partial r}\left(\frac{1}{r}\right) dS = -\int_{S_1} \phi\frac{1}{r^2}\, dS = -\frac{1}{\varepsilon^2}\int_{S_1} \phi\, dS$$

となる．ここで $\varepsilon \to 0$ において点 P の近傍のスカラー場 ϕ は P での値 $\phi(\mathrm{P})$ で近似できるので

$$\frac{1}{\varepsilon^2}\int_{S_1}\phi\,dS \fallingdotseq \frac{1}{\varepsilon^2}\bigl(4\pi\varepsilon^2\phi(\mathrm{P})\bigr) = 4\pi\phi(\mathrm{P})$$

が得られる．以上から S_1 上の面積分の極限値は

$$\lim_{\varepsilon\to 0}\left[\int_{S_1}\left\{\frac{1}{r}\frac{\partial\phi}{\partial n} - \phi\frac{\partial}{\partial n}\left(\frac{1}{r}\right)\right\}dS\right] = -4\pi\phi(\mathrm{P})$$

である．さらに (5.17) 式の左辺は，$\varepsilon \to 0$ において $\displaystyle\int_V \frac{1}{r}\nabla^2\phi\,dV$ となる．従って (5.17) 式は $\varepsilon \to 0$ の極限で

$$\int_V \frac{1}{r}\nabla^2\phi\,dV = \int_S\left\{\frac{1}{r}\frac{\partial\phi}{\partial n} - \phi\frac{\partial}{\partial n}\left(\frac{1}{r}\right)\right\}dS - 4\pi\phi(\mathrm{P}).$$

まとめると，

ステップ 4：公式　グリーンの公式

閉曲面 S で囲まれた領域を V とすると

(i)　点 P が S の外部にあるとき

$$\int_V \frac{1}{r}\nabla^2\phi\,dV = \int_S\left\{\frac{1}{r}\frac{\partial\phi}{\partial n} - \phi\frac{\partial}{\partial n}\left(\frac{1}{r}\right)\right\}dS.$$

(ii)　点 P が S の内部にあるとき

$$\phi(\mathrm{P}) = \frac{1}{4\pi}\left[-\int_V \frac{1}{r}\nabla^2\phi\,dV + \int_S\left\{\frac{1}{r}\frac{\partial\phi}{\partial n} - \phi\frac{\partial}{\partial n}\left(\frac{1}{r}\right)\right\}dS\right] \tag{5.18}$$

が成立する．これを**グリーンの公式**という．

グリーンの公式をもとにして，前章で紹介した「調和関数 ϕ について，領域 D 内の点 P におけるスカラー関数値 $\phi(\mathrm{P})$ は P を中心とする D 内の任意の球の表面上でのスカラー関数値の算術平均に等しいという性質をもつ」ことを説明しよう．

まず (5.14) 式において ϕ が V で調和関数，$\psi = 1$ の場合を考えると

$$\int_S \frac{\partial\phi}{\partial n}\,dS = 0 \tag{5.19}$$

となる．一方，D 内の任意の点 P を中心とし領域 D 内に含まれる半径 a の球を B_a とし，その球面を Σ_a とする．このとき (5.18) 式において閉曲面 S のかわりに Σ_a とすると，(S 上では $\boldsymbol{n}$ と $\boldsymbol{r}$ の向きは同じであるので)

$$\frac{\partial}{\partial n}\left(\frac{1}{r}\right) = \frac{\partial}{\partial r}\left(\frac{1}{r}\right) = -\frac{1}{r^2}$$

であり，また $\nabla^2\phi = 0$ と (5.19) 式より

$$\begin{aligned}\phi(\mathrm{P}) &= \frac{1}{4\pi}\left(\frac{1}{a}\int_{\Sigma_a}\frac{\partial\phi}{\partial n}\,dS + \frac{1}{a^2}\int_{\Sigma_a}\phi\,dS\right)\\ &= \frac{1}{4\pi a^2}\int_{\Sigma_a}\phi\,dS \qquad (5.20)\end{aligned}$$

となる．これを**球面平均の定理**といい，上記の調和関数の性質を表現したものである．

また最大値・最小値の定理について以下の背理法により示される．まず定数でない調和関数 ϕ が領域 D の内部の点 P で最大値をとったと仮定すると，点 P の十分近くの点では $\phi < \phi(\mathrm{P})$ である．従って点 P を中心とする十分小さい半径 δ の球および球面 Σ_δ について，(5.20) 式から

$$\phi(\mathrm{P}) = \frac{1}{4\pi\delta^2}\int_{\Sigma_\delta}\phi\,dS$$

となるが，$\phi < \phi(\mathrm{P})$ より上式の右辺について

$$\phi(\mathrm{P}) < \frac{1}{4\pi\delta^2}\int_{\Sigma_\delta}\phi(\mathrm{P})\,dS = \frac{1}{4\pi\delta^2}\big(4\pi\delta^2\phi(\mathrm{P})\big) = \phi(\mathrm{P})$$

となり矛盾する．従って ϕ は D の内部では最大値はとらない[7)]．

次にグリーンの公式（5.18）をもとにして，ポアソンの方程式（5.13）で $\frac{1}{\varepsilon_0}$ のかわりに 4π とした式

$$\nabla^2\phi = -4\pi\rho \qquad (5.21)$$

の解について考えよう．(5.21) 式を (5.18) 式に代入すると

$$\phi(\mathrm{P}) = \int_V \frac{\rho}{r}\,dV + \frac{1}{4\pi}\int_S\left\{\frac{1}{r}\frac{\partial\phi}{\partial n} - \phi\frac{\partial}{\partial n}\left(\frac{1}{r}\right)\right\}dS$$

---

7) 最小値の定理についても同様に背理法により証明できる．

が得られる．右辺の体積分については，(5.21) 式でスカラー場 ρ が与えられているので求められる．一方 S 上の面積分については，S 上での ϕ と $\frac{\partial \phi}{\partial n}$ が与えられれば求められ，改めて S 上での関数を

$$\phi = \varPhi, \quad \frac{\partial \phi}{\partial n} = \varPsi \tag{5.22}$$

とおく．この条件を**境界条件**といい，この境界条件のもとで (5.21) 式を解く問題を，ポアソンの方程式（(5.21) 式）の**境界値問題**という[8]．従って S の内部の任意の点 P における $\phi(\mathrm{P})$ は

$$\phi(\mathrm{P}) = \int_V \frac{\rho}{r}\, dV + \frac{1}{4\pi}\int_S \left\{ \frac{\varPsi}{r} - \varPhi \frac{\partial}{\partial n}\left(\frac{1}{r}\right) \right\} dS \tag{5.23}$$

で与えられる．

ポアソンの方程式の解の一意性について考えよう．境界条件 (5.22) 式を満たすポアソンの方程式の解を ϕ_1 と ϕ_2 とする．$\chi = \phi_1 - \phi_2$ とおけば

$$\nabla^2 \chi = \nabla^2 \phi_1 - \nabla^2 \phi_2 = -4\pi\rho - (-4\pi\rho) = 0$$

であるので，χ は調和関数である．また S 上で境界条件は $\chi = \varPhi - \varPhi = 0$ もしくは $\frac{\partial \chi}{\partial n} = \varPsi - \varPsi = 0$ である．調和関数の性質として，S 上でこれらの条件を満たす場合には $\chi = 0$ もしくは $\chi =$ 定数 である．従って，$\phi_1 = \phi_2$ もしくは $\phi_1 = \phi_2 + k$（k は定数）が得られる．

(III) ヘルムホルツの定理

(5.21) 式のポアソンの方程式において，ベクトル場 $\boldsymbol{A}$ を用いて

$$4\pi\rho = \nabla \cdot \boldsymbol{A}$$

である場合の

$$\nabla^2 \phi = -\nabla \cdot \boldsymbol{A} \tag{5.24}$$

を考えよう．このときのポアソンの方程式の解は (5.23) 式を変形して与えられるが，ベクトル場 $\boldsymbol{A}$ に対してこの解 ϕ を用いて次の 2 つのベクトル場

$$\boldsymbol{A}_{\mathrm{L}} = -\nabla \phi \tag{5.25}$$

---

[8] 境界条件については，$\varPhi$ か $\frac{\partial \phi}{\partial n} = \varPsi$ のいずれか一方を与えればよい．

および

$$\boldsymbol{A}_{\mathrm{S}} = \boldsymbol{A} + \nabla\phi \tag{5.26}$$

を定義すると

$$\boldsymbol{A} = \boldsymbol{A}_{\mathrm{L}} + \boldsymbol{A}_{\mathrm{S}}$$

である．それぞれのベクトル場の性質を調べよう．

まず (5.25) 式の両辺の回転を考えると，(4.35) 式より

$$\nabla \times \boldsymbol{A}_{\mathrm{L}} = -\nabla \times (\nabla\phi) = \mathbf{0}$$

であるので，$\boldsymbol{A}_{\mathrm{L}}$ は渦なしである．従って，スカラーポテンシャル ϕ が存在する．

一方，(5.26) 式の両辺の発散を考えると，(5.24) 式より

$$\nabla \cdot \boldsymbol{A}_{\mathrm{S}} = \nabla \cdot \boldsymbol{A} + \nabla^2\phi = -\nabla^2\phi + \nabla^2\phi = 0$$

であるので，$\boldsymbol{A}_{\mathrm{S}}$ は湧き出しなしである．従って，$\boldsymbol{A}_{\mathrm{S}}$ のベクトルポテンシャル $\boldsymbol{B}$（$\boldsymbol{A}_{\mathrm{S}} = \nabla \times \boldsymbol{B}$）が存在する．以上まとめると

ステップ 5：定理　ヘルムホルツの定理

任意のベクトル場 $\boldsymbol{A}$ は湧き出しなしのベクトル場 $\nabla \times \boldsymbol{B}$ と渦なしのベクトル場 $-\nabla\phi$ に分解され，

$$\boldsymbol{A} = \nabla \times \boldsymbol{B} - \nabla\phi$$

と表される．これを**ヘルムホルツの定理**という．

スカラーポテンシャル ϕ は (5.24) 式のポアソンの方程式の解なら何でもよく，境界条件を与えないと一意的には定まらない．調和関数 ψ（$\nabla^2\psi = 0$）に対して，

$$\widetilde{\boldsymbol{A}_{\mathrm{S}}} = \nabla \times \boldsymbol{B} + \nabla\psi, \quad \widetilde{\boldsymbol{A}_{\mathrm{L}}} = -\nabla\phi - \nabla\psi$$

とすると，湧き出しなしのベクトル場 $\widetilde{\boldsymbol{A}_{\mathrm{S}}}$ と渦なしのベクトル場 $\widetilde{\boldsymbol{A}_{\mathrm{L}}}$ に分解されるので，その分について任意性があることに注意しよう．

(IV)　平面のグリーンの定理

これまでは 3 次元空間のスカラー場，ベクトル場の積分定理について説明してきたが，ここでは xy 平面における線積分と面積分の関係を表す積分定理である平面のグリーンの定理について説明する．この定理は 2 次元平面に限られた定理であるが，複素解析における正則関数の性質や力学系における相平面上での解軌道の性質を表現する上で必要となる．基本的な導出の道筋はガウスの発散定理と同じであるが，線積分の周回積分の向きに注意する必要がある．

図 5.6 に示すように xy 平面上で x 軸もしくは y 軸に平行な直線との共有点が高々 2 個であるような単一閉曲線 C と C に囲まれた領域を D として，以下の 2 つの場合に分けて考える[9]．図 5.6 の閉曲線 C において y 軸に平行な直線との接点を A, B とし，それらの x 座標をそれぞれ a, b とする．また x 軸に平行な直線との接点を P, Q とし，それらの y 座標をそれぞれ p, q とする．

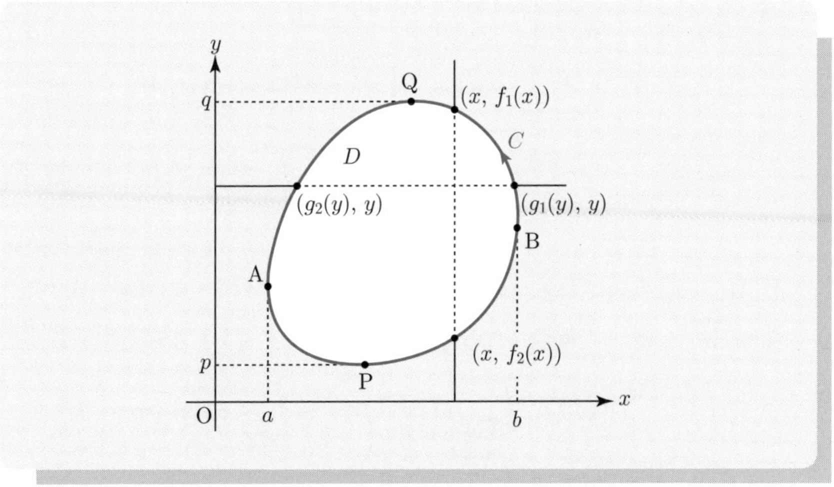

図 5.6　閉曲線に囲まれた領域における積分定理

---

9)　閉曲線 C を領域 D の境界という意味で，∂D と表すことがある．

(i) C 上および D で C^1-級の関数 $M(x, y)$ に対して領域 D における偏導関数 $\frac{\partial M}{\partial y}$ の面積分（2重積分）と C に沿った $M(x, y)$ の周回積分の関係

$a \leq x \leq b$ において y 軸に平行な直線と C の交点 $(x, f_1(x))$ および $(x, f_2(x))$ について $f_1(x) \geq f_2(x)$ とするとき，閉曲線 C を2つの曲線 $\widehat{\mathrm{AQB}}$ と $\widehat{\mathrm{APB}}$ に分けると，それぞれの曲線の方程式は

$$\widehat{\mathrm{AQB}} : y = f_1(x) \quad (a \leq x \leq b),$$
$$\widehat{\mathrm{APB}} : y = f_2(x) \quad (a \leq x \leq b)$$

である．

関数 $M(x, y)$ の偏導関数 $\frac{\partial M}{\partial y}$ の D における2重積分を計算する．

$$\begin{aligned}
\iint_D \frac{\partial M}{\partial y}\, dxdy &= \int_a^b \left\{ \int_{f_2(x)}^{f_1(x)} \frac{\partial M}{\partial y}\, dy \right\} dx \\
&= \int_a^b \left\{ \Big[M(x, y) \Big]_{f_2(x)}^{f_1(x)} \right\} dx \\
&= \int_a^b \{ M(x, f_1(x)) - M(x, f_2(x)) \}\, dx \\
&= \int_a^b M(x, f_1(x))\, dx + \int_b^a M(x, f_2(x))\, dx \quad (5.27)
\end{aligned}$$

である．ここで (5.27) 式の右辺第1項は始点 A，終点 B の曲線 $\widehat{\mathrm{AQB}}$ に沿った関数 $M(x, y)$ の（パラメータ x の）線積分であり，第2項は始点 B，終点 A の曲線 $\widehat{\mathrm{BPA}}$ に沿った関数 $M(x, y)$ の（パラメータ x の）線積分であるから

$$\begin{aligned}
\iint_D \frac{\partial M}{\partial y}\, dxdy &= \int_{\widehat{\mathrm{AQB}}} M(x, y)\, dx + \int_{\widehat{\mathrm{BPA}}} M(x, y)\, dx \\
&= \int_{\widehat{\mathrm{AQBPA}}} M(x, y)\, dx \\
&= -\oint_C M(x, y)\, dx
\end{aligned}$$

である．ただし積分路 C は正の向きとする．

(ii)　C 上および D で C^1-級の関数 $N(x, y)$ に対して領域 D における偏導関数 $\frac{\partial N}{\partial x}$ の面積分（2 重積分）と C に沿った $N(x, y)$ の周回積分の関係

$p \leq y \leq q$ において x 軸に平行な直線と C との交点 $(g_1(y), y)$ および $(g_2(y), y)$ について $g_1(y) \geq g_2(y)$ とする．このとき閉曲線 C を 2 つの曲線 $\overset{\frown}{\mathrm{PAQ}}$ と $\overset{\frown}{\mathrm{PBQ}}$ に分けると，それぞれの曲線の方程式は

$$\overset{\frown}{\mathrm{PAQ}} : x = g_2(y) \quad (p \leq y \leq q),$$

$$\overset{\frown}{\mathrm{PBQ}} : x = g_1(y) \quad (p \leq y \leq q)$$

である．

関数 $N(x, y)$ の偏導関数 $\frac{\partial N}{\partial x}$ の D における 2 重積分を計算する．

$$\begin{aligned}
\iint_D \frac{\partial N}{\partial x}\, dxdy &= \int_p^q \left\{ \int_{g_2(y)}^{g_1(y)} \frac{\partial N}{\partial x}\, dx \right\} dy \\
&= \int_p^q \left\{ \Big[N(x, y) \Big]_{g_2(y)}^{g_1(y)} \right\} dy \\
&= \int_p^q \{ N(g_1(y), y) - N(g_2(y), y) \}\, dy \\
&= \int_p^q N(g_1(y), y)\, dy + \int_q^p N(g_2(y), y)\, dy \qquad (5.28)
\end{aligned}$$

である．ここで (5.28) 式の右辺第 1 項は始点 P，終点 Q の曲線 $\overset{\frown}{\mathrm{PBQ}}$ に沿った関数 $N(x, y)$ の（パラメータ y の）線積分であり，第 2 項は始点 Q，終点 P の曲線 $\overset{\frown}{\mathrm{QAP}}$ に沿った関数 $N(x, y)$ の（パラメータ y の）線積分であるから

$$\begin{aligned}
\iint_D \frac{\partial N}{\partial x}\, dxdy &= \int_{\overset{\frown}{\mathrm{PBQ}}} N(x, y)\, dy + \int_{\overset{\frown}{\mathrm{QAP}}} N(x, y)\, dy \\
&= \int_{\overset{\frown}{\mathrm{PBQAP}}} N(x, y)\, dy \\
&= \oint_C N(x, y)\, dy
\end{aligned}$$

である．ただし積分路 C は正の向きとする．

これらの式をまとめた式として，

ステップ 6：定理　平面のグリーンの定理

xy 平面上の単一閉曲線 C で囲まれた領域を D とするとき，C^1-級の関数 $M(x, y)$ および $N(x, y)$ に対して

$$\iint_D \left(\frac{\partial N}{\partial x} - \frac{\partial M}{\partial y}\right) dxdy = \oint_C (M(x, y)\,dx + N(x, y)\,dy) \tag{5.29}$$

が成立する．ただし周回積分の積分路 C は正の向きにとる．これを**平面のグリーンの定理**という．

閉曲線 C と各軸に平行な直線の共有点が 3 個以上ある場合については，閉曲線の中に橋渡しをして領域を共有点が高々 2 個になるように分割して考える．簡単な例として図 5.7 のような場合で説明する．単一閉曲線 C 上に 2 点 A, B をとり B→A の向きに橋渡しの経路 C^* をつくると C で囲まれた領域は閉曲線 C_1：$\widehat{\mathrm{AQBA}}$ で囲まれた領域 D_1 と C_2：$\widehat{\mathrm{ABPA}}$ で囲まれた領域 D_2 に分割される．ただし C_1 と C_2 はいずれも各軸に平行な直線との共有点は高々 2 個である．このとき C^1-級の関数 $M(x, y)$ および $N(x, y)$ に対して

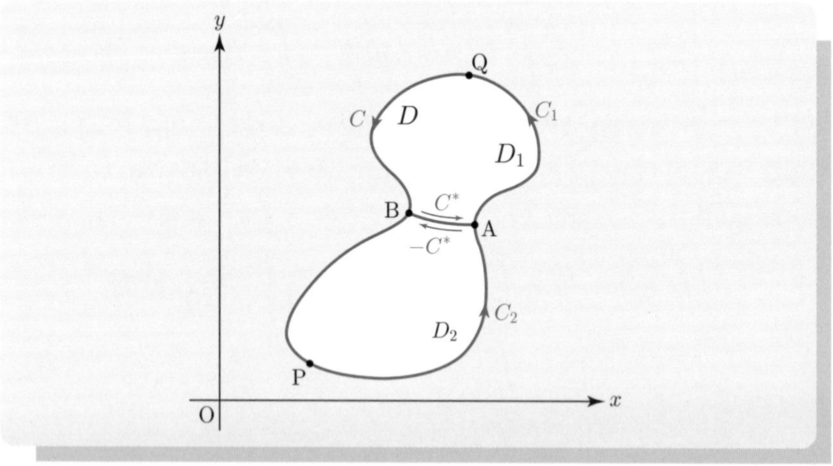

図 5.7　閉曲線 C と各軸に平行な直線との共有点が 3 個以上である場合の領域の分割

$$
\begin{aligned}
&\iint_D \left(\frac{\partial N}{\partial x} - \frac{\partial M}{\partial y}\right) dxdy \\
&= \iint_{D_1} \left(\frac{\partial N}{\partial x} - \frac{\partial M}{\partial y}\right) dxdy + \iint_{D_2} \left(\frac{\partial N}{\partial x} - \frac{\partial M}{\partial y}\right) dxdy
\end{aligned}
$$

であり，またそれぞれの閉曲線と領域で

$$
\begin{aligned}
\iint_{D_1} \left(\frac{\partial N}{\partial x} - \frac{\partial M}{\partial y}\right) dxdy &= \oint_{C_1} (M(x,\, y)\, dx + N(x,\, y)\, dy)\,, \\
\iint_{D_2} \left(\frac{\partial N}{\partial x} - \frac{\partial M}{\partial y}\right) dxdy &= \oint_{C_2} (M(x,\, y)\, dx + N(x,\, y)\, dy)
\end{aligned}
$$

である．一方 C に沿った周回積分と C_1 および C_2 に沿った周回積分の関係は

$$
\begin{aligned}
&\oint_{C_1} (M(x,\, y)\, dx + N(x,\, y)\, dy) + \oint_{C_2} (M(x,\, y)\, dx + N(x,\, y)\, dy) \\
&= \left\{ \int_{\widehat{\mathrm{AQB}}} (M(x,\, y)\, dx + N(x,\, y)\, dy) + \int_{C^*} (M(x,\, y)\, dx + N(x,\, y)\, dy) \right\} \\
&+ \left\{ \int_{\widehat{\mathrm{BPA}}} (M(x,\, y)\, dx + N(x,\, y)\, dy) + \int_{-C^*} (M(x,\, y)\, dx + N(x,\, y)\, dy) \right\} \\
&= \int_{\widehat{\mathrm{AQB}}} (M(x,\, y)\, dx + N(x,\, y)\, dy) + \int_{\widehat{\mathrm{BPA}}} (M(x,\, y)\, dx + N(x,\, y)\, dy) \\
&= \oint_C (M(x,\, y)\, dx + N(x,\, y)\, dy)
\end{aligned}
$$

であるので

$$
\iint_D \left(\frac{\partial N}{\partial x} - \frac{\partial M}{\partial y}\right) dxdy = \oint_C (M(x,\, y)\, dx + N(x,\, y)\, dy)
$$

が成り立つ．

例題 5.3

xy 平面上の任意の単一閉曲線 C に沿った周回積分

$$\oint_C \left\{ \left(x^2 + y^2\right) dx + 2xy\, dy \right\}$$

を求めよ．ただし積分路 C は正の向きとする．

解答 平面のグリーンの定理より，C で囲まれた領域を D とすると

$$\begin{aligned} \oint_C \left\{ \left(x^2 + y^2\right) dx + 2xy\, dy \right\} &= \iint_D \left(\frac{\partial\,(2xy)}{\partial x} - \frac{\partial\left(x^2 + y^2\right)}{\partial y} \right) dxdy \\ &= \iint_D (2y - 2y)\ dxdy = \iint_D 0\, dxdy \\ &= 0. \end{aligned}$$

□

✔ チェック問題 5.3 C を xy 平面上の原点を中心とし半径が 1 である円とする．C に沿った周回積分 $\oint_C \{(x-y)\ dx + (x+y)\ dy\}$ を次の 2 つの方法で求めよ．ただし積分路 C は正の向きとする．

(1) 積分 $\oint_C (x-y)\ dx$，$\oint_C (x+y)\ dy$ について，積分路 C をパラメータ表示（$\boldsymbol{r}(t) = (\cos t,\ \sin t)$ （$0 \leq t \leq 2\pi$））して別々に求め，その和から求める方法．

(2) 平面のグリーンの定理を用いて求める方法．

✔ チェック問題 5.4 xy 平面上の単一閉曲線 C で囲まれる領域を D とするとき，以下の問に答えよ．

(1) D の面積 S は $\dfrac{1}{2}\oint_C (x\,dy - y\,dx)$ で与えられることを平面のグリーンの定理を用いて示せ．

(2) (1) を利用して，楕円 $\dfrac{x^2}{a^2} + \dfrac{y^2}{b^2} = 1$ の面積を求めよ．

5.3 ストークスの定理
—空間内の曲面の面積分と線積分の関係を習得し，ストークスの定理の意味を理解する

ストークスの定理

ベクトル場の閉曲線に沿った周回積分とその閉曲線で囲まれた曲面上の同じベクトル場の回転の面積分が等しいという定理がストークスの定理である．この定理のもとになるのはスカラー場の偏導関数の面積分と線積分の関係であり，まずこの関係式を導出する．ストークスの定理はベクトル場の回転のところで説明した循環という量とベクトルの回転の関係を表現したものである．

(I)　曲面のスカラー場の勾配の面積分とその境界の閉曲線に沿った周回積分の関係

図 5.8 に示す空間内の有向曲面 S とその境界の閉曲線 C について，z 軸に平行な直線と S との共有点が 1 個の場合を考える[10)]．ここで，曲面 S の向きによる単位法線ベクトル $\boldsymbol{n} = (n_x,\, n_y,\, n_z)$ を $n_z > 0$ となるようにとり，S を含む領域で定義された C^1-級のスカラー場 $\phi(x,\, y,\, z)$ の C に沿った周回積分と ϕ の偏導関数（スカラー場）の S 上の面積分について

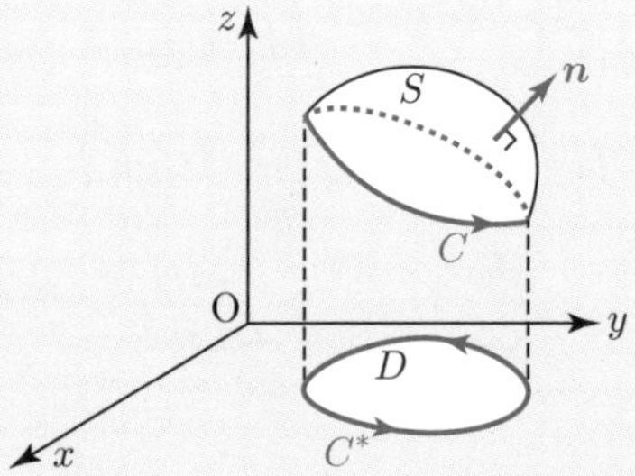

図 5.8　曲面 S とその境界 C の xy 平面への正射影

10) 閉曲線 C を領域 S の境界という意味で，∂S と表すことがある．

$$\int_S \left(\frac{\partial \phi}{\partial x} n_z - \frac{\partial \phi}{\partial z} n_x \right) dS = \oint_C \phi\, dy \tag{5.30}$$

となることを示す．なお線積分の積分路の向きは，曲面 S の表側に立ち，曲面を左手にみながら C に沿って進む向き（正の向き）とする．

S と C の xy 平面への正射影を D および C^* とし，S の方程式を

$$z = f(x,\, y)$$

とすると，例3.6より

$$\boldsymbol{n} = \frac{1}{\sqrt{\left(\frac{\partial f}{\partial x}\right)^2 + \left(\frac{\partial f}{\partial y}\right)^2 + 1}} \left(-\frac{\partial f}{\partial x},\, -\frac{\partial f}{\partial y},\, 1 \right)$$

である．従って

$$\begin{aligned} n_x\, dS &= -\frac{\frac{\partial f}{\partial x}}{\sqrt{\left(\frac{\partial f}{\partial x}\right)^2 + \left(\frac{\partial f}{\partial y}\right)^2 + 1}} \sqrt{\left(\frac{\partial f}{\partial x}\right)^2 + \left(\frac{\partial f}{\partial y}\right)^2 + 1}\, dxdy \\ &= -\frac{\partial f}{\partial x}\, dxdy, \end{aligned}$$

$$n_z\, dS = \frac{1}{\sqrt{\left(\frac{\partial f}{\partial x}\right)^2 + \left(\frac{\partial f}{\partial y}\right)^2 + 1}} \sqrt{\left(\frac{\partial f}{\partial x}\right)^2 + \left(\frac{\partial f}{\partial y}\right)^2 + 1}\, dxdy = dxdy$$

であるので，(5.30) 式の左辺の面積分は

$$\int_S \left(\frac{\partial \phi}{\partial x} n_z - \frac{\partial \phi}{\partial z} n_x \right) dS = \iint_D \left(\frac{\partial \phi}{\partial x} + \frac{\partial \phi}{\partial z} \frac{\partial f}{\partial x} \right) dxdy \tag{5.31}$$

となる．ここで $\phi(x,\, y,\, f(x,\, y)) = \widetilde{\phi}(x,\, y)$ とおくと

$$\frac{\partial \widetilde{\phi}}{\partial x} = \frac{\partial \phi}{\partial x} + \frac{\partial \phi}{\partial z} \frac{\partial f}{\partial x}$$

であるので，(5.31) 式は

$$\iint_D \left(\frac{\partial \phi}{\partial x} + \frac{\partial \phi}{\partial z} \frac{\partial f}{\partial x} \right) dxdy = \iint_D \frac{\partial \widetilde{\phi}}{\partial x}\, dxdy$$

となる．平面のグリーンの定理 (5.29) 式において $M = 0$, $N = \widetilde{\phi}$ とすると

$$\iint_D \frac{\partial \widetilde{\phi}}{\partial x}\, dxdy = \oint_{C^*} \widetilde{\phi}\, dy$$

となる．

C と C^* の曲線の方程式を

$$C:\boldsymbol{r}(t) = (x(t),\, y(t),\, f(x(t),\, y(t))) \quad (a \leq t \leq b)$$
$$C^*:\boldsymbol{r}(t) = (x(t),\, y(t),\, 0) \quad (a \leq t \leq b)$$

とすると，同じパラメータ t における $(x(t),\, y(t))$ は同じ値をとるので，

$$\phi(x(t),\, y(t),\, f(x(t),\, y(t))) = \widetilde{\phi}(x(t),\, y(t)) = \varPhi(t)$$

となるから

$$\oint_{C^*} \widetilde{\phi}\, dy = \int_a^b \varPhi(t)\, \frac{dy}{dt} dt = \oint_C \phi\, dy$$

である．従って (5.30) 式が成り立つ．

（注意） 曲面 S の単位法線ベクトルについて $n_z < 0$ の場合には，

$$\boldsymbol{n} = -\frac{1}{\sqrt{\left(\frac{\partial f}{\partial x}\right)^2 + \left(\frac{\partial f}{\partial y}\right)^2 + 1}} \left(-\frac{\partial f}{\partial x},\, -\frac{\partial f}{\partial y},\, 1\right) dS$$

であるので

$$n_x\, dS = \frac{\partial f}{\partial x}\, dxdy, \quad n_z\, dS = -dxdy$$

より，(5.30) 式の左辺の面積分は

$$\int_S \left(\frac{\partial \phi}{\partial x} n_z - \frac{\partial \phi}{\partial z} n_x\right) dS = -\iint_D \frac{\partial \widetilde{\phi}}{\partial x}\, dxdy = -\oint_{C^*} \widetilde{\phi}\, dy \tag{5.32}$$

となる．一方上式の周回積分は C^* の正の向き（図 5.8 のまま）で与えているのに対して，積分路 C の向きは $n_z < 0$ の場合には図 5.8 とは逆の向きが正の向きとなるので

$$\oint_{C^*} \widetilde{\phi}\, dy = -\oint_C \phi\, dy$$

となる．従って (5.32) 式から (5.30) 式が成り立つ．

（注意） z 軸に平行な直線と曲面 S との共有点が 2 個以上の場合には，領域を分割して共有点が 1 個になるようにすれば，各橋渡しの曲線部分での線積分は相殺するので

(5.30) 式が成立する．また C^* と y 軸に平行な直線との共有点が 3 個以上の場合にも領域を分割して共有点が高々 2 個になるようにし，それに対応した C の橋渡しによる S の分割を考えればよい．

(5.30) 式の関係と同様にして，曲面 S を zx 平面に正射影して考えると，(5.30) 式で $x \to z$, $y \to x$, $z \to y$ とすれば

$$\int_S \left(\frac{\partial \phi}{\partial z} n_y - \frac{\partial \phi}{\partial y} n_z \right) dS = \oint_C \phi \, dx \tag{5.33}$$

が得られる．また曲面 S を yz 平面に正射影して考えると，(5.30) 式で $x \to y$, $y \to z$, $z \to x$ とすれば

$$\int_S \left(\frac{\partial \phi}{\partial y} n_x - \frac{\partial \phi}{\partial x} n_y \right) dS = \oint_C \phi \, dz \tag{5.34}$$

が得られる．(5.33) 式を x 成分，(5.30) 式を y 成分，(5.34) 式を z 成分として，ベクトルとしてまとめると

ステップ 7：公式　曲面のスカラー場の勾配の面積分とその境界の閉曲線に沿った周回積分の関係

有向曲面 S の境界の閉曲線を C とし，S の単位法線ベクトルを $\boldsymbol{n}$，C の単位接線ベクトルを $\boldsymbol{t}$ とする．このとき S を含む領域で定義された C^1-級のスカラー場 ϕ に対して次が成り立つ．

$$\int_S \{\boldsymbol{n} \times (\nabla \phi)\} \, dS = \oint_C \phi \, d\boldsymbol{r} = \oint_C \phi \, \boldsymbol{t} \, ds. \tag{5.35}$$

例題 5.4

原点を中心とする半径 a（$a > 1$）の球面の一部

$$S = \left\{ (x, y, z) \;\middle|\; x^2 + y^2 + z^2 = a^2, \, z \geq 1 \right\}$$

の境界の閉曲線を C とするとき，スカラー場 $\phi = r^2 = x^2 + y^2 + z^2$ の C に沿った周回積分 $\displaystyle\oint_C \phi \, d\boldsymbol{r}$ を次の 2 つの方法で求めよ．ただし積分路 C は正の向きとし，S の単位法線ベクトルの向きは z 成分が正の方向とする．

(1) 積分路 C をパラメータ表示 $\Big(\boldsymbol{r}(t)=(\sqrt{a^2-1}\cos t,\ \sqrt{a^2-1}\sin t,\ 1)$ $(0 \leq t \leq 2\pi)\Big)$ して周回積分を直接求める方法.

(2) (5.35) 式を用いて求める方法.

解答 (1) C において, $r^2=a^2$, $\frac{d\boldsymbol{r}}{dt}=(-\sqrt{a^2-1}\sin t,\ \sqrt{a^2-1}\cos t,\ 0)$ であるので,

$$\oint_C \phi\, d\boldsymbol{r} = \left(-a^2\sqrt{a^2-1}\int_0^{2\pi}\sin t\, dt,\ a^2\sqrt{a^2-1}\int_0^{2\pi}\cos t\, dt,\ 0\right) = \boldsymbol{0}.$$

(2) S について $\boldsymbol{n}=\frac{\boldsymbol{r}}{a}$, $\nabla r^2 = 2\boldsymbol{r}$ であるので, (5.35) 式から

$$\oint_C \phi\, d\boldsymbol{r} = \int_S \left\{\frac{\boldsymbol{r}}{a}\times(2\boldsymbol{r})\right\} dS = \int_S \boldsymbol{0}\, dS = \boldsymbol{0}.$$

□

(II) ストークスの定理とその物理的意味

空間内の曲面 S とその境界の閉曲線 C で定義されたベクトル場 $\boldsymbol{A}=(A_x,\ A_y,\ A_z)$ を考える. (5.33) 式の ϕ を A_x, (5.30) 式の ϕ を A_y, (5.34) 式の ϕ を A_z として, 3 式の辺々を加えると

$$\begin{aligned}
&\int_S \left\{\left(\frac{\partial A_x}{\partial z}n_y - \frac{\partial A_x}{\partial y}n_z\right) + \left(\frac{\partial A_y}{\partial x}n_z - \frac{\partial A_y}{\partial z}n_x\right)\right. \\
&\qquad \left. + \left(\frac{\partial A_z}{\partial y}n_x - \frac{\partial A_z}{\partial x}n_y\right)\right\} dS \\
&= \oint_C (A_x\, dx + A_y\, dy + A_z\, dz)
\end{aligned}$$

となるが, 左辺の面積分の被積分関数は $(\nabla\times\boldsymbol{A})\cdot\boldsymbol{n} = (\mathrm{rot}\,\boldsymbol{A})\cdot\boldsymbol{n}$ であり, 右辺の周回積分は $\oint_C \boldsymbol{A}\cdot d\boldsymbol{r}$ であるから

ステップ 8 : 定理 **ストークスの定理**

有向曲面 S の境界の閉曲線を C とするとき, S を含む領域で定義された C^1-級のベクトル場 $\boldsymbol{A}$ に対して

$$\int_S (\nabla \times \boldsymbol{A}) \cdot \boldsymbol{n}\, dS \ \left(= \int_S (\mathrm{rot}\, \boldsymbol{A}) \cdot \boldsymbol{n}\, dS \right) = \oint_C \boldsymbol{A} \cdot d\boldsymbol{r} = \oint_C \boldsymbol{A} \cdot \boldsymbol{t}\, ds \tag{5.36}$$

が成立する．これを**ストークスの定理**という．

次にストークスの定理の物理的意味を考える．空間内のある点 P におけるベクトル場の回転は，極限としての点 P を通る回転軸のまわりを回っている流体の単位時間，単位面積当たりの循環（渦の強さ）を表している．いま図 5.9 に示すように，曲面 S を微小な領域 ΔS_i（$i = 1, 2, \ldots$）に分割し，ΔS_i の境界の閉曲線を C_i とする．このとき（微小な領域であるので）ΔS_i は平面とみなすことができる．従って ΔS_i の単位法線ベクトル $\boldsymbol{n}$ に垂直な単位面積当たりの渦の強さが一定であると考えれば，（前章の循環からベクトル場の回転を求めた過程から）

$$\{(\nabla \times \boldsymbol{A}) \cdot \boldsymbol{n}\}\, \Delta S_i \fallingdotseq \oint_{C_i} \boldsymbol{A} \cdot d\boldsymbol{r} \tag{5.37}$$

と近似できる．(5.37) 式の左辺についてリーマン和を考えれば，任意の分割を細かくしていった極限として (5.36) 式の左辺の面積分が得られる．すなわち (5.36) 式の左辺の面積分は曲面 S における $\boldsymbol{n}$ に垂直な渦の強さの総和である．

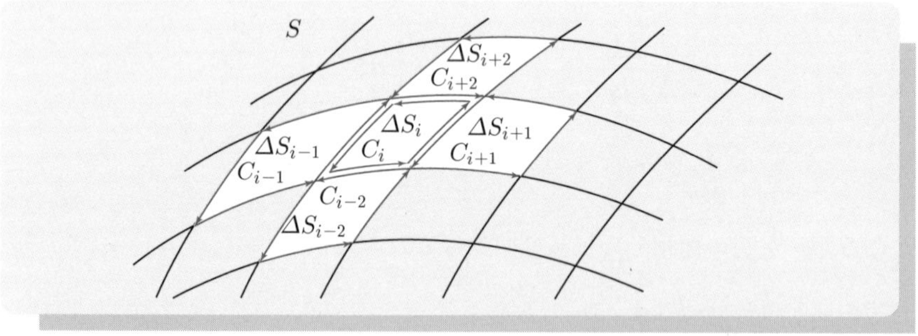

図 5.9 曲面 S の微小な領域への分割とその境界の周回積分

一方 (5.37) 式の右辺は，微小領域 ΔS_i の境界の閉曲線 C_i に沿った循環を表しているが，この周回積分のすべての微小領域についての和を考える．図 5.9

では ΔS_i に 4 個の領域 ΔS_{i-2}, ΔS_{i-1}, ΔS_{i+1} および ΔS_{i+2} が隣接している場合を示した．図からわかるように隣接する 4 個の領域それぞれの境界の閉曲線の一部が C_i と重なっており，それぞれの領域の境界の正の向きの周回積分において，C_i と共通する部分の積分路の向きは逆であるので，その部分の線積分は相殺して零となる．それぞれの微小領域についての周回積分を同様に考えて全体の和をとれば，S の内部にある重なった積分路の部分に沿っての線積分はすべて相殺するので，

$$\sum_i \left(\oint_{C_i} \boldsymbol{A} \cdot d\boldsymbol{r} \right) = \oint_C \boldsymbol{A} \cdot d\boldsymbol{r}$$

と，C に沿っての周回積分だけが残る．以上から（任意の分割を細かくしていった極限として）(5.36) 式の右辺は S の境界の単位時間当たりの閉曲線 C に沿っての循環を表している．以上まとめると

ステップ 9：キーポイント　ストークスの定理の物理的意味

ストークスの定理は，「曲面 S の法線方向を回転軸とする渦の強さの総和は境界の閉曲線 C に沿った循環に等しい」ということを意味している．すなわち，ある領域全体での渦の強さを求めるにはその曲面の境界に沿った循環を計算すればよい．

例 5.4（ストークスの定理と平面のグリーンの定理）　ストークスの定理において，xy 平面上の領域 $S = D$ の境界を C として，C 上および D で定義されたベクトル場を $\boldsymbol{A} = (M(x,\, y),\, N(x,\, y),\, 0)$ とする．このとき $\frac{\partial M}{\partial z} = \frac{\partial N}{\partial z} = 0$ であり，$\boldsymbol{n} = \boldsymbol{k}$ であるから

$$\nabla \times \boldsymbol{A} = \left(0,\, 0,\, \frac{\partial N}{\partial x} - \frac{\partial M}{\partial y} \right)$$

より

$$\begin{aligned}\int_S (\nabla \times \boldsymbol{A}) \cdot \boldsymbol{n}\, dS &= \iint_D \left(\frac{\partial N}{\partial x} - \frac{\partial M}{\partial y} \right) dxdy \\ &= \oint_C \boldsymbol{A} \cdot d\boldsymbol{r} = \oint_C (M(x,\, y)\, dx + N(x,\, y)\, dy)\end{aligned}$$

であるので，これは平面のグリーンの定理：(5.29) 式である．つまり平面のグリーンの定理はストークスの定理の特別な場合であることがわかる． □

例 5.5 **(保存力場と仕事)** 例 4.4 について，ストークスの定理を用いて説明する．保存力場 $\boldsymbol{F}$ は

$$\boldsymbol{F} = -\nabla\phi$$

を満たすスカラーポテンシャル ϕ をもつので

$$\nabla \times \boldsymbol{F} = \nabla \times (-\nabla\phi) = \boldsymbol{0}$$

である．ストークスの定理より

$$\int_S (\nabla \times \boldsymbol{F}) \cdot \boldsymbol{n}\, dS = \oint_C \boldsymbol{F} \cdot d\boldsymbol{r} = 0$$

であるから，空間内の経路 C を一周してきたときになされる仕事は零である．

□

例題 5.5

曲面 $S = \left\{(x,\, y,\, z) \,\middle|\, z = 4 - x^2 - 4y^2,\, z \geq 0\right\}$ の境界の閉曲線を C とするとき，ベクトル場

$$\boldsymbol{A} = \left(y^2 + y + 2xz,\, 2xy - x + z^2,\, x^2 - z + 2yz\right)$$

の C に沿った周回積分 $\displaystyle\oint_C \boldsymbol{A} \cdot d\boldsymbol{r}$ を次の 2 つの方法で求めよ．ただし積分路 C は正の向きとし，S の単位法線ベクトル $\boldsymbol{n}$ の向きはその z 成分が正の方向とする．

(1) 積分路 C をパラメータ表示 $(\boldsymbol{r}(t) = (2\cos t,\, \sin t,\, 0) \quad (0 \leq t \leq 2\pi))$ して周回積分を直接求める方法．

(2) ストークスの定理を用いて求める方法．

解答 (1) 閉曲線 C において，

$$\begin{aligned}\boldsymbol{A} &= \left(y^2 + y,\, 2xy - x,\, x^2\right) \\ &= \left(\sin^2 t + \sin t,\, 4\cos t \sin t - 2\cos t,\, 4\cos^2 t\right),\end{aligned}$$

$$\frac{d\boldsymbol{r}}{dt} = (-2\sin t,\ \cos t,\ 0)$$

であるので,

$$\begin{aligned}\oint_C \boldsymbol{A}\cdot d\boldsymbol{r} &= \int_0^{2\pi}\left\{-2\left(\sin^2 t+\sin t\right)\sin t+\left(4\cos t\sin t-2\cos t\right)\cos t\right\}dt\\ &= \int_0^{2\pi}\left(-2\sin^3 t-2\sin^2 t+4\cos^2 t\sin t-2\cos^2 t\right)dt\\ &= \int_0^{2\pi}\left(-2\sin t+6\cos^2 t\sin t-2\right)dt\\ &= \Big[2\cos t-2\cos^3 t-2t\Big]_0^{2\pi} = -4\pi.\end{aligned}$$

(2)

$$\nabla\times\boldsymbol{A} = (2z-2z,\ 2x-2x,\ 2y-1-2y-1) = (0,\ 0,\ -2)$$

であるので, $\boldsymbol{n}=(n_x,\ n_y,\ n_z)$ とすると, ストークスの定理を利用して

$$\oint_C \boldsymbol{A}\cdot d\boldsymbol{r} = -2\int_S n_z\,dS = -2\iint_D dxdy = -4\pi.$$

ただし S の xy 平面への正射影を D として, 楕円の面積より求めた. □

✔ **チェック問題 5.5**　曲面 $S=\left\{(x,\ y,\ z)\ \middle|\ x^2+y^2+z^2=9,\ z\geq 0\right\}$ の境界の閉曲線を C とするとき, ベクトル場

$$\boldsymbol{A} = (3x+y+z,\ -2x+y-z,\ x+y+3z)$$

の C に沿った周回積分 $\oint_C \boldsymbol{A}\cdot d\boldsymbol{r}$ を次の 2 つの方法で求めよ. ただし積分路 C は正の向きとし, S の単位法線ベクトル $\boldsymbol{n}$ の向きはその z 成分が正の方向とする.

(1)　積分路 C をパラメータ表示（$\boldsymbol{r}(t)=(3\cos t,\ 3\sin t,\ 0)$　$(0\leq t\leq 2\pi)$）して周回積分を直接求める方法.

(2)　ストークスの定理を用いて求める方法.

5章の演習問題

□**1**　ベクトル場 $\boldsymbol{A} = \cos(xyz)\,(yz,\, zx,\, xy)$, $\boldsymbol{B} = e^{x^2+y^2+z^2}\,(x,\, y,\, z)$ とするとき，次の問に答えよ．

(1)　$\nabla \times \boldsymbol{A}$ および $\nabla \times \boldsymbol{B}$ を計算せよ．

(2)　任意の閉曲面 S 上の面積分

$$\int_S (\boldsymbol{A} \times \boldsymbol{B}) \cdot \boldsymbol{n}\, dS$$

を計算せよ．ただし $\boldsymbol{n}$ の向きは内部から外部に向かう方向とする．

□**2**　任意の閉曲面 S, 任意のベクトル場 $\boldsymbol{A}$ について，次が成り立つことを示せ．ただし $\boldsymbol{n}$ の向きは内部から外部に向かう方向とする．

$$\int_S (\nabla \times \boldsymbol{A}) \cdot \boldsymbol{n}\, dS = 0.$$

□**3**　空間内の定点 P と十分離れている点 Q の距離を r とする．全空間 R で定義されているスカラー場 ϕ について，十分大きな r に対して

$$|\phi(\mathrm{Q})| < \frac{M}{r^k}$$

を満たす正の整数 k, および正の定数 M が存在するとき，ϕ は無限遠で $\frac{1}{r^k}$ と同じ程度で零になるという．また全空間 R で定義されているベクトル場 $\boldsymbol{A}$ について，十分大きな r に対して

$$|\boldsymbol{A}(\mathrm{Q})| < \frac{N}{r^k}$$

を満たす正の整数 k, および正の定数 N が存在するとき，$\boldsymbol{A}$ は無限遠で $\frac{1}{r^k}$ と同じ程度で零ベクトルになるという．

いま ϕ が無限遠で $\frac{1}{r}$ と同じ程度で，また $\nabla\phi$ が $\frac{1}{r^2}$ と同じ程度で零ベクトルになるとき，

$$\phi(\mathrm{P}) = -\frac{1}{4\pi}\int_R \frac{\nabla^2\phi}{r}\, dV$$

となることを示せ[11)]．

---

11) この式は全空間 R において (5.21) 式のポアソンの方程式の解が $\phi = \int_R \frac{\rho}{r}\, dV$ で与えられることを示している．

□**4** xy 平面上で定義された C^1-級の関数 $M(x,\,y),\,N(x,\,y)$ に対して，ベクトル場 $\boldsymbol{A}=(M(x,\,y),\,N(x,\,y),\,0)$ とする．xy 平面上の任意の単一閉曲線 C に囲まれた領域を D とするとき，$\boldsymbol{B}=\boldsymbol{A}\times\boldsymbol{k}$ について

$$\iint_D \nabla\cdot\boldsymbol{B}\,dxdy=\oint_C \boldsymbol{B}\cdot\boldsymbol{n}\,ds$$

となることを平面のグリーンの定理を利用して証明せよ[12)]．ただし閉曲線 C の単位法線ベクトル $\boldsymbol{n}$ は D の内部から外部に向かう方向とする．

□**5** 任意の有向曲面 S の境界の閉曲線を C とするとき，スカラー場 $\phi,\,\psi$ に対して次が成り立つことを示せ．

(1) $\displaystyle\oint_C (\phi\nabla\psi)\cdot d\boldsymbol{r}=-\oint_C (\psi\nabla\phi)\cdot d\boldsymbol{r}$

(2) $\displaystyle\oint_C (\phi\nabla\psi)\cdot d\boldsymbol{r}=\int_S \{(\nabla\phi)\times(\nabla\psi)\}\cdot\boldsymbol{n}\,dS$

---

12) この関係式を拡張したものがガウスの発散定理である．

問題の解答

第1章

チェック問題 **1.1**

$$3\boldsymbol{A}+\boldsymbol{B}=(3\times 1+(-2),\ 3\times 0+1,\ 3\times(-1)+3)=(1,\ 1,\ 0)\,,$$
$$\overrightarrow{\mathrm{OS}}=\left(\frac{-2\times 1+1\times(-2)}{1-2},\ \frac{-2\times 0+1\times 1}{1-2},\ \frac{-2\times(-1)+1\times 3}{1-2}\right)$$
$$=(4,\ -1,\ -5)\,,$$
$$\left|\overrightarrow{\mathrm{OS}}\right|=\sqrt{4^2+(-1)^2+(-5)^2}=\sqrt{42}.$$

チェック問題 **1.2**　$\frac{a-1}{2}=\frac{3b+1}{-2b-4}=\frac{4}{a+1}$ より，

$$\begin{cases}(a-1)(-2b-4)=2(3b+1)\\(a-1)(a+1)=8\end{cases}$$

を解く．第2式より，$a=\pm 3$ であり，

(i)　$a=3$ のとき第1式に代入して $b=-1$.

(ii)　$a=-3$ のとき第1式に代入して $b=-7$.

チェック問題 **1.3**

(1)　$\begin{vmatrix}2&4&6\\1&0&3\\1&-2&0\end{vmatrix}=12$ より共面ベクトルではない．

(2)　$\begin{vmatrix}5&5&9\\6&2&4\\-1&3&5\end{vmatrix}=0$ より共面ベクトルである．

◆ 演習問題

1　(1)

$$\overrightarrow{\mathrm{OA}}+2\overrightarrow{\mathrm{AB}}+3\overrightarrow{\mathrm{BC}}-4\overrightarrow{\mathrm{OC}}$$
$$=\overrightarrow{\mathrm{OA}}+2\left(\overrightarrow{\mathrm{OB}}-\overrightarrow{\mathrm{OA}}\right)+3\left(\overrightarrow{\mathrm{OC}}-\overrightarrow{\mathrm{OB}}\right)-4\overrightarrow{\mathrm{OC}}=-\left(\overrightarrow{\mathrm{OA}}+\overrightarrow{\mathrm{OB}}+\overrightarrow{\mathrm{OC}}\right)$$
$$=-(a-b+2c+1,\ -a+2b-2c-1,\ 3a+2b-c-4)=(0,\ 0,\ 0)$$

より，成分を比較して連立1次方程式を解けば，$a=1,\ b=0,\ c=-1$.

(2)　$\overrightarrow{\mathrm{OA}} = (3,\ 0,\ 0)$ である．$\overrightarrow{\mathrm{OA}}$ の方向余弦を $\cos\alpha_{\mathrm{A}}$, $\cos\beta_{\mathrm{A}}$, $\cos\gamma_{\mathrm{A}}$ とすると

$$\cos\alpha_{\mathrm{A}} = \frac{3}{\sqrt{3^2+0^2+0^2}} = 1, \quad \cos\beta_{\mathrm{A}} = \frac{0}{\sqrt{3^2+0^2+0^2}} = 0,$$
$$\cos\gamma_{\mathrm{A}} = \frac{0}{\sqrt{3^2+0^2+0^2}} = 0.$$

$\overrightarrow{\mathrm{OB}} = (-1,\ 0,\ -1)$ である．$\overrightarrow{\mathrm{OB}}$ の方向余弦を $\cos\alpha_{\mathrm{B}}$, $\cos\beta_{\mathrm{B}}$, $\cos\gamma_{\mathrm{B}}$ とすると

$$\cos\alpha_{\mathrm{B}} = -\frac{1}{\sqrt{(-1)^2+0^2+(-1)^2}} = -\frac{\sqrt{2}}{2}, \quad \cos\beta_{\mathrm{B}} = \frac{0}{\sqrt{(-1)^2+0^2+(-1)^2}} = 0,$$
$$\cos\gamma_{\mathrm{B}} = -\frac{1}{\sqrt{(-1)^2+0^2+(-1)^2}} = -\frac{\sqrt{2}}{2}.$$

$\overrightarrow{\mathrm{OC}} = (-2,\ 0,\ 1)$ である．$\overrightarrow{\mathrm{OC}}$ の方向余弦を $\cos\alpha_{\mathrm{C}}$, $\cos\beta_{\mathrm{C}}$, $\cos\gamma_{\mathrm{C}}$ とすると

$$\cos\alpha_{\mathrm{C}} = -\frac{2}{\sqrt{(-2)^2+0^2+1^2}} = -\frac{2\sqrt{5}}{5}, \quad \cos\beta_{\mathrm{C}} = \frac{0}{\sqrt{(-2)^2+0^2+1^2}} = 0,$$
$$\cos\gamma_{\mathrm{C}} = \frac{1}{\sqrt{(-2)^2+0^2+1^2}} = \frac{\sqrt{5}}{5}.$$

2　(1)　図 A.1 に示すように，△OAB と △ODC は相似であるので，$\overrightarrow{\mathrm{OD}} = \lambda\boldsymbol{A}$, $\overrightarrow{\mathrm{OC}} = \lambda\boldsymbol{B}$ と表される．ここで △PAB と △PCD は相似であるので，AP : CP = AB : CD = 1 : λ より，

$$\overrightarrow{\mathrm{OP}} = \frac{1}{1+\lambda}\left(\lambda\overrightarrow{\mathrm{OA}} + \overrightarrow{\mathrm{OC}}\right) = \frac{\lambda}{1+\lambda}\left(\boldsymbol{A}+\boldsymbol{B}\right).$$

一方

$$\overrightarrow{\mathrm{OQ}} = \frac{1}{2}\left(\boldsymbol{A}+\boldsymbol{B}\right) = \frac{1+\lambda}{2\lambda}\overrightarrow{\mathrm{OP}},$$
$$\overrightarrow{\mathrm{OR}} = \frac{\lambda}{2}\left(\boldsymbol{A}+\boldsymbol{B}\right) = \frac{1+\lambda}{2}\overrightarrow{\mathrm{OP}}$$

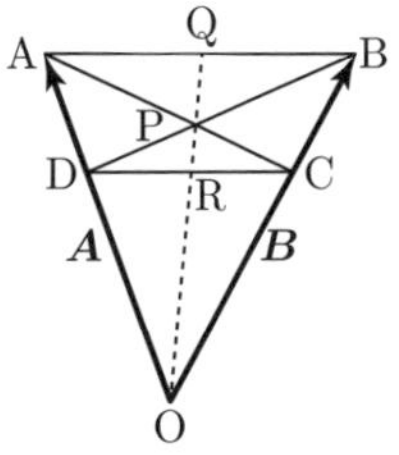

図 **A.1**　2の図

であり，いずれのベクトルも始点が同じ O の $\overrightarrow{\mathrm{OP}}$ のスカラー倍のベクトルであるので，Q, R は OP を通る直線上にある．

(2)　P が △OAB の重心であるとき，$\overrightarrow{\mathrm{OP}} = \frac{2}{3}\overrightarrow{\mathrm{OQ}} = \frac{1}{3}\left(\boldsymbol{A}+\boldsymbol{B}\right)$ であるので，$\frac{\lambda}{1+\lambda} = \frac{1}{3}$ を解くと，$\lambda = \frac{1}{2}$ である．

3　(1)　$\frac{-x-1}{3} = \frac{y-5}{2} = z-1$ である．

(2)　$\mathrm{P}(x,\ y,\ z)$ が ℓ 上にあるとき，$\frac{-x-1}{3} = \frac{y-5}{2} = z-1 = t$ とおくと，

$$\begin{cases} x = -3t-1 \\ y = 2t+5 \\ z = t+1 \end{cases}$$

と表される．従って，

$$\mathrm{OP} = \sqrt{(-3t-1)^2+(2t+5)^2+(t+1)^2}$$
$$= \sqrt{14t^2+28t+27} = \sqrt{14(t+1)^2+13}$$

より，$t=-1$ のとき最小で P の座標は $(2,\ 3,\ 0)$ であり，距離は $\sqrt{13}$ である．

4　$\overrightarrow{\mathrm{AB}}$, $\overrightarrow{\mathrm{AC}}$, $\overrightarrow{\mathrm{AD}}$ が共面ベクトルであるかどうかを調べればよい．

(1) $\overrightarrow{\mathrm{AB}} = (-1,\ 3,\ -1)$, $\overrightarrow{\mathrm{AC}} = (4,\ 1,\ 4)$, $\overrightarrow{\mathrm{AD}} = (1,\ -1,\ 3)$ より,

$$\begin{vmatrix} -1 & 4 & 1 \\ 3 & 1 & -1 \\ -1 & 4 & 3 \end{vmatrix} = -26$$

だから共面ベクトルではないので同一平面上にはない.

(2) $\overrightarrow{\mathrm{AB}} = (-6,\ 0,\ -2)$, $\overrightarrow{\mathrm{AC}} = (-6,\ -3,\ -1)$, $\overrightarrow{\mathrm{AD}} = (-3,\ -3,\ 0)$ より,

$$\begin{vmatrix} -6 & -6 & -3 \\ 0 & -3 & -3 \\ -2 & -1 & 0 \end{vmatrix} = 0$$

だから共面ベクトルであるので同一平面上にある.平面の方程式は (1.9) 式の $\boldsymbol{u} = \overrightarrow{\mathrm{AB}}$, $\boldsymbol{v} = \overrightarrow{\mathrm{AC}}$ として

$$\boldsymbol{r} = (x,\ y,\ z) = (5 - 6s - 6t,\ 1 - 3t,\ -1 - 2s - t)\,.$$

5 (1) A, B を通る直線の方程式は $\boldsymbol{r} = \boldsymbol{A} + t\,(\boldsymbol{B} - \boldsymbol{A})$ である.P がこの直線上にあるので,$\boldsymbol{A} + t\,(\boldsymbol{B} - \boldsymbol{A}) = \lambda \boldsymbol{A} + 3\boldsymbol{B}$ より,1 次関係式 $(1 - t - \lambda)\,\boldsymbol{A} + (t - 3)\,\boldsymbol{B} = \boldsymbol{0}$ が得られる.$\boldsymbol{A}$, $\boldsymbol{B}$ は共線ベクトルではないので 1 次独立であり,自明な解のみであるので,$t = 3$, $\lambda = -2$ が得られる.

(2) A, B, C を通る平面の方程式は $\boldsymbol{r} = \boldsymbol{A} + s\,(\boldsymbol{B} - \boldsymbol{A}) + t\,(\boldsymbol{C} - \boldsymbol{A})$ である.Q がこの平面上にあるので,$\boldsymbol{A} + s\,(\boldsymbol{B} - \boldsymbol{A}) + t\,(\boldsymbol{C} - \boldsymbol{A}) = 4\boldsymbol{A} + \mu \boldsymbol{B} - 2\boldsymbol{C}$ より,1 次関係式

$$(1 - s - t - 4)\,\boldsymbol{A} + (s - \mu)\,\boldsymbol{B} + (t + 2)\,\boldsymbol{C} = \boldsymbol{0}$$

が得られる.$\boldsymbol{A}$, $\boldsymbol{B}$, $\boldsymbol{C}$ は共面ベクトルではないので 1 次独立であり,自明な解のみであるので,$t = -2$, $s = -1$, $\mu = -1$ である.

第 2 章

チェック問題 2.1 $\boldsymbol{X} = 3\boldsymbol{A} - \boldsymbol{B} = (1,\ -1,\ -2)$, $\boldsymbol{Y} = -2\boldsymbol{A} + \boldsymbol{B} = (0,\ 1,\ 1)$ のなす角を θ とすると,

$$\cos\theta = \frac{\boldsymbol{X} \cdot \boldsymbol{Y}}{|\boldsymbol{X}|\,|\boldsymbol{Y}|} = \frac{-3}{\sqrt{6}\,\sqrt{2}} = -\frac{\sqrt{3}}{2}$$

より,$\theta = \frac{5}{6}\pi$.

チェック問題 2.2 (1)

$$\begin{aligned} (a\boldsymbol{A} + 2\boldsymbol{B}) \times (-\boldsymbol{A} + 5\boldsymbol{B}) &= -a\boldsymbol{A} \times \boldsymbol{A} + 5a\boldsymbol{A} \times \boldsymbol{B} - 2\boldsymbol{B} \times \boldsymbol{A} + 10\boldsymbol{B} \times \boldsymbol{B} \\ &= (5a + 2)\boldsymbol{A} \times \boldsymbol{B} = -3\boldsymbol{A} \times \boldsymbol{B} \end{aligned}$$

より $5a + 2 = -3$ を解くと,$a = -1$.

(2)

$$\begin{aligned} (\boldsymbol{A} - b\boldsymbol{B}) \times (-2b\boldsymbol{A} + 3\boldsymbol{B}) &= -2b\boldsymbol{A} \times \boldsymbol{A} + 3\boldsymbol{A} \times \boldsymbol{B} + 2b^2\boldsymbol{B} \times \boldsymbol{A} - 3b\boldsymbol{B} \times \boldsymbol{B} \\ &= (3 - 2b^2)\boldsymbol{A} \times \boldsymbol{B} = \boldsymbol{A} \times \boldsymbol{B} \end{aligned}$$

より $3 - 2b^2 = 1$ を解くと,$b = \pm 1$.

チェック問題 2.3 △PAB の面積を S とすると,$S = \frac{1}{2}\left|\overrightarrow{\mathrm{PA}} \times \overrightarrow{\mathrm{PB}}\right|$ であるので,

$$\overrightarrow{\mathrm{PA}} \times \overrightarrow{\mathrm{PB}} = \begin{vmatrix} \boldsymbol{i} & \boldsymbol{j} & \boldsymbol{k} \\ 6 & 3 & -2 \\ -6 & a & -8 \end{vmatrix} = (2a - 24)\,\boldsymbol{i} + 60\boldsymbol{j} + (6a + 18)\,\boldsymbol{k}$$

から $(2a-24)^2+60^2+(6a+18)^2=70^2$ を解くと，$a=-5,\ 2$.

チェック問題 2.4
$$\overrightarrow{\mathrm{OA}}\cdot\left(\overrightarrow{\mathrm{OB}}\times\overrightarrow{\mathrm{OC}}\right)=\begin{vmatrix}1&0&3\\0&2&1\\-1&2&4\end{vmatrix}=12$$
より，$V=12$ である．一方
$$\overrightarrow{\mathrm{OP}}\cdot\left(\overrightarrow{\mathrm{OQ}}\times\overrightarrow{\mathrm{OR}}\right)=\begin{vmatrix}0&1&2\\1&1&a\\-2&0&1\end{vmatrix}=-2a+3$$
であるので，$|-2a+3|=\frac{12}{4}=3$ を解くと，$a=0,\ 3$.

チェック問題 2.5 $\boldsymbol{A}\cdot\boldsymbol{B}=a-1,\ \boldsymbol{B}\cdot\boldsymbol{C}=a-b-2,\ \boldsymbol{C}\cdot\boldsymbol{A}=b+1$ より
$$\boldsymbol{A}\times(\boldsymbol{B}\times\boldsymbol{C})=(b+1)\boldsymbol{B}-(a-1)\boldsymbol{C}=(-a-2b-1,\ ab+1,\ -ab-1),$$
$$(\boldsymbol{A}\times\boldsymbol{B})\times\boldsymbol{C}=(b+1)\boldsymbol{B}-(a-b-2)\boldsymbol{A}=(-2b-2,\ ab+b+2,\ -a+1)$$
から，連立方程式 $\begin{cases}-a-2b-1=2(-2b-2)\\ab+1=2(ab+b+2)\\-ab-1=2(-a+1)\end{cases}$ を解くと，$a=1,\ b=-1$.

チェック問題 2.6 $\boldsymbol{i}\times\{\boldsymbol{j}\times(\boldsymbol{k}\times\boldsymbol{j})\}=-\boldsymbol{i}\times(\boldsymbol{j}\times\boldsymbol{i})=\boldsymbol{i}\times\boldsymbol{k}=-\boldsymbol{j}$.

チェック問題 2.7 軸性ベクトル $\boldsymbol{C}$ と軸性ベクトル $\boldsymbol{P}=P_x\boldsymbol{i}+P_y\boldsymbol{j}+P_z\boldsymbol{k}$ について空間反転したときに $\boldsymbol{Q}=Q_x\boldsymbol{i}+Q_y\boldsymbol{j}+Q_z\boldsymbol{k}=\boldsymbol{C}\times\boldsymbol{P}$ を考えると，右手系を空間反転した左手系での成分の変換の式は，$\boldsymbol{C}$ と $\boldsymbol{P}$ は (2.19) 式に従うので
$$\check{\boldsymbol{Q}}=\check{\boldsymbol{C}}\times\check{\boldsymbol{P}}=\widecheck{Q_x}\check{\boldsymbol{i}}+\widecheck{Q_y}\check{\boldsymbol{j}}+\widecheck{Q_z}\check{\boldsymbol{k}}$$
に対して，
$$\widecheck{Q_x}=\widecheck{C_y}\widecheck{P_z}-\widecheck{C_z}\widecheck{P_y}=(C_y)(P_z)-(C_z)(P_y)=Q_x,$$
$$\widecheck{Q_y}=\widecheck{C_z}\widecheck{P_x}-\widecheck{C_x}\widecheck{P_z}=(C_z)(P_x)-(C_x)(P_z)=Q_y,$$
$$\widecheck{Q_z}=\widecheck{C_x}\widecheck{P_y}-\widecheck{C_y}\widecheck{P_x}=(C_x)(P_y)-(C_y)(P_x)=Q_z$$
となるので，(軸性ベクトル) × (軸性ベクトル) は軸性ベクトルであることがわかる.

チェック問題 2.8 軸性ベクトル $\boldsymbol{C}$ と軸性ベクトル $\boldsymbol{P}=P_x\boldsymbol{i}+P_y\boldsymbol{j}+P_z\boldsymbol{k}$ の内積については (2.19) 式から
$$\check{\boldsymbol{C}}\cdot\check{\boldsymbol{P}}=(C_x)(P_x)+(C_y)(P_y)+(C_z)(P_z)=\boldsymbol{C}\cdot\boldsymbol{P}$$
となるので，(軸性ベクトル)・(軸性ベクトル) はスカラーであることがわかる.

◆ 演習問題

1 (1) $\boldsymbol{A}=\overrightarrow{\mathrm{OA}},\ \boldsymbol{B}=\overrightarrow{\mathrm{OB}}$ とし，点 A から $\boldsymbol{B}$ 上におろした垂線の足を H とする.
$$\overrightarrow{\mathrm{AH}}=\overrightarrow{\mathrm{OH}}-\boldsymbol{A}=t\boldsymbol{B}-\boldsymbol{A}$$
とすると，$\overrightarrow{\mathrm{AH}}\perp\boldsymbol{B}$ であるので，
$$\overrightarrow{\mathrm{AH}}\cdot\boldsymbol{B}=(t\boldsymbol{B}-\boldsymbol{A})\cdot\boldsymbol{B}=t\,|\boldsymbol{B}|^2-\boldsymbol{A}\cdot\boldsymbol{B}=0$$
を満たす．従って，$t=\frac{\boldsymbol{A}\cdot\boldsymbol{B}}{|\boldsymbol{B}|^2}$ であるから，$\mathscr{P}\boldsymbol{A}=\left(\frac{\boldsymbol{A}\cdot\boldsymbol{B}}{|\boldsymbol{B}|^2}\right)\boldsymbol{B}$ である.

(2) $\boldsymbol{X}=2\boldsymbol{A}-\boldsymbol{B}=(-2,\ 5,\ 2),\ \boldsymbol{Y}=\boldsymbol{A}+\boldsymbol{B}=(2,\ 1,\ 1)$ とすると，(1) より
$$\mathscr{P}\boldsymbol{X}=\frac{\boldsymbol{X}\cdot\boldsymbol{Y}}{|\boldsymbol{Y}|^2}\boldsymbol{Y}=\frac{3}{6}\boldsymbol{Y}=\left(1,\ \frac{1}{2},\ \frac{1}{2}\right).$$

(3) $\boldsymbol{A}=\overrightarrow{\mathrm{OA}}$, $\boldsymbol{B}=\overrightarrow{\mathrm{OB}}$, $\boldsymbol{C}=\overrightarrow{\mathrm{OC}}$ とし，点 C から平面 Π 上におろした垂線の足を H とする．$\overrightarrow{\mathrm{CH}}=\overrightarrow{\mathrm{OH}}-\boldsymbol{C}$, $\overrightarrow{\mathrm{OH}}=\mathscr{P}\boldsymbol{C}=s\boldsymbol{A}+t\boldsymbol{B}$ とすると，$\overrightarrow{\mathrm{CH}}\perp\boldsymbol{A}$, $\overrightarrow{\mathrm{CH}}\perp\boldsymbol{B}$ であるので，

$$\begin{cases}\overrightarrow{\mathrm{CH}}\cdot\boldsymbol{A}=s\,|\boldsymbol{A}|^2+t\boldsymbol{B}\cdot\boldsymbol{A}-\boldsymbol{C}\cdot\boldsymbol{A}=0\\ \overrightarrow{\mathrm{CH}}\cdot\boldsymbol{B}=s\boldsymbol{A}\cdot\boldsymbol{B}+t\,|\boldsymbol{B}|^2-\boldsymbol{C}\cdot\boldsymbol{B}=0\end{cases}$$

を満たす．従って，この連立方程式を解くと

$$\begin{cases}s=\dfrac{(\boldsymbol{A}\cdot\boldsymbol{C})\,|\boldsymbol{B}|^2-(\boldsymbol{A}\cdot\boldsymbol{B})\,(\boldsymbol{B}\cdot\boldsymbol{C})}{|\boldsymbol{A}|^2\,|\boldsymbol{B}|^2-(\boldsymbol{A}\cdot\boldsymbol{B})^2}\\ t=\dfrac{(\boldsymbol{B}\cdot\boldsymbol{C})\,|\boldsymbol{A}|^2-(\boldsymbol{A}\cdot\boldsymbol{B})\,(\boldsymbol{A}\cdot\boldsymbol{C})}{|\boldsymbol{A}|^2\,|\boldsymbol{B}|^2-(\boldsymbol{A}\cdot\boldsymbol{B})^2}\end{cases}$$

より

$$\mathscr{P}\boldsymbol{C}=\left(\frac{(\boldsymbol{A}\cdot\boldsymbol{C})\,|\boldsymbol{B}|^2-(\boldsymbol{A}\cdot\boldsymbol{B})\,(\boldsymbol{B}\cdot\boldsymbol{C})}{|\boldsymbol{A}|^2\,|\boldsymbol{B}|^2-(\boldsymbol{A}\cdot\boldsymbol{B})^2}\right)\boldsymbol{A}+\left(\frac{(\boldsymbol{B}\cdot\boldsymbol{C})\,|\boldsymbol{A}|^2-(\boldsymbol{A}\cdot\boldsymbol{B})\,(\boldsymbol{A}\cdot\boldsymbol{C})}{|\boldsymbol{A}|^2\,|\boldsymbol{B}|^2-(\boldsymbol{A}\cdot\boldsymbol{B})^2}\right)\boldsymbol{B}.$$

(4) $\boldsymbol{A}\cdot\boldsymbol{B}=0$, $\boldsymbol{A}\cdot\boldsymbol{C}=7$, $\boldsymbol{B}\cdot\boldsymbol{C}=-14$, $|\boldsymbol{A}|^2=21$, $|\boldsymbol{B}|^2=14$ であるので，(3) より

$$\mathscr{P}\boldsymbol{C}=\frac{7}{21}\boldsymbol{A}+\left(\frac{-14}{14}\right)\boldsymbol{B}=\left(\frac{7}{3},\,-\frac{7}{3},\,-\frac{7}{3}\right).$$

2 (1) $\boldsymbol{A}=\cos\alpha\boldsymbol{i}+\sin\alpha\boldsymbol{j}$, $\boldsymbol{B}=\cos\beta\boldsymbol{i}+\sin\beta\boldsymbol{j}$ に対して，$\boldsymbol{A}$ と $\boldsymbol{B}$ のなす角を $|\alpha-\beta|$ とすると，$|\boldsymbol{A}|=|\boldsymbol{B}|=1$ から

$$\begin{aligned}\boldsymbol{A}\cdot\boldsymbol{B}&=|\boldsymbol{A}|\,|\boldsymbol{B}|\cos|\alpha-\beta|=\cos(\alpha-\beta)\\&=(\cos\alpha\boldsymbol{i}+\sin\alpha\boldsymbol{j})\cdot(\cos\beta\boldsymbol{i}+\sin\beta\boldsymbol{j})=\cos\alpha\cos\beta+\sin\alpha\sin\beta.\end{aligned}$$

(2) 平行四辺形の対角線は $\boldsymbol{A}+\boldsymbol{B}$ と $\boldsymbol{A}-\boldsymbol{B}$ であるので，$|\boldsymbol{A}|=|\boldsymbol{B}|$ から

$$(\boldsymbol{A}+\boldsymbol{B})\cdot(\boldsymbol{A}-\boldsymbol{B})=|\boldsymbol{A}|^2-|\boldsymbol{B}|^2=0$$

である．従って $\boldsymbol{A}+\boldsymbol{B}\perp\boldsymbol{A}-\boldsymbol{B}$ である．

(3) 点 P から平面 Π 上におろした垂線の足を H とする．$\overrightarrow{\mathrm{AH}}\perp\hat{\boldsymbol{n}}$, $\overrightarrow{\mathrm{PH}}\,/\!/\,\hat{\boldsymbol{n}}$ であるので，

$$\overrightarrow{\mathrm{AH}}\cdot\hat{\boldsymbol{n}}=\left(\overrightarrow{\mathrm{AP}}+\overrightarrow{\mathrm{PH}}\right)\cdot\hat{\boldsymbol{n}}=\overrightarrow{\mathrm{AP}}\cdot\hat{\boldsymbol{n}}+\overrightarrow{\mathrm{PH}}\cdot\hat{\boldsymbol{n}}=0$$

より $\left|\overrightarrow{\mathrm{AP}}\cdot\hat{\boldsymbol{n}}\right|=\left|\overrightarrow{\mathrm{PH}}\right|\,|\hat{\boldsymbol{n}}|$ である．

よって $\left|\overrightarrow{\mathrm{PH}}\right|=h$, $\overrightarrow{\mathrm{AP}}=(x_1-x_0,\,y_1-y_0,\,z_1-z_0)$ より

$$h=\frac{|a(x_1-x_0)+b(y_1-y_0)+c(z_1-z_0)|}{|\hat{\boldsymbol{n}}|}.$$

(4) 直線 ℓ の方程式は $-x+2=\frac{y}{3}=\frac{-z+2}{2}=t$ より，P から ℓ へおろした垂線の足を $\mathrm{H}(-t+2,\,3t,\,-2t+2)$ とすると，$\overrightarrow{\mathrm{PH}}=(-t-2,\,3t+2,\,-2t-3)$ であるので，$\overrightarrow{\mathrm{PH}}\perp\boldsymbol{d}$ より

$$\overrightarrow{\mathrm{PH}}\cdot\boldsymbol{d}=(-1)(-t-2)+3(3t+2)+(-2)(-2t-3)=14t+14=0$$

から，$t=-1$ が得られる．よって，$\overrightarrow{\mathrm{PH}}=(-1,\,-1,\,-1)$ より

$$h=\sqrt{(-1)^2+(-1)^2+(-1)^2}=\sqrt{3}.$$

3　(1)

$$\boldsymbol{A}\times\boldsymbol{B}=\begin{vmatrix}\boldsymbol{i} & \boldsymbol{j} & \boldsymbol{k}\\ 1 & 0 & 1\\ 0 & 1 & -1\end{vmatrix}=-\boldsymbol{i}+\boldsymbol{j}+\boldsymbol{k}$$

より，$\boldsymbol{A}$ と $\boldsymbol{B}$ に垂直な単位ベクトルは $\boldsymbol{e}=\pm\frac{1}{\sqrt{3}}\,(-1,\,1,\,1)$ である．従って求めるベクトルは $\pm\frac{2}{\sqrt{3}}\,(-1,\,1,\,1)$ である．

(2)　平面 Π_1 の法線ベクトルは $\widehat{\boldsymbol{n}_1}=(1,\,1,\,1)$，平面 Π_2 の法線ベクトルは $\widehat{\boldsymbol{n}_2}=(1,\,-1,\,-2)$ であるので，交線 ℓ に平行なベクトル $\boldsymbol{d}$ は

$$\boldsymbol{d}=\widehat{\boldsymbol{n}_1}\times\widehat{\boldsymbol{n}_2}=\begin{vmatrix}\boldsymbol{i} & \boldsymbol{j} & \boldsymbol{k}\\ 1 & 1 & 1\\ 1 & -1 & -2\end{vmatrix}=-\boldsymbol{i}+3\boldsymbol{j}-2\boldsymbol{k}$$

である．$\boldsymbol{d}$ に平行で点 A$(5,\,-4,\,3)$ を通る直線の方程式は，$-x+5=\frac{y+4}{3}=\frac{-z+3}{2}$ である．

(3)　$\boldsymbol{A}=\cos\alpha\boldsymbol{i}+\sin\alpha\boldsymbol{j}$，$\boldsymbol{B}=\cos\beta\boldsymbol{i}+\sin\beta\boldsymbol{j}$ に対して，$\boldsymbol{A}$ と $\boldsymbol{B}$ のなす角を $\alpha-\beta$ とする．($|\boldsymbol{A}|=|\boldsymbol{B}|=1$)

(i)　$0\leq\alpha-\beta\leq\pi$ のとき

右ネジの進む方向に注意すると，

$$\begin{aligned}\boldsymbol{B}\times\boldsymbol{A}&=\begin{vmatrix}\boldsymbol{i} & \boldsymbol{j} & \boldsymbol{k}\\ \cos\beta & \sin\beta & 0\\ \cos\alpha & \sin\alpha & 0\end{vmatrix}=(\sin\alpha\cos\beta-\cos\alpha\sin\beta)\,\boldsymbol{k}\\ &=|\boldsymbol{B}|\,|\boldsymbol{A}|\sin(\alpha-\beta)\boldsymbol{k}=\sin(\alpha-\beta)\boldsymbol{k}\end{aligned}$$

であるので，加法定理が成立する．

(ii)　$\pi\leq\alpha-\beta\leq2\pi$ のとき

$0\leq2\pi-(\alpha-\beta)\leq\pi$ であるので，右ネジの進む方向に注意すると，

$$\begin{aligned}\boldsymbol{A}\times\boldsymbol{B}&=\begin{vmatrix}\boldsymbol{i} & \boldsymbol{j} & \boldsymbol{k}\\ \cos\alpha & \sin\alpha & 0\\ \cos\beta & \sin\beta & 0\end{vmatrix}=-(\sin\alpha\cos\beta-\cos\alpha\sin\beta)\boldsymbol{k}\\ &=|\boldsymbol{A}|\,|\boldsymbol{B}|\sin\{2\pi-(\alpha-\beta)\}\boldsymbol{k}=-\sin(\alpha-\beta)\boldsymbol{k}\end{aligned}$$

であるので，やはり加法定理が成立する．

(4)　$\boldsymbol{A}+\boldsymbol{B}+\boldsymbol{C}=\boldsymbol{0}$ である．よって

$$\begin{aligned}\boldsymbol{A}\times\boldsymbol{B}&=\boldsymbol{A}\times(-\boldsymbol{A}-\boldsymbol{C})=-\boldsymbol{A}\times\boldsymbol{C}=\boldsymbol{C}\times\boldsymbol{A},\\ \boldsymbol{B}\times\boldsymbol{C}&=\boldsymbol{B}\times(-\boldsymbol{A}-\boldsymbol{B})=-\boldsymbol{B}\times\boldsymbol{A}=\boldsymbol{A}\times\boldsymbol{B}\end{aligned}$$

より $\boldsymbol{A}\times\boldsymbol{B}=\boldsymbol{B}\times\boldsymbol{C}=\boldsymbol{C}\times\boldsymbol{A}$ が成り立つ．一方 $\triangle$ABC の面積 S について

$$2S=|\boldsymbol{A}\times\boldsymbol{B}|=|\boldsymbol{B}\times\boldsymbol{C}|=|\boldsymbol{C}\times\boldsymbol{A}|$$

より

$$|\boldsymbol{B}|\,|\boldsymbol{C}|\sin A=|\boldsymbol{C}|\,|\boldsymbol{A}|\sin B=|\boldsymbol{A}|\,|\boldsymbol{B}|\sin C$$

である．この式の全辺を $|\boldsymbol{A}|\,|\boldsymbol{B}|\,|\boldsymbol{C}|$ で割れば正弦定理が得られる．

4　(1)　四面体 ABCD の体積 V は $\overrightarrow{\mathrm{AB}}=\boldsymbol{B}-\boldsymbol{A}$，$\overrightarrow{\mathrm{AC}}=\boldsymbol{C}-\boldsymbol{A}$，$\overrightarrow{\mathrm{AD}}=\boldsymbol{D}-\boldsymbol{A}$ を 3 辺とする平行六面体の体積の $\frac{1}{6}$ であるので，

$$V=\frac{1}{6}\left|\overrightarrow{\mathrm{AB}}\cdot\left(\overrightarrow{\mathrm{AC}}\times\overrightarrow{\mathrm{AD}}\right)\right|=\frac{1}{6}\big|[\boldsymbol{B}-\boldsymbol{A},\,\boldsymbol{C}-\boldsymbol{A},\,\boldsymbol{D}-\boldsymbol{A}]\big|$$

上式のスカラー3重積を展開すると

$$
\begin{aligned}
V &= \frac{1}{6}\left|(\boldsymbol{B}-\boldsymbol{A})\cdot\{(\boldsymbol{C}-\boldsymbol{A})\times(\boldsymbol{D}-\boldsymbol{A})\}\right| \\
&= \frac{1}{6}\left|(\boldsymbol{B}-\boldsymbol{A})\cdot(\boldsymbol{C}\times\boldsymbol{D}-\boldsymbol{C}\times\boldsymbol{A}-\boldsymbol{A}\times\boldsymbol{D}+\boldsymbol{A}\times\boldsymbol{A})\right| \\
&= \frac{1}{6}\left|(\boldsymbol{B}-\boldsymbol{A})\cdot(\boldsymbol{C}\times\boldsymbol{D}-\boldsymbol{C}\times\boldsymbol{A}-\boldsymbol{A}\times\boldsymbol{D})\right| \\
&= \frac{1}{6}\left|[\boldsymbol{B},\,\boldsymbol{C},\,\boldsymbol{D}]-[\boldsymbol{B},\,\boldsymbol{C},\,\boldsymbol{A}]-[\boldsymbol{B},\,\boldsymbol{A},\,\boldsymbol{D}]-[\boldsymbol{A},\,\boldsymbol{C},\,\boldsymbol{D}]+[\boldsymbol{A},\,\boldsymbol{C},\,\boldsymbol{A}]+[\boldsymbol{A},\,\boldsymbol{A},\,\boldsymbol{D}]\right| \\
&= \frac{1}{6}\left|[\boldsymbol{B},\,\boldsymbol{C},\,\boldsymbol{D}]-[\boldsymbol{B},\,\boldsymbol{C},\,\boldsymbol{A}]-[\boldsymbol{B},\,\boldsymbol{A},\,\boldsymbol{D}]-[\boldsymbol{A},\,\boldsymbol{C},\,\boldsymbol{D}]\right| \\
&= \frac{1}{6}\left|[\boldsymbol{B},\,\boldsymbol{C},\,\boldsymbol{D}]-[\boldsymbol{A},\,\boldsymbol{B},\,\boldsymbol{C}]+[\boldsymbol{A},\,\boldsymbol{B},\,\boldsymbol{D}]-[\boldsymbol{A},\,\boldsymbol{C},\,\boldsymbol{D}]\right|.
\end{aligned}
$$

(2)

$$
\begin{aligned}
&(\boldsymbol{A}+\boldsymbol{B})\times(\boldsymbol{A}\times\boldsymbol{B})+(\boldsymbol{A}\times\boldsymbol{B})\times(\boldsymbol{A}-\boldsymbol{B}) \\
&= \boldsymbol{A}\times(\boldsymbol{A}\times\boldsymbol{B})+\boldsymbol{B}\times(\boldsymbol{A}\times\boldsymbol{B})+(\boldsymbol{A}\times\boldsymbol{B})\times\boldsymbol{A}-(\boldsymbol{A}\times\boldsymbol{B})\times\boldsymbol{B} \\
&= 2\boldsymbol{B}\times(\boldsymbol{A}\times\boldsymbol{B}) = 2\left\{(\boldsymbol{B}\cdot\boldsymbol{B})\,\boldsymbol{A}-(\boldsymbol{B}\cdot\boldsymbol{A})\,\boldsymbol{B}\right\} = 2\left|\boldsymbol{B}\right|^2\boldsymbol{A}.
\end{aligned}
$$

(3) $\boldsymbol{e}_B$ は平面 Π 上のベクトルであるので，$\boldsymbol{A}\times\boldsymbol{B}\perp\boldsymbol{e}_B$ であり，また $\boldsymbol{B}\perp\boldsymbol{e}_B$ でもあるので，$\boldsymbol{e}_B \mathbin{/\!/} (\boldsymbol{A}\times\boldsymbol{B})\times\boldsymbol{B}$ である．$|\boldsymbol{e}_B|=1$ より，

$$
\boldsymbol{e}_B = \pm\frac{(\boldsymbol{A}\times\boldsymbol{B})\times\boldsymbol{B}}{|(\boldsymbol{A}\times\boldsymbol{B})\times\boldsymbol{B}|}.
$$

(4) $\overrightarrow{\mathrm{AB}}=(-1,\,2,\,0)$, $\overrightarrow{\mathrm{AC}}=(-1,\,0,\,3)$ とすると，$\overrightarrow{\mathrm{AB}}$ と $\overrightarrow{\mathrm{AC}}$ が張る有向平面の単位法線ベクトルの向きは，$\mathrm{A}\to\mathrm{B}\to\mathrm{C}\to\mathrm{A}$ と回る方向が正であるので $\overrightarrow{\mathrm{AB}}\times\overrightarrow{\mathrm{AC}}$ の向きである．また面積 S は $S=\frac{1}{2}\left|\overrightarrow{\mathrm{AB}}\times\overrightarrow{\mathrm{AC}}\right|$ であるので，

$$
\overrightarrow{\mathrm{AB}}\times\overrightarrow{\mathrm{AC}} = \begin{vmatrix} \boldsymbol{i} & \boldsymbol{j} & \boldsymbol{k} \\ -1 & 2 & 0 \\ -1 & 0 & 3 \end{vmatrix} = 6\boldsymbol{i}+3\boldsymbol{j}+2\boldsymbol{k}
$$

であり，単位法線ベクトルは $\boldsymbol{n}=\frac{1}{\sqrt{6^2+3^2+2^2}}(6,\,3,\,2)=\frac{1}{7}(6,\,3,\,2)$ であり，$S=\frac{7}{2}$ であるので，面積ベクトル $\boldsymbol{S}$ は $\boldsymbol{S}=S\boldsymbol{n}=\left(3,\,\frac{3}{2},\,1\right)$ である．

第3章

チェック問題 3.1 $|\boldsymbol{A}(t)|=k=$ 定数であるので，$|\boldsymbol{A}(t)|^2=\boldsymbol{A}(t)\cdot\boldsymbol{A}(t)=k^2=$ 定数である．この式を t で微分すると，$2\boldsymbol{A}(t)\cdot\boldsymbol{A}'(t)=0$ であり，$\boldsymbol{A}(t)\perp\boldsymbol{A}'(t)$ である．

チェック問題 3.2

$$
\begin{aligned}
&\frac{\partial \boldsymbol{A}}{\partial u} = \left(e^u\cos v,\ e^u\sin v,\ v\right), \quad \frac{\partial \boldsymbol{A}}{\partial v} = \left(-e^u\sin v,\ e^u\cos v,\ u\right), \\
&\frac{\partial^2 \boldsymbol{A}}{\partial u^2} = \frac{\partial}{\partial u}\left(\frac{\partial \boldsymbol{A}}{\partial u}\right) = \left(e^u\cos v,\ e^u\sin v,\ 0\right), \\
&\frac{\partial^2 \boldsymbol{A}}{\partial v^2} = \frac{\partial}{\partial v}\left(\frac{\partial \boldsymbol{A}}{\partial v}\right) = \left(-e^u\cos v,\ -e^u\sin v,\ 0\right)
\end{aligned}
$$

より

$$\frac{\partial^2 \boldsymbol{A}}{\partial u^2} + \frac{\partial^2 \boldsymbol{A}}{\partial v^2} = \boldsymbol{0}.$$

チェック問題 3.3 (1) $A = \int e^t \sin t \, dt,\ B = \int e^t \cos t \, dt$ とおく.

$$\begin{aligned} A &= \int e^t \sin t \, dt = \int e^t (-\cos t)' \, dt = -e^t \cos t + \int e^t \cos t \, dt \\ &= -e^t \cos t + B, \\ B &= \int e^t \cos t \, dt = \int e^t (\sin t)' \, dt = e^t \sin t - \int e^t \sin t \, dt \\ &= e^t \sin t - A. \end{aligned}$$

上 2 式の連立 1 次方程式を解くと,

$$\begin{cases} A = \int e^t \sin t \, dt = \dfrac{1}{2} e^t (\sin t - \cos t) \\ B = \int e^t \cos t \, dt = \dfrac{1}{2} e^t (\sin t + \cos t) \end{cases}$$

を得る. なお任意定数の部分は省略して計算した. 従って, $\boldsymbol{K}$ を任意の定ベクトルとして

$$\begin{aligned} \int \boldsymbol{A}(t) \, dt &= \left(\int e^t \cos t \, dt,\ \int e^t \sin t \, dt,\ \int e^{-t} \, dt \right) \\ &= \left(\frac{1}{2} e^t (\sin t + \cos t),\ \frac{1}{2} e^t (\sin t - \cos t),\ -e^{-t} \right) + \boldsymbol{K}. \end{aligned}$$

(2)

$$\boldsymbol{A}(t) \cdot \boldsymbol{A}(t) = e^{2t} \cos^2 t + e^{2t} \sin^2 t + e^{-2t} = e^{2t} + e^{-2t}$$

より, k を任意定数として

$$\int (\boldsymbol{A}(t) \cdot \boldsymbol{A}(t)) \, dt = \int \left(e^{2t} + e^{-2t} \right) dt = \frac{e^{2t}}{2} - \frac{e^{-2t}}{2} + k.$$

(3) $\boldsymbol{A}'(t) = \left(e^t (\cos t - \sin t),\ e^t (\sin t + \cos t),\ -e^{-t} \right)$ より

$$\begin{aligned} \boldsymbol{A}'(t) \times \boldsymbol{A}(t) &= \begin{vmatrix} \boldsymbol{i} & \boldsymbol{j} & \boldsymbol{k} \\ e^t (\cos t - \sin t) & e^t (\sin t + \cos t) & -e^{-t} \\ e^t \cos t & e^t \sin t & e^{-t} \end{vmatrix} \\ &= \left(\cos t + 2 \sin t,\ -2 \cos t + \sin t,\ -e^{2t} \right) \end{aligned}$$

である. 従って, $\boldsymbol{K}$ を任意の定ベクトルとして

$$\begin{aligned} &\int (\boldsymbol{A}'(t) \times \boldsymbol{A}(t)) \, dt \\ &= \left(\int (\cos t + 2 \sin t) \, dt,\ \int (-2 \cos t + \sin t) \, dt,\ \int \left(-e^{2t} \right) dt \right) \\ &= \left(\sin t - 2 \cos t,\ -2 \sin t - \cos t,\ -\frac{e^{2t}}{2} \right) + \boldsymbol{K}. \end{aligned}$$

チェック問題 3.4

$$\int_0^2 \boldsymbol{A}(t) \, dt = \int_0^1 \boldsymbol{A}(t) \, dt + \int_1^2 \boldsymbol{A}(t) \, dt$$

$$= \left(\int_0^1 (1+t)\,dt,\ \int_0^1 (1-t)\,dt,\ \int_0^1 t^2\,dt\right) + \left(\int_1^2 (3-t)\,dt,\ \int_1^2 (t-1)^2\,dt,\ \int_1^2 \frac{1}{t}\,dt\right)$$

$$= \left(\left[t+\frac{t^2}{2}\right]_0^1,\ \left[t-\frac{t^2}{2}\right]_0^1,\ \left[\frac{t^3}{3}\right]_0^1\right) + \left(\left[3t-\frac{t^2}{2}\right]_1^2,\ \left[\frac{(t-1)^3}{3}\right]_1^2,\ \left[\log t\right]_1^2\right)$$

$$= \left(\frac{3}{2},\ \frac{1}{2},\ \frac{1}{3}\right) + \left(\frac{3}{2},\ \frac{1}{3},\ \log 2\right) = \left(3,\ \frac{5}{6},\ \frac{1}{3}+\log 2\right).$$

チェック問題 3.5 (1) $\boldsymbol{r}'(t) = 3t^2\boldsymbol{i} + 6t\boldsymbol{j} + 6\boldsymbol{k}$ であるので，

$$|\boldsymbol{r}'(t)| = \sqrt{9t^4 + 36t^2 + 36} = \sqrt{(3t^2+6)^2} = 3t^2 + 6$$

である．従って，

$$s_C = \int_{-1}^1 (3t^2+6)\,dt = \left[t^3 + 6t\right]_{-1}^1 = 14.$$

(2) $s(t) = \displaystyle\int_{-1}^t (3t^2+6)\,dt = \left[t^3+6t\right]_{-1}^t = t^3 + 6t + 7.$

(3) $\boldsymbol{t} = \dfrac{\boldsymbol{r}'(t)}{|\boldsymbol{r}'(t)|} = \left(\dfrac{1}{3t^2+6}\right)\left(3t^2\boldsymbol{i} + 6t\boldsymbol{j} + 6\boldsymbol{k}\right) = \left(\dfrac{t^2}{t^2+2},\ \dfrac{2t}{t^2+2},\ \dfrac{2}{t^2+2}\right).$

チェック問題 3.6 C のベクトル方程式は

$\boldsymbol{r}(t) = (1+(3-1)\,t,\ 0+(2-0)\,t,\ 2+(1-2)\,t) = (1+2t,\ 2t,\ 2-t)\quad (0 \leq t \leq 1)$

であるので，$\phi = (1+2t)^2 + (2t)^2 + (2-t)^2 = 9t^2 + 5$, $\boldsymbol{r}'(t) = (2,\ 2,\ -1)$, $z'(t) = -1$ となる．よって

$$\int_C \phi\,ds = \int_0^1 (9t^2+5)\sqrt{2^2+2^2+(-1)^2}\,dt = \int_0^1 \left(27t^2+15\right)dt$$
$$= \left[9t^3 + 15t\right]_0^1 = 24,$$
$$\int_C \phi\,dz = \int_0^1 (-9t^2-5)\,dt = \left[-3t^3 - 5t\right]_0^1 = -8.$$

チェック問題 3.7

$$\boldsymbol{A} = \left((-t^2)\,(2-t),\ (2-t)\,(1+t),\ (1+t)\,(-t^2)\right)$$
$$= \left(t^3 - 2t^2,\ -t^2+t+2,\ -t^3-t^2\right),$$
$$\boldsymbol{r}' = (1,\ -2t,\ -1)$$

より $\boldsymbol{A}\cdot\boldsymbol{r}' = t^3 - 2t^2 + 2t^3 - 2t^2 - 4t + t^3 + t^2 = 4t^3 - 3t^2 - 4t$ であるから

$$\int_C \boldsymbol{A}\cdot d\boldsymbol{r} = \int_0^1 (4t^3 - 3t^2 - 4t)\,dt = \left[t^4 - t^3 - 2t^2\right]_0^1 = -2.$$

チェック問題 3.8 (1) $\boldsymbol{r}'(t) = \left(\sqrt{5}\sin\sqrt{5}\,t\right)\boldsymbol{i} + \left(\sqrt{5}\cos\sqrt{5}\,t\right)\boldsymbol{j} + 2\boldsymbol{k}$ であるので，

$$|\boldsymbol{r}'(t)| = \sqrt{5\sin^2\sqrt{5}\,t + 5\cos^2\sqrt{5}\,t + 2^2} = 3$$

である．従って，

$$\boldsymbol{t} = \frac{\boldsymbol{r}'(t)}{|\boldsymbol{r}'(t)|} = \frac{\sqrt{5}\sin\sqrt{5}\,t}{3}\boldsymbol{i} + \frac{\sqrt{5}\cos\sqrt{5}\,t}{3}\boldsymbol{j} + \frac{2}{3}\boldsymbol{k} = \left(\frac{\sqrt{5}\sin\sqrt{5}\,t}{3},\ \frac{\sqrt{5}\cos\sqrt{5}\,t}{3},\ \frac{2}{3}\right).$$

(2)

$$\frac{d\boldsymbol{t}}{ds} = \frac{\frac{d\boldsymbol{t}}{dt}}{\frac{ds}{dt}} = \frac{5\cos\sqrt{5}\,t}{9}\boldsymbol{i} - \frac{5\sin\sqrt{5}\,t}{9}\boldsymbol{j} + 0\boldsymbol{k} = \left(\frac{5\cos\sqrt{5}\,t}{9},\ -\frac{5\sin\sqrt{5}\,t}{9},\ 0\right)$$

より

$$\kappa = \sqrt{\left(\frac{5\cos\sqrt{5}\,t}{9}\right)^2 + \left(-\frac{5\sin\sqrt{5}\,t}{9}\right)^2 + 0^2} = \frac{5}{9},$$

$$\boldsymbol{n} = \frac{\frac{5\cos\sqrt{5}\,t}{9}}{\frac{5}{9}}\boldsymbol{i} - \frac{\frac{5\sin\sqrt{5}\,t}{9}}{\frac{5}{9}}\boldsymbol{j} + 0\boldsymbol{k} = (\cos\sqrt{5}\,t,\ -\sin\sqrt{5}\,t,\ 0).$$

チェック問題 3.9　(1)

$$\boldsymbol{t} = \left(\frac{\sqrt{5}\sin\sqrt{5}\,t}{3}\right)\boldsymbol{i} + \left(\frac{\sqrt{5}\cos\sqrt{5}\,t}{3}\right)\boldsymbol{j} + \frac{2}{3}\boldsymbol{k}, \quad \boldsymbol{n} = \cos\sqrt{5}\,t\boldsymbol{i} - \sin\sqrt{5}\,t\boldsymbol{j} + 0\boldsymbol{k}$$

より，

$$\boldsymbol{b} = \begin{vmatrix} \boldsymbol{i} & \boldsymbol{j} & \boldsymbol{k} \\ \frac{\sqrt{5}\sin\sqrt{5}\,t}{3} & \frac{\sqrt{5}\cos\sqrt{5}\,t}{3} & \frac{2}{3} \\ \cos\sqrt{5}\,t & -\sin\sqrt{5}\,t & 0 \end{vmatrix} = \left(\frac{2\sin\sqrt{5}\,t}{3}\right)\boldsymbol{i} + \left(\frac{2\cos\sqrt{5}\,t}{3}\right)\boldsymbol{j} - \frac{\sqrt{5}}{3}\boldsymbol{k}$$

$$= \left(\frac{2\sin\sqrt{5}\,t}{3},\ \frac{2\cos\sqrt{5}\,t}{3},\ -\frac{\sqrt{5}}{3}\right).$$

(2)

$$\frac{d\boldsymbol{b}}{ds} = \frac{\frac{d\boldsymbol{b}}{dt}}{\frac{ds}{dt}} = \frac{\left(\frac{2\sqrt{5}\cos\sqrt{5}\,t}{3}\right)\boldsymbol{i} - \left(\frac{2\sqrt{5}\sin\sqrt{5}\,t}{3}\right)\boldsymbol{j} + 0\boldsymbol{k}}{3}$$

$$= \left(\frac{2\sqrt{5}\cos\sqrt{5}\,t}{9}\right)\boldsymbol{i} - \left(\frac{2\sqrt{5}\sin\sqrt{5}\,t}{9}\right)\boldsymbol{j} + 0\boldsymbol{k}$$

であるので，$\frac{d\boldsymbol{b}}{ds} = -\tau\boldsymbol{n}$ より

$$\tau = -\frac{2\sqrt{5}}{9}.$$

チェック問題 3.10　(1)　平面 $z = k$ で直円錐を切断したときの切り口の円の半径を r_0 とすると，$r_0 = 1 - k$ である．従って半径が r であるとき，$z = f(r,\ \theta) = 1 - r$ である．

(2)　$\boldsymbol{r} = \boldsymbol{r}(r,\ \theta) = (r\cos\theta,\ r\sin\theta,\ 1 - r)$ であるから，

$$\frac{\partial\boldsymbol{r}}{\partial r} = \cos\theta\boldsymbol{i} + \sin\theta\boldsymbol{j} - \boldsymbol{k}, \quad \frac{\partial\boldsymbol{r}}{\partial\theta} = -r\sin\theta\boldsymbol{i} + r\cos\theta\boldsymbol{j} + 0\boldsymbol{k}$$

より，

$$\frac{\partial\boldsymbol{r}}{\partial r} \times \frac{\partial\boldsymbol{r}}{\partial\theta} = \begin{vmatrix} \boldsymbol{i} & \boldsymbol{j} & \boldsymbol{k} \\ \cos\theta & \sin\theta & -1 \\ -r\sin\theta & r\cos\theta & 0 \end{vmatrix} = r\cos\theta\boldsymbol{i} + r\sin\theta\boldsymbol{j} + r\boldsymbol{k} = (r\cos\theta,\ r\sin\theta,\ r)$$

であるので，$\left|\frac{\partial\boldsymbol{r}}{\partial r} \times \frac{\partial\boldsymbol{r}}{\partial\theta}\right| = \sqrt{r^2\cos^2\theta + r^2\sin^2\theta + r^2} = \sqrt{2}\,r$ である．よって，

$$\boldsymbol{n} = \left(\frac{\cos\theta}{\sqrt{2}},\ \frac{\sin\theta}{\sqrt{2}},\ \frac{1}{\sqrt{2}}\right).$$

(3) 面積については領域 $D = \{(r,\ \theta) \mid 0 \leq r \leq 1,\ 0 \leq \theta \leq 2\pi\}$ について

$$S = \iint_D \sqrt{2}\, r\, drd\theta = \left(\int_0^1 \sqrt{2}\, r\, dr\right)\left(\int_0^{2\pi} d\theta\right)$$
$$= 2\pi\left[\frac{\sqrt{2}\, r^2}{2}\right]_0^1 = \sqrt{2}\,\pi.$$

チェック問題 3.11 例 3.6 を利用する．平面 Π について $z = f(x,\ y) = 2 - x - y$ であるので，ベクトル方程式を

$$\boldsymbol{r} = \boldsymbol{r}(x,\ y) = (x,\ y,\ 2 - x - y)$$

とすると，

$$\widetilde{\phi}(x,\ y) = 5x + 3y + (2 - x - y) = 4x + 2y + 2$$

であり，また，$\frac{\partial f}{\partial x} = -1$, $\frac{\partial f}{\partial y} = -1$ より，

$$\sqrt{\left(\frac{\partial f}{\partial x}\right)^2 + \left(\frac{\partial f}{\partial y}\right)^2 + 1} = \sqrt{(-1)^2 + (-1)^2 + 1} = \sqrt{3}$$

である．ここで図 A.2 に示すように，Π の xy 平面への正射影は $D = \{(x,\ y) \mid x + y \leq 2,\ x \geq 0,\ y \geq 0\}$ であるので，

$$\int_\Pi \phi\, dS = \iint_D \sqrt{3}\,(4x + 2y + 2)\ dxdy$$
$$= \sqrt{3}\int_0^2 \left\{\int_0^{2-x} (4x + 2y + 2)\, dy\right\} dx$$
$$= \sqrt{3}\int_0^2 \Big[4xy + y^2 + 2y\Big]_0^{2-x} dx$$
$$= \sqrt{3}\int_0^2 (-3x^2 + 2x + 8)\, dx$$
$$= \sqrt{3}\Big[-x^3 + x^2 + 8x\Big]_0^2$$
$$= 12\sqrt{3}.$$

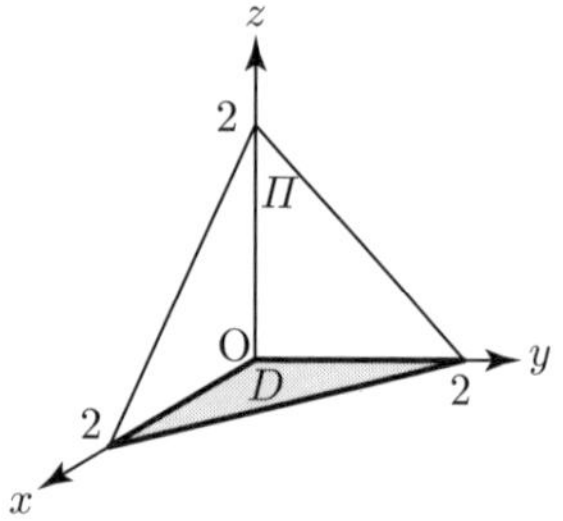

図 A.2 チェック問題 3.11 の平面 Π とその正射影 D

チェック問題 3.12 S は図 A.3 に示すような曲面であり，$z = f(x,\ y) = x^2 + y^2$ であるので，例 3.7 を利用して面積分を計算する．ベクトル方程式を

$$\boldsymbol{r} = \boldsymbol{r}(x,\ y) = \left(x,\ y,\ x^2 + y^2\right)$$

とすると，$\boldsymbol{A} = \left(-x,\ -y,\ 2x^2 + 2y^2\right)$, $\frac{\partial f}{\partial x} = 2x$, $\frac{\partial f}{\partial y} = 2y$ より，

$$-A_x\left(\frac{\partial f}{\partial x}\right) - A_y\left(\frac{\partial f}{\partial y}\right) + A_z$$
$$= 2x^2 + 2y^2 + \left(2x^2 + 2y^2\right) = 4x^2 + 4y^2$$

である．ここで図 A.3 に示すように，S の xy 平面への正射影は $D = \left\{(x,\ y)\ \middle|\ x^2 + y^2 \leq 4\right\}$ の領域であり，変数変換 $x = r\cos\theta$, $y = r\sin\theta$ を行うと，$x^2 + y^2 = r^2$, $dxdy = r\, drd\theta$ であるので，

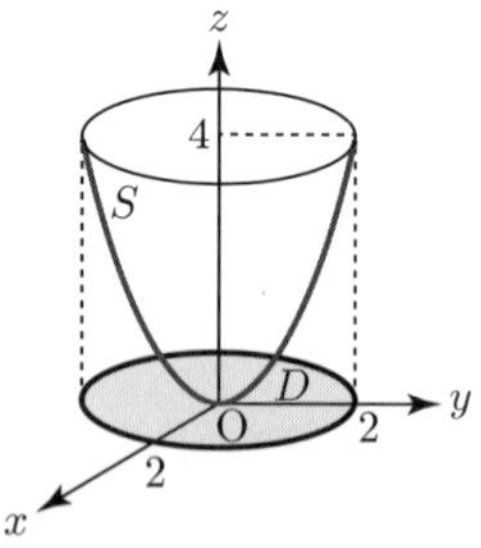

図 A.3 チェック問題 3.12 の曲面 S とその正射影 D

$$\int_S \boldsymbol{A}\cdot\boldsymbol{n}\,dS = \iint_D (4x^2+4y^2)\,dxdy = \left(\int_0^2 4r^3\,dr\right)\left(\int_0^{2\pi} d\theta\right)$$
$$= 2\pi\Big[r^4\Big]_0^2 = 32\pi.$$

◆演習問題

1 (1) $\boldsymbol{A}(t)$ は区間 I のすべての t において方向が一定であるので，その方向の単位ベクトルは定ベクトルであり，これを $\boldsymbol{e}$ とすると，$\boldsymbol{A}(t)=\alpha(t)\boldsymbol{e}$ と表される．この式を t で微分すると，$\boldsymbol{A}'(t)=\alpha'(t)\boldsymbol{e}$ であるから，

$$\boldsymbol{A}(t)\times\boldsymbol{A}'(t) = (\alpha(t)\boldsymbol{e})\times(\alpha'(t)\boldsymbol{e}) = (\alpha(t)\alpha'(t))(\boldsymbol{e}\times\boldsymbol{e}) = \boldsymbol{0}$$

であり，$\boldsymbol{A}(t) \mathbin{/\!/} \boldsymbol{A}'(t)$ である．

(2)

$$(\boldsymbol{A}(t)\times\boldsymbol{A}'(t))' = \boldsymbol{A}'(t)\times\boldsymbol{A}'(t)+\boldsymbol{A}(t)\times\boldsymbol{A}''(t) = \boldsymbol{A}(t)\times\boldsymbol{A}''(t)$$

であるので，

$$(\boldsymbol{A}(t)\times\boldsymbol{A}'(t))\times(\boldsymbol{A}(t)\times\boldsymbol{A}'(t))' = (\boldsymbol{A}(t)\times\boldsymbol{A}'(t))\times(\boldsymbol{A}(t)\times\boldsymbol{A}''(t))$$

である．ここで $\boldsymbol{A}(t)\times\boldsymbol{A}''(t)=\boldsymbol{B}(t)$ とおくと，ベクトル 3 重積 (2.15) 式より

$$\begin{aligned}
&(\boldsymbol{A}(t)\times\boldsymbol{A}'(t))\times\boldsymbol{B}(t)\\
&= (\boldsymbol{A}(t)\cdot\boldsymbol{B}(t))\,\boldsymbol{A}'(t) - (\boldsymbol{A}'(t)\cdot\boldsymbol{B}(t))\,\boldsymbol{A}(t)\\
&= [\boldsymbol{A}(t),\,\boldsymbol{A}(t),\,\boldsymbol{A}''(t)]\,\boldsymbol{A}'(t) - [\boldsymbol{A}'(t),\,\boldsymbol{A}(t),\,\boldsymbol{A}''(t)]\,\boldsymbol{A}(t)\\
&= 0\boldsymbol{A}'(t) + [\boldsymbol{A}(t),\,\boldsymbol{A}'(t),\,\boldsymbol{A}''(t)]\,\boldsymbol{A}(t)\\
&= [\boldsymbol{A}(t),\,\boldsymbol{A}'(t),\,\boldsymbol{A}''(t)]\,\boldsymbol{A}(t).
\end{aligned}$$

(3)

• $\displaystyle\int_1^2 [\boldsymbol{A}(t),\,\boldsymbol{B}(t),\,\boldsymbol{C}(t)]\,dt$ について

$$[\boldsymbol{A}(t),\,\boldsymbol{B}(t),\,\boldsymbol{C}(t)] = \begin{vmatrix} -2t & \log t & 2 \\ -2 & t & 0 \\ 0 & 1 & 2t \end{vmatrix} = -4-4t^3+4t\log t$$

であるので，

$$\int_1^2 [\boldsymbol{A}(t),\,\boldsymbol{B}(t),\,\boldsymbol{C}(t)]\,dt = \Big[-4t-t^4+2t^2\log t-t^2\Big]_1^2 = -22+8\log 2.$$

• $\displaystyle\int_1^2 \{(\boldsymbol{A}(t)\times\boldsymbol{B}(t))\times\boldsymbol{C}(t)\}\,dt$ について

$$\begin{aligned}
&(\boldsymbol{A}(t)\times\boldsymbol{B}(t))\times\boldsymbol{C}(t)\\
&= (\boldsymbol{A}(t)\cdot\boldsymbol{C}(t))\,\boldsymbol{B}(t) - (\boldsymbol{B}(t)\cdot\boldsymbol{C}(t))\,\boldsymbol{A}(t)\\
&= (\log t+4t)\,(-2,\,t,\,0) - t\,(-2t,\,\log t,\,2) = (-8t+2t^2-2\log t,\,4t^2,\,-2t)
\end{aligned}$$

であるので，

$$\int_1^2 \{(\boldsymbol{A}(t)\times\boldsymbol{B}(t))\times\boldsymbol{C}(t)\}\,dt$$

$$= \left(\int_1^2 (-8t + 2t^2 - 2\log t)\, dt,\ \int_1^2 4t^2\, dt,\ \int_1^2 (-2t)\ dt\right)$$
$$= \left(\left[-4t^2 + \frac{2t^3}{3} + 2t - 2t\log t\right]_1^2,\ \left[\frac{4t^3}{3}\right]_1^2,\ \left[-t^2\right]_1^2\right)$$
$$= \left(-\frac{16}{3} - 4\log 2,\ \frac{28}{3},\ -3\right).$$

2 (1) $\boldsymbol{r}'(t) = \sqrt{2}\,\boldsymbol{i} - e^{-t}\boldsymbol{j} + e^t\boldsymbol{k}$ であるので,

$$|\boldsymbol{r}'(t)| = \sqrt{2 + e^{-2t} + e^{2t}} = \sqrt{(e^t + e^{-t})^2} = e^t + e^{-t}$$

である．従って,

$$\boldsymbol{t} = \frac{\boldsymbol{r}'(t)}{|\boldsymbol{r}'(t)|} = \frac{\sqrt{2}}{e^t + e^{-t}}\boldsymbol{i} - \frac{e^{-t}}{e^t + e^{-t}}\boldsymbol{j} + \frac{e^t}{e^t + e^{-t}}\boldsymbol{k}$$
$$= \left(\frac{\sqrt{2}}{e^t + e^{-t}},\ -\frac{e^{-t}}{e^t + e^{-t}},\ \frac{e^t}{e^t + e^{-t}}\right).$$

(2)

$$\frac{d\boldsymbol{t}}{dt} = -\frac{\sqrt{2}\,(e^t - e^{-t})}{(e^t + e^{-t})^2}\boldsymbol{i} + \frac{2}{(e^t + e^{-t})^2}\boldsymbol{j} + \frac{2}{(e^t + e^{-t})^2}\boldsymbol{k}$$
$$= \left(-\frac{\sqrt{2}\,(e^t - e^{-t})}{(e^t + e^{-t})^2},\ \frac{2}{(e^t + e^{-t})^2},\ \frac{2}{(e^t + e^{-t})^2}\right)$$

より,

$$\frac{d\boldsymbol{t}}{ds} = \frac{\frac{d\boldsymbol{t}}{dt}}{\frac{ds}{dt}} = \left(-\frac{\sqrt{2}\,(e^t - e^{-t})}{(e^t + e^{-t})^3},\ \frac{2}{(e^t + e^{-t})^3},\ \frac{2}{(e^t + e^{-t})^3}\right)$$

であるので,

$$\kappa = \sqrt{\left(-\frac{\sqrt{2}\,(e^t - e^{-t})}{(e^t + e^{-t})^3}\right)^2 + \left(\frac{2}{(e^t + e^{-t})^3}\right)^2 + \left(\frac{2}{(e^t + e^{-t})^3}\right)^2}$$
$$= \sqrt{\frac{2}{(e^t + e^{-t})^4}} = \frac{\sqrt{2}}{(e^t + e^{-t})^2}.$$

(3)

$$\boldsymbol{n} = \frac{\frac{d\boldsymbol{t}}{ds}}{\kappa} = \left(-\frac{e^t - e^{-t}}{e^t + e^{-t}},\ \frac{\sqrt{2}}{e^t + e^{-t}},\ \frac{\sqrt{2}}{e^t + e^{-t}}\right).$$

(4)

$$\boldsymbol{b} = \begin{vmatrix} \boldsymbol{i} & \boldsymbol{j} & \boldsymbol{k} \\ \frac{\sqrt{2}}{e^t+e^{-t}} & -\frac{e^{-t}}{e^t+e^{-t}} & \frac{e^t}{e^t+e^{-t}} \\ -\frac{e^t-e^{-t}}{e^t+e^{-t}} & \frac{\sqrt{2}}{e^t+e^{-t}} & \frac{\sqrt{2}}{e^t+e^{-t}} \end{vmatrix}$$
$$= -\frac{\sqrt{2}}{e^t + e^{-t}}\boldsymbol{i} - \frac{e^t}{e^t + e^{-t}}\boldsymbol{j} + \frac{e^{-t}}{e^t + e^{-t}}\boldsymbol{k}$$
$$= \left(-\frac{\sqrt{2}}{e^t + e^{-t}},\ -\frac{e^t}{e^t + e^{-t}},\ \frac{e^{-t}}{e^t + e^{-t}}\right).$$

(5)

$$\frac{d\boldsymbol{b}}{ds} = \frac{\frac{d\boldsymbol{b}}{dt}}{\frac{ds}{dt}} = \left\{\frac{\sqrt{2}\,(e^t - e^{-t})}{(e^t + e^{-t})^3}\right\}\boldsymbol{i} - \left\{\frac{2}{(e^t + e^{-t})^3}\right\}\boldsymbol{j} - \left\{\frac{2}{(e^t + e^{-t})^3}\right\}\boldsymbol{k}$$

であるので,

$$\frac{d\boldsymbol{b}}{ds} = -\tau\boldsymbol{n}$$

より

$$\tau = \frac{\sqrt{2}}{(e^t + e^{-t})^2}.$$

3 (1) $\frac{\partial \boldsymbol{r}}{\partial u}$ と $\frac{\partial \boldsymbol{r}}{\partial v}$ のなす角を θ とすると

$$\begin{aligned}\left|\frac{\partial \boldsymbol{r}}{\partial u} \times \frac{\partial \boldsymbol{r}}{\partial v}\right|^2 &= \left|\frac{\partial \boldsymbol{r}}{\partial u}\right|^2 \left|\frac{\partial \boldsymbol{r}}{\partial v}\right|^2 \sin^2\theta \\ &= \left|\frac{\partial \boldsymbol{r}}{\partial u}\right|^2 \left|\frac{\partial \boldsymbol{r}}{\partial v}\right|^2 \left(1 - \cos^2\theta\right) \\ &= \left|\frac{\partial \boldsymbol{r}}{\partial u}\right|^2 \left|\frac{\partial \boldsymbol{r}}{\partial v}\right|^2 - \left(\frac{\partial \boldsymbol{r}}{\partial u} \cdot \frac{\partial \boldsymbol{r}}{\partial v}\right)^2 \\ &= EG - F^2\end{aligned}$$

より

$$\left|\frac{\partial \boldsymbol{r}}{\partial u} \times \frac{\partial \boldsymbol{r}}{\partial v}\right| = \sqrt{EG - F^2}.$$

(2)

$$\begin{aligned}\frac{\partial \boldsymbol{r}}{\partial u} &= (\cos u \cos v,\ \cos u \sin v,\ -\sin u)\,, \\ \frac{\partial \boldsymbol{r}}{\partial v} &= (-(3 + \sin u)\sin v,\ (3 + \sin u)\cos v,\ 0)\end{aligned}$$

である.

• 単位法線ベクトル $\boldsymbol{n}$ について

$$\begin{aligned}&\frac{\partial \boldsymbol{r}}{\partial u} \times \frac{\partial \boldsymbol{r}}{\partial v} \\ &= \begin{vmatrix} \boldsymbol{i} & \boldsymbol{j} & \boldsymbol{k} \\ \cos u \cos v & \cos u \sin v & -\sin u \\ -(3 + \sin u)\sin v & (3 + \sin u)\cos v & 0 \end{vmatrix} \\ &= \{(3 + \sin u)\sin u \cos v\}\,\boldsymbol{i} + \{(3 + \sin u)\sin u \sin v\}\,\boldsymbol{j} + \{(3 + \sin u)\cos u\}\,\boldsymbol{k} \\ &= ((3 + \sin u)\sin u \cos v,\ (3 + \sin u)\sin u \sin v,\ (3 + \sin u)\cos u)\end{aligned}$$

である.

$$\begin{aligned}&\left|\frac{\partial \boldsymbol{r}}{\partial u} \times \frac{\partial \boldsymbol{r}}{\partial v}\right| \\ &= \sqrt{\{(3 + \sin u)\sin u \cos v\}^2 + \{(3 + \sin u)\sin u \sin v\}^2 + \{(3 + \sin u)\cos u\}^2} \\ &= 3 + \sin u\end{aligned}$$

であるので,

$$\boldsymbol{n} = (\sin u \cos v,\ \sin u \sin v,\ \cos u)\,.$$

• 第一基本量について

$$\begin{cases} E = (\cos u \cos v)^2 + (\cos u \sin v)^2 + (-\sin u)^2 = 1 \\ F = (\cos u \cos v)\{-(3+\sin u)\sin v\} \\ \qquad + (\cos u \sin v)\{(3+\sin u)\cos v\} + 0 = 0 \\ G = \{-(3+\sin u)\sin v\}^2 + \{(3+\sin u)\cos v\}^2 + 0 = (3+\sin u)^2 \end{cases}$$

である.

• 面積 S について

$$\begin{aligned} S &= \iint_D (3+\sin u)\ dudv \\ &= \left(\int_0^{2\pi} (3+\sin u)\ du\right)\left(\int_0^{2\pi}\ dv\right) \\ &= 2\pi\Big[3u - \cos u\Big]_0^{2\pi} = 12\pi^2. \end{aligned}$$

(3) 合成関数の微分より

$$\frac{d\boldsymbol{r}}{dt} = \frac{\partial \boldsymbol{r}}{\partial u}\frac{du}{dt} + \frac{\partial \boldsymbol{r}}{\partial v}\frac{dv}{dt}$$

であるので,

$$\begin{aligned} \left|\frac{d\boldsymbol{r}}{dt}\right|^2 &= \left(\frac{\partial \boldsymbol{r}}{\partial u}\frac{du}{dt} + \frac{\partial \boldsymbol{r}}{\partial v}\frac{dv}{dt}\right)\cdot\left(\frac{\partial \boldsymbol{r}}{\partial u}\frac{du}{dt} + \frac{\partial \boldsymbol{r}}{\partial v}\frac{dv}{dt}\right) \\ &= \left(\frac{du}{dt}\right)^2\left(\frac{\partial \boldsymbol{r}}{\partial u}\cdot\frac{\partial \boldsymbol{r}}{\partial u}\right) + 2\frac{du}{dt}\frac{dv}{dt}\left(\frac{\partial \boldsymbol{r}}{\partial u}\cdot\frac{\partial \boldsymbol{r}}{\partial v}\right) + \left(\frac{dv}{dt}\right)^2\left(\frac{\partial \boldsymbol{r}}{\partial v}\cdot\frac{\partial \boldsymbol{r}}{\partial v}\right) \\ &= E\left(\frac{du}{dt}\right)^2 + 2F\left(\frac{du}{dt}\right)\left(\frac{dv}{dt}\right) + G\left(\frac{dv}{dt}\right)^2 \end{aligned}$$

より,

$$s = \int_a^b \left|\frac{d\boldsymbol{r}}{dt}\right| dt = \int_a^b \sqrt{E\left(\frac{du}{dt}\right)^2 + 2F\left(\frac{du}{dt}\right)\left(\frac{dv}{dt}\right) + G\left(\frac{dv}{dt}\right)^2}\ dt.$$

4

$$\phi = 2\left(\sqrt{3}\cos t\right)\left(\sqrt{3}\sin t\right) = 6\sin t\cos t = 3\sin 2t,$$

$$\boldsymbol{A} = \left(\sqrt{3}\sin t,\ \sqrt{3}\cos t,\ t\right),$$

$$\boldsymbol{r}'(t) = \left(-\sqrt{3}\sin t,\ \sqrt{3}\cos t,\ 1\right),$$

$$|\boldsymbol{r}'(t)| = \sqrt{\left(-\sqrt{3}\sin t\right)^2 + \left(\sqrt{3}\cos t\right)^2 + 1^2} = 2,$$

$$x'(t) = -\sqrt{3}\sin t, \quad y'(t) = \sqrt{3}\cos t, \quad z'(t) = 1$$

である.

(1) $\displaystyle\int_C \phi\, ds = \int_0^{\pi} 2\,(3\sin 2t)\ dt = \Big[-3\cos 2t\Big]_0^{\pi} = 0.$

(2)

$$\begin{aligned}\int_C \phi\, d\boldsymbol{r} &= \left(\int_C \phi\, dx\right)\boldsymbol{i} + \left(\int_C \phi\, dy\right)\boldsymbol{j} + \left(\int_C \phi\, dz\right)\boldsymbol{k}\\ &= \left\{\int_0^{\pi} (6\sin t\cos t)\left(-\sqrt{3}\sin t\right)\ dt\right\}\boldsymbol{i}\\ &\quad + \left\{\int_0^{\pi} (6\sin t\cos t)\left(\sqrt{3}\cos t\right)\ dt\right\}\boldsymbol{j} + \left\{\int_0^{\pi} (6\sin t\cos t)\ dt\right\}\boldsymbol{k}\\ &= \left\{\Big[-2\sqrt{3}\sin^3 t\Big]_0^{\pi}\right\}\boldsymbol{i} + \left\{\Big[-2\sqrt{3}\cos^3 t\Big]_0^{\pi}\right\}\boldsymbol{j} + \left\{\Big[3\sin^2 t\Big]_0^{\pi}\right\}\boldsymbol{k}\\ &= 0\boldsymbol{i} + 4\sqrt{3}\,\boldsymbol{j} + 0\boldsymbol{k} = \left(0,\ 4\sqrt{3},\ 0\right).\end{aligned}$$

(3)

$$\boldsymbol{A}\cdot\boldsymbol{r}' = \left(\sqrt{3}\sin t\right)\left(-\sqrt{3}\sin t\right) + \left(\sqrt{3}\cos t\right)\left(\sqrt{3}\cos t\right) + t = 3\cos 2t + t$$

であるから,

$$\int_C \boldsymbol{A}\cdot\boldsymbol{t}\, ds = \int_C \boldsymbol{A}\cdot\boldsymbol{r}'\, dt = \int_0^{\pi} (3\cos 2t + t)\ dt = \left[\frac{3}{2}\sin 2t + \frac{t^2}{2}\right]_0^{\pi} = \frac{\pi^2}{2}.$$

(4)

$$\begin{aligned}\boldsymbol{A}\times d\boldsymbol{r} &= \begin{vmatrix} \boldsymbol{i} & \boldsymbol{j} & \boldsymbol{k}\\ A_x & A_y & A_z\\ dx & dy & dz \end{vmatrix}\\ &= (A_y dz - A_z dy)\,\boldsymbol{i} + (A_z dx - A_x dz)\,\boldsymbol{j} + (A_x dy - A_y dx)\,\boldsymbol{k}\end{aligned}$$

であるから,

$$\begin{aligned}&\int_C \boldsymbol{A}\times d\boldsymbol{r}\\ &= \left\{\int_C (A_y z' - A_z y')\ dt\right\}\boldsymbol{i} + \left\{\int_C (A_z x' - A_x z')\ dt\right\}\boldsymbol{j}\\ &\quad + \left\{\int_C (A_x y' - A_y x')\ dt\right\}\boldsymbol{k}\\ &= \left\{\sqrt{3}\int_0^{\pi} (\cos t - t\cos t)\ dt\right\}\boldsymbol{i} + \left\{\sqrt{3}\int_0^{\pi} (-t\sin t - \sin t)\ dt\right\}\boldsymbol{j}\\ &\quad + \left\{\int_0^{\pi} (6\sin t\cos t)\ dt\right\}\boldsymbol{k}\\ &= \left\{\Big[\sqrt{3}\,(\sin t - t\sin t - \cos t)\Big]_0^{\pi}\right\}\boldsymbol{i} + \left\{\Big[\sqrt{3}\,(t\cos t - \sin t + \cos t)\Big]_0^{\pi}\right\}\boldsymbol{j}\\ &\quad + \left\{\Big[3\sin^2 t\Big]_0^{\pi}\right\}\boldsymbol{k}\\ &= 2\sqrt{3}\,\boldsymbol{i} + \left\{-\sqrt{3}\,(2+\pi)\right\}\boldsymbol{j} + 0\boldsymbol{k}\\ &= \left(2\sqrt{3},\ -\sqrt{3}\,(2+\pi)\,,\ 0\right).\end{aligned}$$

5 (1) (i) Π_1 のベクトル方程式は $D_1 = \{(x,\ z) \mid 0 \le x \le 1,\ 0 \le z \le 1\}$ を定義域として

$$\boldsymbol{r} = \boldsymbol{r}(x,\ z) = (x,\ 0,\ z)$$

で与えられる．従って，$\phi = x + 0 = x$, $\boldsymbol{A} = (zx,\ 0,\ 0)$ であり，また

$$\frac{\partial \boldsymbol{r}}{\partial x} = (1,\ 0,\ 0)\,, \quad \frac{\partial \boldsymbol{r}}{\partial z} = (0,\ 0,\ 1)$$

であるので，

$$\frac{\partial \boldsymbol{r}}{\partial x} \times \frac{\partial \boldsymbol{r}}{\partial z} = \begin{vmatrix} \boldsymbol{i} & \boldsymbol{j} & \boldsymbol{k} \\ 1 & 0 & 0 \\ 0 & 0 & 1 \end{vmatrix} = 0\boldsymbol{i} - \boldsymbol{j} + 0\boldsymbol{k} = (0,\ -1,\ 0)$$

が得られる．これから $\left|\frac{\partial \boldsymbol{r}}{\partial x} \times \frac{\partial \boldsymbol{r}}{\partial z}\right| = 1$, $\boldsymbol{A} \cdot \left(\frac{\partial \boldsymbol{r}}{\partial x} \times \frac{\partial \boldsymbol{r}}{\partial z}\right) = 0$ であるので，

$$\int_{\Pi_1} \phi\, dS = \left(\int_0^1 x\, dx\right)\left(\int_0^1 dz\right) = \frac{1}{2},$$

$$\int_{\Pi_1} \boldsymbol{A} \cdot \boldsymbol{n}\, dS = \iint_{D_1} 0\, dxdz = 0.$$

(ii) Π_2 のベクトル方程式は $D_2 = \{(x,\ y) \mid 0 \le x \le 1,\ 0 \le y \le 1\}$ を定義域として

$$\boldsymbol{r} = \boldsymbol{r}(x,\ y) = (x,\ y,\ 1)$$

で与えられる．従って，$\phi = x + y$, $\boldsymbol{A} = (x,\ y,\ xy)$ であり，また

$$\frac{\partial \boldsymbol{r}}{\partial x} = (1,\ 0,\ 0)\,, \quad \frac{\partial \boldsymbol{r}}{\partial z} = (0,\ 1,\ 0)$$

であるので，

$$\frac{\partial \boldsymbol{r}}{\partial x} \times \frac{\partial \boldsymbol{r}}{\partial y} = \begin{vmatrix} \boldsymbol{i} & \boldsymbol{j} & \boldsymbol{k} \\ 1 & 0 & 0 \\ 0 & 1 & 0 \end{vmatrix} = 0\boldsymbol{i} + 0\boldsymbol{j} + \boldsymbol{k} = (0,\ 0,\ 1)$$

が得られる．これから $\left|\frac{\partial \boldsymbol{r}}{\partial x} \times \frac{\partial \boldsymbol{r}}{\partial y}\right| = 1$, $\boldsymbol{A} \cdot \left(\frac{\partial \boldsymbol{r}}{\partial x} \times \frac{\partial \boldsymbol{r}}{\partial z}\right) = xy$ であるので，

$$\begin{aligned} \int_{\Pi_2} \phi\, dS &= \int_0^1 \left\{\int_0^1 (x+y)\ dx\right\} dy \\ &= \int_0^1 \left[\frac{x^2}{2} + xy\right]_0^1 dy = \int_0^1 \left(\frac{1}{2} + y\right) dy = 1, \end{aligned}$$

$$\int_{\Pi_2} \boldsymbol{A} \cdot \boldsymbol{n}\, dS = \left(\int_0^1 x\, dx\right)\left(\int_0^1 y\, dy\right) = \frac{1}{4}.$$

以上から，

$$\int_S \phi\, dS = \int_{\Pi_1} \phi\, dS + \int_{\Pi_2} \phi\, dS = \frac{1}{2} + 1 = \frac{3}{2},$$

$$\int_S \boldsymbol{A} \cdot \boldsymbol{n}\, dS = \int_{\Pi_1} \boldsymbol{A} \cdot \boldsymbol{n}\, dS + \int_{\Pi_2} \boldsymbol{A} \cdot \boldsymbol{n}\, dS = 0 + \frac{1}{4} = \frac{1}{4}.$$

(2) ベクトル方程式から，

$$\phi = \cos u + \sin u,$$
$$\boldsymbol{A} = (v \cos u,\ v \sin u,\ \cos u \sin u)$$

であり，また $\frac{\partial \boldsymbol{r}}{\partial u} = (-\sin u,\ \cos u,\ 0)$, $\frac{\partial \boldsymbol{r}}{\partial v} = (0,\ 0,\ 1)$ であるので，

$$\frac{\partial \boldsymbol{r}}{\partial u} \times \frac{\partial \boldsymbol{r}}{\partial v} = \begin{vmatrix} \boldsymbol{i} & \boldsymbol{j} & \boldsymbol{k} \\ -\sin u & \cos u & 0 \\ 0 & 0 & 1 \end{vmatrix} = \cos u \boldsymbol{i} + \sin u \boldsymbol{j} + 0\boldsymbol{k} = (\cos u,\ \sin u,\ 0)$$

が得られる．これから

$$\left|\frac{\partial \boldsymbol{r}}{\partial u} \times \frac{\partial \boldsymbol{r}}{\partial v}\right| = 1, \quad \boldsymbol{A} \cdot \left(\frac{\partial \boldsymbol{r}}{\partial u} \times \frac{\partial \boldsymbol{r}}{\partial v}\right) = (v\cos u)\cos u + (v \sin u)\sin u = v$$

であるので，

$$\int_S \phi\, dS = \left\{\int_0^{\frac{\pi}{2}} (\cos u + \sin u)\ du\right\}\left(\int_0^1 dv\right) = \Big[\sin u - \cos u\Big]_0^{\frac{\pi}{2}} = 2,$$

$$\int_S \boldsymbol{A} \cdot \boldsymbol{n}\, dS = \left(\int_0^{\frac{\pi}{2}} du\right)\left(\int_0^1 v\, dv\right) = \frac{\pi}{4}.$$

(3)　ベクトル方程式から，

$$\phi = \sin u \cos v + \sin u \sin v,$$

$$\boldsymbol{A} = \left(\sin u \cos u \cos v,\ \sin u \cos u \sin v,\ \sin^2 u \sin v \cos v\right)$$

であり，また例題 3.12 を参考にして，

$$\frac{\partial \boldsymbol{r}}{\partial u} = (\cos u \cos v,\ \cos u \sin v,\ -\sin u)\,, \quad \frac{\partial \boldsymbol{r}}{\partial v} = (-\sin u \sin v,\ \sin u \cos v,\ 0)$$

であるので，

$$\frac{\partial \boldsymbol{r}}{\partial u} \times \frac{\partial \boldsymbol{r}}{\partial v} = \begin{vmatrix} \boldsymbol{i} & \boldsymbol{j} & \boldsymbol{k} \\ \cos u \cos v & \cos u \sin v & -\sin u \\ -\sin u \sin v & \sin u \cos v & 0 \end{vmatrix}$$

$$= \left(\sin^2 u \cos v,\ \sin^2 u \sin v,\ \sin u \cos u\right)$$

が得られる．これから $\left|\frac{\partial \boldsymbol{r}}{\partial u} \times \frac{\partial \boldsymbol{r}}{\partial v}\right| = \sin u$,

$$\boldsymbol{A} \cdot \left(\frac{\partial \boldsymbol{r}}{\partial u} \times \frac{\partial \boldsymbol{r}}{\partial v}\right)$$

$$= (\sin u \cos u \cos v)\left(\sin^2 u \cos v\right) + (\sin u \cos u \sin v)\left(\sin^2 u \sin v\right)$$

$$+ \left(\sin^2 u \sin v \cos v\right)(\sin u \cos u)$$

$$= \cos u \sin^3 u\,(1 + \cos v \sin v)$$

であるので，

$$\int_S \phi\, dS = \left(\int_0^{\frac{\pi}{2}} \sin^2 u\, du\right)\left\{\int_0^{2\pi} (\cos v + \sin v)\ dv\right\} = 0,$$

$$\int_S \boldsymbol{A} \cdot \boldsymbol{n}\, dS = \left(\int_0^{\frac{\pi}{2}} \sin^3 u \cos u\, du\right)\left\{\int_0^{2\pi} (1 + \cos v \sin v)\ dv\right\}$$

$$= \left[\frac{\sin^4 u}{4}\right]_0^{\frac{\pi}{2}}\left[v - \frac{\cos 2v}{4}\right]_0^{2\pi} = \frac{\pi}{2}.$$

第 4 章

チェック問題 4.1　(1)

$$\nabla\phi = \frac{\partial}{\partial x}(xy + yz + zx)\,\boldsymbol{i} + \frac{\partial}{\partial y}(xy + yz + zx)\,\boldsymbol{j} + \frac{\partial}{\partial z}(xy + yz + zx)\,\boldsymbol{k}$$

$$
\begin{aligned}
&= (y+z)\,\boldsymbol{i} + (x+z)\,\boldsymbol{j} + (y+x)\,\boldsymbol{k} \\
&= (y+z,\ x+z,\ y+x)\,.
\end{aligned}
$$

(2)

$$
\begin{aligned}
\nabla\phi &= \frac{\partial}{\partial x}(\sin xyz)\,\boldsymbol{i} + \frac{\partial}{\partial y}(\sin xyz)\,\boldsymbol{j} + \frac{\partial}{\partial z}(\sin xyz)\,\boldsymbol{k} \\
&= (yz\cos xyz)\,\boldsymbol{i} + (xz\cos xyz)\,\boldsymbol{j} + (xy\cos xyz)\,\boldsymbol{k} \\
&= (yz\cos xyz,\ xz\cos xyz,\ xy\cos xyz)\,.
\end{aligned}
$$

(3)

$$
\begin{aligned}
\nabla\phi &= \frac{\partial}{\partial x}\left(e^{\sqrt{x^2+y^2+z^2}}\right)\boldsymbol{i} + \frac{\partial}{\partial y}\left(e^{\sqrt{x^2+y^2+z^2}}\right)\boldsymbol{j} + \frac{\partial}{\partial z}\left(e^{\sqrt{x^2+y^2+z^2}}\right)\boldsymbol{k} \\
&= \left(\frac{xe^{\sqrt{x^2+y^2+z^2}}}{\sqrt{x^2+y^2+z^2}}\right)\boldsymbol{i} + \left(\frac{ye^{\sqrt{x^2+y^2+z^2}}}{\sqrt{x^2+y^2+z^2}}\right)\boldsymbol{j} + \left(\frac{ze^{\sqrt{x^2+y^2+z^2}}}{\sqrt{x^2+y^2+z^2}}\right)\boldsymbol{k} \\
&= \left(\frac{xe^{\sqrt{x^2+y^2+z^2}}}{\sqrt{x^2+y^2+z^2}},\ \frac{ye^{\sqrt{x^2+y^2+z^2}}}{\sqrt{x^2+y^2+z^2}},\ \frac{ze^{\sqrt{x^2+y^2+z^2}}}{\sqrt{x^2+y^2+z^2}}\right).
\end{aligned}
$$

チェック問題 4.2 (1) 例 4.2 で S のベクトル方程式を $\widetilde{\phi}(x,\ y,\ z) = -2x + 2y + z - 2 = 0$ とする．$\nabla\widetilde{\phi} = -2\boldsymbol{i} + 2\boldsymbol{j} + \boldsymbol{k}$ である．従って

$$
\boldsymbol{n}_{\Pi} = \frac{-2\boldsymbol{i} + 2\boldsymbol{j} + \boldsymbol{k}}{3}
$$

である．点 P においても

$$
\boldsymbol{n}_{\Pi} = \frac{-2\boldsymbol{i} + 2\boldsymbol{j} + \boldsymbol{k}}{3} = \left(-\frac{2}{3},\ \frac{2}{3},\ \frac{1}{3}\right).
$$

(2)

$$
\begin{aligned}
\nabla\phi &= \frac{\partial}{\partial x}(xy^2z)\,\boldsymbol{i} + \frac{\partial}{\partial y}(xy^2z)\,\boldsymbol{j} + \frac{\partial}{\partial z}(xy^2z)\,\boldsymbol{k} \\
&= (y^2z)\,\boldsymbol{i} + (2xyz)\,\boldsymbol{j} + (xy^2)\,\boldsymbol{k} = (y^2z,\ 2xyz,\ xy^2)
\end{aligned}
$$

であり，点 P においては $\nabla\phi = (-18,\ -12,\ 9)$ より，

$$
\boldsymbol{n} = \left(-\frac{6}{\sqrt{61}},\ -\frac{4}{\sqrt{61}},\ \frac{3}{\sqrt{61}}\right).
$$

(3) $\dfrac{\partial\phi}{\partial n_{\Pi}} = (\nabla\phi)\cdot\boldsymbol{n}_{\Pi} = 7.$

チェック問題 4.3

$$
\begin{aligned}
\nabla\phi &= \frac{\partial}{\partial x}(x^2+y^2+z^2)\,\boldsymbol{i} + \frac{\partial}{\partial y}(x^2+y^2+z^2)\,\boldsymbol{j} + \frac{\partial}{\partial z}(x^2+y^2+z^2)\,\boldsymbol{k} \\
&= 2x\boldsymbol{i} + 2y\boldsymbol{j} + 2z\boldsymbol{k} = (2x,\ 2y,\ 2z) = 2\boldsymbol{r}
\end{aligned}
$$

である．またこの式より

$$
\oint_C \boldsymbol{r}\cdot\boldsymbol{t}\,ds = \frac{1}{2}\oint_C (\nabla\phi)\cdot\boldsymbol{t}\,ds = 0.
$$

チェック問題 4.4 (1) $\nabla\cdot\boldsymbol{r} = \dfrac{\partial x}{\partial x} + \dfrac{\partial y}{\partial y} + \dfrac{\partial z}{\partial z} = 1 + 1 + 1 = 3.$

(2)

$$\nabla \cdot (e^r \boldsymbol{r}) = \frac{\partial}{\partial x}\left(xe^{\sqrt{x^2+y^2+z^2}}\right) + \frac{\partial}{\partial y}\left(ye^{\sqrt{x^2+y^2+z^2}}\right) + \frac{\partial}{\partial z}\left(ze^{\sqrt{x^2+y^2+z^2}}\right)$$
$$= \left(e^{\sqrt{x^2+y^2+z^2}} + \frac{x^2 e^{\sqrt{x^2+y^2+z^2}}}{\sqrt{x^2+y^2+z^2}}\right)$$
$$+ \left(e^{\sqrt{x^2+y^2+z^2}} + \frac{y^2 e^{\sqrt{x^2+y^2+z^2}}}{\sqrt{x^2+y^2+z^2}}\right)$$
$$+ \left(e^{\sqrt{x^2+y^2+z^2}} + \frac{z^2 e^{\sqrt{x^2+y^2+z^2}}}{\sqrt{x^2+y^2+z^2}}\right)$$
$$= 3e^{\sqrt{x^2+y^2+z^2}} + \frac{\left(x^2+y^2+z^2\right) e^{\sqrt{x^2+y^2+z^2}}}{\sqrt{x^2+y^2+z^2}}$$
$$= (3+r)\, e^r.$$

(3)

$$\nabla \cdot \frac{\boldsymbol{r}}{r^3} = \frac{\partial}{\partial x}\left(\frac{x}{(x^2+y^2+z^2)^{\frac{3}{2}}}\right) + \frac{\partial}{\partial y}\left(\frac{y}{(x^2+y^2+z^2)^{\frac{3}{2}}}\right)$$
$$+ \frac{\partial}{\partial z}\left(\frac{z}{(x^2+y^2+z^2)^{\frac{3}{2}}}\right)$$
$$= \left\{\frac{1}{(x^2+y^2+z^2)^{\frac{3}{2}}} - \frac{3x^2}{(x^2+y^2+z^2)^{\frac{5}{2}}}\right\}$$
$$+ \left\{\frac{1}{(x^2+y^2+z^2)^{\frac{3}{2}}} - \frac{3y^2}{(x^2+y^2+z^2)^{\frac{5}{2}}}\right\}$$
$$+ \left\{\frac{1}{(x^2+y^2+z^2)^{\frac{3}{2}}} - \frac{3z^2}{(x^2+y^2+z^2)^{\frac{5}{2}}}\right\}$$
$$= \frac{3}{(x^2+y^2+z^2)^{\frac{3}{2}}} - \frac{3\left(x^2+y^2+z^2\right)}{(x^2+y^2+z^2)^{\frac{5}{2}}}$$
$$= 0$$

チェック問題 4.5　(1)

$$\nabla r^2 = \frac{\partial\left(x^2+y^2+z^2\right)}{\partial x}\boldsymbol{i} + \frac{\partial\left(x^2+y^2+z^2\right)}{\partial y}\boldsymbol{j} + \frac{\partial\left(x^2+y^2+z^2\right)}{\partial z}\boldsymbol{k}$$
$$= 2x\boldsymbol{i} + 2y\boldsymbol{j} + 2z\boldsymbol{k} = 2\boldsymbol{r}$$

より $\phi = \left(\nabla r^2\right) \cdot \boldsymbol{r} = 2\boldsymbol{r} \cdot \boldsymbol{r} = 2r^2$ であるから

$$\nabla^2 \phi = 2\left\{\frac{\partial^2\left(x^2+y^2+z^2\right)}{\partial x^2} + \frac{\partial^2\left(x^2+y^2+z^2\right)}{\partial y^2} + \frac{\partial^2\left(x^2+y^2+z^2\right)}{\partial z^2}\right\}$$
$$= 2\,(2+2+2) = 12.$$

(2)

$$\nabla^2\phi = \left\{\frac{\partial^2}{\partial x^2}\left(\frac{1}{x^2+y^2+z^2}\right) + \frac{\partial^2}{\partial y^2}\left(\frac{1}{x^2+y^2+z^2}\right) + \frac{\partial^2}{\partial z^2}\left(\frac{1}{x^2+y^2+z^2}\right)\right\}$$

$$= \frac{\partial}{\partial x}\left(-\frac{2x}{(x^2+y^2+z^2)^2}\right) + \frac{\partial}{\partial y}\left(-\frac{2y}{(x^2+y^2+z^2)^2}\right)$$

$$+ \frac{\partial}{\partial z}\left(-\frac{2z}{(x^2+y^2+z^2)^2}\right)$$

$$= -\frac{6}{(x^2+y^2+z^2)^2} + \frac{8\left(x^2+y^2+z^2\right)}{(x^2+y^2+z^2)^3} = \frac{2}{(x^2+y^2+z^2)^2} = \frac{2}{r^4}.$$

チェック問題 4.6 (1) $\nabla\times\boldsymbol{r} = \left(\frac{\partial z}{\partial y} - \frac{\partial y}{\partial z}\right)\boldsymbol{i} + \left(\frac{\partial x}{\partial z} - \frac{\partial z}{\partial x}\right)\boldsymbol{j} + \left(\frac{\partial y}{\partial x} - \frac{\partial x}{\partial y}\right)\boldsymbol{k} = \boldsymbol{0}.$

(2)

$$\nabla\times\frac{\boldsymbol{r}}{r^3} = \left\{\frac{\partial}{\partial y}\left(\frac{z}{(x^2+y^2+z^2)^{\frac{3}{2}}}\right) - \frac{\partial}{\partial z}\left(\frac{y}{(x^2+y^2+z^2)^{\frac{3}{2}}}\right)\right\}\boldsymbol{i}$$

$$+ \left\{\frac{\partial}{\partial z}\left(\frac{x}{(x^2+y^2+z^2)^{\frac{3}{2}}}\right) - \frac{\partial}{\partial x}\left(\frac{z}{(x^2+y^2+z^2)^{\frac{3}{2}}}\right)\right\}\boldsymbol{j}$$

$$+ \left\{\frac{\partial}{\partial x}\left(\frac{y}{(x^2+y^2+z^2)^{\frac{3}{2}}}\right) - \frac{\partial}{\partial y}\left(\frac{x}{(x^2+y^2+z^2)^{\frac{3}{2}}}\right)\right\}\boldsymbol{k}$$

$$= \frac{-3zy+3yz}{(x^2+y^2+z^2)^{\frac{5}{2}}}\boldsymbol{i} + \frac{-3xz+3zx}{(x^2+y^2+z^2)^{\frac{5}{2}}}\boldsymbol{j} + \frac{-3yx+3xy}{(x^2+y^2+z^2)^{\frac{5}{2}}}\boldsymbol{k}$$

$$= \boldsymbol{0}$$

(3) $f(r)\boldsymbol{r} = (f(r)x,\ f(r)y,\ f(r)z)$ であるので

$$\nabla\times(f(r)\boldsymbol{r})$$

$$= \left\{\frac{\partial\left(f(r)z\right)}{\partial y} - \frac{\partial\left(f(r)y\right)}{\partial z}\right\}\boldsymbol{i} + \left\{\frac{\partial\left(f(r)x\right)}{\partial z} - \frac{\partial\left(f(r)z\right)}{\partial x}\right\}\boldsymbol{j}$$

$$+ \left\{\frac{\partial\left(f(r)y\right)}{\partial x} - \frac{\partial\left(f(r)x\right)}{\partial y}\right\}\boldsymbol{k}$$

$$= \left\{z\frac{df(r)}{dr}\frac{\partial r}{\partial y} - y\frac{df(r)}{dr}\frac{\partial r}{\partial z}\right\}\boldsymbol{i} + \left\{x\frac{df(r)}{dr}\frac{\partial r}{\partial z} - z\frac{df(r)}{dr}\frac{\partial r}{\partial x}\right\}\boldsymbol{j}$$

$$+ \left\{y\frac{df(r)}{dr}\frac{\partial r}{\partial x} - x\frac{df(r)}{dr}\frac{\partial r}{\partial y}\right\}\boldsymbol{k}$$

$$= \left\{\frac{df(r)}{dr}\frac{zy}{r} - \frac{df(r)}{dr}\frac{yz}{r}\right\}\boldsymbol{i} + \left\{\frac{df(r)}{dr}\frac{xz}{r} - \frac{df(r)}{dr}\frac{zx}{r}\right\}\boldsymbol{j}$$

$$+ \left\{\frac{df(r)}{dr}\frac{yx}{r} - \frac{df(r)}{dr}\frac{xy}{r}\right\}\boldsymbol{k}$$

$$= \boldsymbol{0}$$

◆ 演習問題

1 (1)

$$\nabla\phi = \frac{\partial}{\partial x}\left(x^2yz + xy^2z - xyz^2\right)\boldsymbol{i} + \frac{\partial}{\partial y}\left(x^2yz + xy^2z - xyz^2\right)\boldsymbol{j}$$
$$+ \frac{\partial}{\partial z}\left(x^2yz + xy^2z - xyz^2\right)\boldsymbol{k}$$
$$= \left(2xyz + y^2z - yz^2\right)\boldsymbol{i} + \left(x^2z + 2xyz - xz^2\right)\boldsymbol{j} + \left(x^2y + xy^2 - 2xyz\right)\boldsymbol{k}$$
$$= \left(2xyz + y^2z - yz^2,\ x^2z + 2xyz - xz^2,\ x^2y + xy^2 - 2xyz\right).$$

(2) $$\nabla\cdot\boldsymbol{A} = \frac{\partial(\cos y)}{\partial x} + \frac{\partial(-\sin z)}{\partial y} + \frac{\partial(\sin x)}{\partial z} = 0 - 0 + 0 = 0.$$

(3)

$$\nabla\times\boldsymbol{A} = \left(\frac{\partial(\sin x)}{\partial y} - \frac{\partial(-\sin z)}{\partial z}\right)\boldsymbol{i} + \left(\frac{\partial(\cos y)}{\partial z} - \frac{\partial(\sin x)}{\partial x}\right)\boldsymbol{j}$$
$$+ \left(\frac{\partial(-\sin z)}{\partial x} - \frac{\partial(\cos y)}{\partial y}\right)\boldsymbol{k}$$
$$= (0 + \cos z)\,\boldsymbol{i} + (0 - \cos x)\,\boldsymbol{j} + (0 + \sin y)\,\boldsymbol{k}$$
$$= (\cos z,\ -\cos x,\ \sin y)\,.$$

(4) $\nabla\cdot(\phi\boldsymbol{A}) = (\nabla\phi)\cdot\boldsymbol{A} + \phi\,(\nabla\cdot\boldsymbol{A})$ と (1), (2) より

$$\nabla\cdot(\phi\boldsymbol{A}) = \left\{(2xyz + y^2z - yz^2)\cos y - (x^2z + 2xyz - xz^2)\ \sin z\right.$$
$$\left. + (x^2y + xy^2 - 2xyz)\sin x\right\} + 0\,(x^2yz + xy^2z - xyz^2)$$
$$= (2xyz + y^2z - yz^2)\cos y - (x^2z + 2xyz - xz^2)\sin z$$
$$+ (x^2y + xy^2 - 2xyz)\sin x.$$

(5)

$$\nabla^2\phi = \nabla\cdot(\nabla\phi)$$
$$= \frac{\partial}{\partial x}\,(2xyz + y^2z - yz^2) + \frac{\partial}{\partial y}\,(x^2z + 2xyz - xz^2)$$
$$+ \frac{\partial}{\partial z}\,(x^2y + xy^2 - 2xyz)$$
$$= (2yz + 0 - 0) + (0 + 2xz - 0) + (0 + 0 - 2xy)$$
$$= 2yz + 2xz - 2xy.$$

(6)

$$(\boldsymbol{A}\cdot\nabla)\,\boldsymbol{A} = \left(A_x\frac{\partial A_x}{\partial x} + A_y\frac{\partial A_x}{\partial y} + A_z\frac{\partial A_x}{\partial z}\right)\boldsymbol{i}$$
$$+ \left(A_x\frac{\partial A_y}{\partial x} + A_y\frac{\partial A_y}{\partial y} + A_z\frac{\partial A_y}{\partial z}\right)\boldsymbol{j}$$
$$+ \left(A_x\frac{\partial A_z}{\partial x} + A_y\frac{\partial A_z}{\partial y} + A_z\frac{\partial A_z}{\partial z}\right)\boldsymbol{k}$$
$$= (\sin z\sin y)\,\boldsymbol{i} - (\sin x\cos z)\,\boldsymbol{j} + (\cos y\cos x)\,\boldsymbol{k}$$
$$= (\sin z\sin y,\ -\sin x\cos z,\ \cos y\cos x)\,.$$

2 (1)
$$\begin{aligned}\nabla r^n &= \frac{\partial}{\partial x}\left\{\left(x^2+y^2+z^2\right)^{\frac{n}{2}}\right\}\boldsymbol{i}+\frac{\partial}{\partial y}\left\{\left(x^2+y^2+z^2\right)^{\frac{n}{2}}\right\}\boldsymbol{j}\\ &\quad+\frac{\partial}{\partial z}\left\{\left(x^2+y^2+z^2\right)^{\frac{n}{2}}\right\}\boldsymbol{k}\\ &=\left\{nx\left(x^2+y^2+z^2\right)^{\frac{n}{2}-1}\right\}\boldsymbol{i}+\left\{ny\left(x^2+y^2+z^2\right)^{\frac{n}{2}-1}\right\}\boldsymbol{j}\\ &\quad+\left\{nz\left(x^2+y^2+z^2\right)^{\frac{n}{2}-1}\right\}\boldsymbol{k}\\ &=n\left\{\left(x^2+y^2+z^2\right)^{\frac{n-2}{2}}\right\}(x\boldsymbol{i}+y\boldsymbol{j}+z\boldsymbol{k})\\ &=nr^{n-2}\boldsymbol{r}\end{aligned}$$

である．

(2) $\nabla\cdot(r^n\boldsymbol{r})=(\nabla r^n)\cdot\boldsymbol{r}+r^n(\nabla\cdot\boldsymbol{r})$ であり，(1) とチェック問題 4.4 (1) より

$$\nabla\cdot(r^n\boldsymbol{r})=\left(nr^{n-2}\boldsymbol{r}\right)\cdot\boldsymbol{r}+3r^n=(n+3)\,r^n$$

である．

(3) $\nabla\times(r^n\boldsymbol{r})=(\nabla r^n)\times\boldsymbol{r}+r^n(\nabla\times\boldsymbol{r})$ であり，(1) とチェック問題 4.6 (1) より

$$\nabla\times(r^n\boldsymbol{r})=\left(nr^{n-2}\boldsymbol{r}\right)\times\boldsymbol{r}+r^n\boldsymbol{0}=\boldsymbol{0}$$

である．

(4) (1), (2) より

$$\nabla^2 r^n=\nabla\cdot(\nabla r^n)=\nabla\cdot\left(nr^{n-2}\boldsymbol{r}\right)=n\,(n-2+3)\,r^{n-2}=n\,(n+1)\,r^{n-2}$$

である．

(5)

$$\nabla\log r=\left(\frac{1}{r}\frac{\partial r}{\partial x}\right)\boldsymbol{i}+\left(\frac{1}{r}\frac{\partial r}{\partial y}\right)\boldsymbol{j}+\left(\frac{1}{r}\frac{\partial r}{\partial z}\right)\boldsymbol{k}=\frac{x}{r^2}\boldsymbol{i}+\frac{y}{r^2}\boldsymbol{j}+\frac{z}{r^2}\boldsymbol{k}=\frac{\boldsymbol{r}}{r^2}$$

より，(2) で $n=-2$ の場合を利用して

$$\nabla^2\log r=\nabla\cdot(\nabla\log r)=\nabla\cdot\left(r^{-2}\boldsymbol{r}\right)=\frac{1}{r^2}.$$

(6) $\boldsymbol{K}=(K_x,\,K_y,\,K_z)$ （$K_x,\,K_y,\,K_z$ は定数）とする．

$$\nabla\times(\boldsymbol{K}\times\boldsymbol{r})=(\boldsymbol{r}\cdot\nabla)\,\boldsymbol{K}-(\boldsymbol{K}\cdot\nabla)\,\boldsymbol{r}+(\nabla\cdot\boldsymbol{r})\,\boldsymbol{K}-(\nabla\cdot\boldsymbol{K})\,\boldsymbol{r}$$

において，定ベクトルを微分する 2 項は $(\boldsymbol{r}\cdot\nabla)\,\boldsymbol{K}=(\nabla\cdot\boldsymbol{K})\,\boldsymbol{r}=\boldsymbol{0}$ であり，他の 2 項については

$$\begin{aligned}(\boldsymbol{K}\cdot\nabla)\,\boldsymbol{r}&=\left(K_x\frac{\partial x}{\partial x}+K_y\frac{\partial x}{\partial y}+K_z\frac{\partial x}{\partial z}\right)\boldsymbol{i}+\left(K_x\frac{\partial y}{\partial x}+K_y\frac{\partial y}{\partial y}+K_z\frac{\partial y}{\partial z}\right)\boldsymbol{j}\\ &\quad+\left(K_x\frac{\partial z}{\partial x}+K_y\frac{\partial z}{\partial y}+K_z\frac{\partial z}{\partial z}\right)\boldsymbol{k}\\ &=K_x\boldsymbol{i}+K_y\boldsymbol{j}+K_z\boldsymbol{k}=\boldsymbol{K},\\ (\nabla\cdot\boldsymbol{r})\,\boldsymbol{K}&=3\boldsymbol{K}\end{aligned}$$

であるので，

$$\nabla\times(\boldsymbol{K}\times\boldsymbol{r})=\boldsymbol{0}-\boldsymbol{K}+3\boldsymbol{K}-\boldsymbol{0}=2\boldsymbol{K}$$

である．

3 (1)

$$\nabla\left(\frac{\phi}{\psi}\right)=\left\{\frac{\partial}{\partial x}\left(\frac{\phi}{\psi}\right)\right\}\boldsymbol{i}+\left\{\frac{\partial}{\partial y}\left(\frac{\phi}{\psi}\right)\right\}\boldsymbol{j}+\left\{\frac{\partial}{\partial z}\left(\frac{\phi}{\psi}\right)\right\}\boldsymbol{k}$$
$$=\left(\frac{\psi\frac{\partial\phi}{\partial x}-\phi\frac{\partial\psi}{\partial x}}{\psi^2}\right)\boldsymbol{i}+\left(\frac{\psi\frac{\partial\phi}{\partial y}-\phi\frac{\partial\psi}{\partial y}}{\psi^2}\right)\boldsymbol{j}+\left(\frac{\psi\frac{\partial\phi}{\partial z}-\phi\frac{\partial\psi}{\partial z}}{\psi^2}\right)\boldsymbol{k}$$
$$=\frac{\psi}{\psi^2}\left(\frac{\partial\phi}{\partial x}\boldsymbol{i}+\frac{\partial\phi}{\partial y}\boldsymbol{j}+\frac{\partial\phi}{\partial z}\boldsymbol{k}\right)-\frac{\phi}{\psi^2}\left(\frac{\partial\psi}{\partial x}\boldsymbol{i}+\frac{\partial\psi}{\partial y}\boldsymbol{j}+\frac{\partial\psi}{\partial z}\boldsymbol{k}\right)$$
$$=\frac{\psi\nabla\phi-\phi\nabla\psi}{\psi^2}$$

である.

(2) 例題 4.4 の ϕ を ψ, $\boldsymbol{A}$ を $\nabla\phi$ として,

$$\nabla\cdot(\psi\nabla\phi)=(\nabla\psi)\cdot(\nabla\phi)+\psi\left\{\nabla\cdot(\nabla\phi)\right\}=\psi\nabla^2\phi+(\nabla\phi)\cdot(\nabla\psi)$$

である.

(3) (2) の ϕ と ψ を入れ替えた式と (2) の式を辺々減じると

$$\nabla\cdot(\phi\nabla\psi-\psi\nabla\phi)=\left\{\phi\nabla^2\psi+(\nabla\phi)\cdot(\nabla\psi)\right\}-\left\{\psi\nabla^2\phi+(\nabla\psi)\cdot(\nabla\phi)\right\}$$
$$=\phi\nabla^2\psi-\psi\nabla^2\phi$$

である.

(4) 例題 4.6 の $\boldsymbol{A}$ を $\nabla\phi$ として, (4.35) 式を利用すれば

$$\nabla\times(\phi\nabla\phi)=(\nabla\phi)\times(\nabla\phi)+\phi\nabla\times(\nabla\phi)=\mathbf{0}+\mathbf{0}=\mathbf{0}$$

である.

(5) (4.34) 式の $\boldsymbol{A}$ を $\nabla\phi$, $\boldsymbol{B}$ を $\nabla\psi$ として

$$\nabla\cdot\{(\nabla\phi)\times(\nabla\psi)\}=\{\nabla\times(\nabla\phi)\}\cdot(\nabla\psi)-(\nabla\phi)\cdot\{\nabla\times(\nabla\psi)\}=0.$$

ただし, (4.35) 式を利用した.

4 (1)

$$\nabla\times\boldsymbol{A}=\left\{\frac{\partial}{\partial y}\left(x^2y+by^2z\right)-\frac{\partial}{\partial z}\left(x^2z+ayz^2\right)\right\}\boldsymbol{i}$$
$$+\left\{\frac{\partial}{\partial z}\left(axyz\right)-\frac{\partial}{\partial x}\left(x^2y+by^2z\right)\right\}\boldsymbol{j}$$
$$+\left\{\frac{\partial}{\partial x}\left(x^2z+ayz^2\right)-\frac{\partial}{\partial y}\left(axyz\right)\right\}\boldsymbol{k}$$
$$=(2byz-2ayz)\,\boldsymbol{i}+(axy-2xy)\,\boldsymbol{j}+(2xz-axz)\,\boldsymbol{k}$$
$$=\mathbf{0}$$

より, 成分を比較して解くと, $a=b=2$ である.

(2) (4.41) 式から, $x_{\mathrm{P}}=y_{\mathrm{P}}=z_{\mathrm{P}}=0$ とすると

$$\phi(x,\,y,\,z)=-\left(\int_0^x 2\xi yz\,d\xi+\int_0^y 2\eta z^2\,d\eta+\int_0^z 0\,d\zeta\right)$$
$$=-\Big[\xi^2yz\Big]_0^x-\Big[\eta^2z^2\Big]_0^y=-x^2yz-y^2z^2$$

が得られる. スカラーポテンシャルは定数 k の分の任意性があるので,

$$\phi(x,\,y,\,z)=-x^2yz-y^2z^2+k.$$

5 (1)

$$\nabla\cdot\boldsymbol{A}=\frac{\partial}{\partial x}\left(e^{ax}\right)+\frac{\partial}{\partial y}\left(-2ye^{ax}\right)+\frac{\partial}{\partial z}\left(ze^{ax}\right)=e^{ax}\left(a-2+1\right)=e^{ax}\left(a-1\right)=0$$

より，$a=1$ である．

(2) (4.47) 式で $x_{\mathrm{P}}=y_{\mathrm{P}}=z_{\mathrm{P}}=0$ とすると

$$B_x(x,\,y,\,z)=\int_0^z\left(-2ye^x\right)\,d\zeta-\int_0^y 0\,d\eta=\Big[-2ye^x\zeta\Big]_0^z=-2yze^x,$$

$$B_y(x,\,y,\,z)=-\int_0^z e^x\,d\zeta=-\Big[e^x\zeta\Big]_0^z=-ze^x$$

が得られる．ベクトルポテンシャルは任意のスカラー場 Φ の勾配の分だけ任意性があるので，

$$\boldsymbol{B}(x,\,y,\,z)=\left(-2yze^x,\,-ze^x,\,0\right)+\nabla\Phi.$$

第5章

チェック問題 5.1 (5.9) 式で $\phi=r^n$ の場合を考えると，第4章の演習問題 **2** (1) を利用すれば

$$\int_S r^n\boldsymbol{n}\,dS=\int_V\nabla r^n\,dV=n\int_V r^{n-2}\boldsymbol{r}\,dV.$$

チェック問題 5.2 (1) 上底面（S_1），下底面（S_2），側面（S_3）それぞれについて面積分を求める．

$$S_1=\left\{(x,\,y,\,z)\;\middle|\;x^2+y^2\le 1,z=1\right\},$$
$$S_2=\left\{(x,\,y,\,z)\;\middle|\;x^2+y^2\le 1,z=0\right\},$$
$$S_3=\left\{(x,\,y,\,z)\;\middle|\;x^2+y^2=1,0\le z\le 1\right\}.$$

(i) S_1 について：$\boldsymbol{A}=(x,\,y,\,-1)$, $\boldsymbol{n}=\boldsymbol{k}$ より $\boldsymbol{A}\cdot\boldsymbol{n}=-1$ であるので，

$$\int_{S_1}\boldsymbol{A}\cdot\boldsymbol{n}\,dS=\int_{S_1}(-1)\;dS=-\pi.$$

ただし，S_1 の面積が π であることを使った．

(ii) S_2 について：$\boldsymbol{A}=(x,\,y,\,0)$, $\boldsymbol{n}=-\boldsymbol{k}$ より $\boldsymbol{A}\cdot\boldsymbol{n}=0$ であるので，

$$\int_{S_2}\boldsymbol{A}\cdot\boldsymbol{n}\,dS=\int_{S_2}0\,dS=0.$$

(iii) S_3 について：$\boldsymbol{A}=\left(x,\,y,\,-z^2\right)$, $\boldsymbol{n}=x\boldsymbol{i}+y\boldsymbol{j}$ より $\boldsymbol{A}\cdot\boldsymbol{n}=x^2+y^2=1$ であるので，

$$\int_{S_3}\boldsymbol{A}\cdot\boldsymbol{n}\,dS=\int_{S_3}1\,dS=2\pi.$$

ただし，S_3 の面積が 2π であることを使った．

以上から $\displaystyle\int_S\boldsymbol{A}\cdot\boldsymbol{n}\,dS=-\pi+0+2\pi=\pi.$

(2) ガウスの発散定理により $\nabla\cdot\boldsymbol{A}=1+1-2z=2-2z$ である．円柱の xy 平面に平行な平面で切った断面を S_z：$x^2+y^2\le 1$（面積は π）とすると，

$$\int_S\boldsymbol{A}\cdot\boldsymbol{n}\,dS=\int_V(2-2z)\;dV=\int_0^1(2-2z)\left\{\int_{S_z}\,dxdy\right\}\,dz$$
$$=\pi\int_0^1(2-2z)\;dz=\pi\int_0^1\Big[2z-z^2\Big]_0^1\,dz=\pi.$$

チェック問題 5.3　(1)

(i)　$\displaystyle\oint_C (x-y)\ dx$ について：C 上で $x-y=\cos t-\sin t,\ dx=\frac{dx}{dt}\,dt=-\sin t\,dt$ より

$$\oint_C (x-y)\ dx=\int_0^{2\pi}(\cos t-\sin t)\,(-\sin t)\ dt=\left[\frac{\cos^2 t}{2}+\frac{t}{2}-\frac{\sin 2t}{4}\right]_0^{2\pi}=\pi.$$

(ii)　$\displaystyle\oint_C (x+y)\ dy$ について：C 上で $x+y=\cos t+\sin t,\ dy=\frac{dy}{dt}\,dt=\cos t\,dt$ より

$$\oint_C (x+y)\ dy=\int_0^{2\pi}(\cos t+\sin t)\cos t\,dt=\left[\frac{\sin 2t}{4}+\frac{t}{2}-\frac{\cos^2 t}{2}\right]_0^{2\pi}=\pi.$$

以上から $\displaystyle\oint_C \{(x-y)\ dx+(x+y)\ dy\}=\pi+\pi=2\pi.$

(2)　平面のグリーンの定理より，C で囲まれた領域を D とすると

$$\begin{aligned}\oint_C \{(x-y)\ dx+(x+y)\ dy\}&=\iint_D\left(\frac{\partial\,(x+y)}{\partial x}-\frac{\partial\,(x-y)}{\partial y}\right)dxdy\\&=\iint_D(1+1)\ dxdy=\iint_D 2\,dxdy=2\pi.\end{aligned}$$

ただし D の面積が π であることを使った．

チェック問題 5.4　(1)　平面のグリーンの定理より，

$$\begin{aligned}\oint_C (x\,dy-y\,dx)&=\iint_D\left(\frac{\partial x}{\partial x}-\frac{\partial\,(-y)}{\partial y}\right)dxdy\\&=\iint_D(1+1)\ dxdy=\iint_D 2\,dxdy=2S\end{aligned}$$

であるので，$\displaystyle S=\frac{1}{2}\oint_C (x\,dy-y\,dx)$ である．

(2)　楕円 C のパラメータ表示を $\boldsymbol{r}(t)=(a\cos t,\,b\sin t)$（$0\le t\le 2\pi$）とすると，

$$dx=\frac{dx}{dt}\,dt=-a\sin t\,dt,\quad dy=\frac{dy}{dt}\,dt=b\cos t\,dt$$

より

$$\begin{aligned}\oint_C (x\,dy-y\,dx)&=\int_0^{2\pi}\{(a\cos t)\,(b\cos t)-(b\sin t)\,(-a\sin t)\}\ dt\\&=\int_0^{2\pi}\left(ab\cos^2 t+ab\sin^2 t\right)dt=ab\int_0^{2\pi}dt=2ab\pi\end{aligned}$$

であるので，面積は $ab\pi$ である．

チェック問題 5.5　(1)　閉曲線 C において，

$$\begin{aligned}&\boldsymbol{A}=(9\cos t+3\sin t,\,-6\cos t+3\sin t,\,3\cos t+3\sin t)\,,\\&\frac{d\boldsymbol{r}}{dt}=(-3\sin t,\,3\cos t,\,0)\end{aligned}$$

であるので，

$$\begin{aligned}\oint_C \boldsymbol{A}\cdot d\boldsymbol{r}&=\int_0^{2\pi}\{-3\,(9\cos t+3\sin t)\sin t+3\,(-6\cos t+3\sin t)\cos t\}\ dt\\&=-\frac{9}{2}\int_0^{2\pi}(3+\cos 2t+2\sin 2t)\ dt\end{aligned}$$

$$= -\frac{9}{2}\left[3t + \frac{\sin 2t - 2\cos 2t}{2}\right]_0^{2\pi} = -27\pi.$$

(2)

$$\nabla \times \boldsymbol{A} = (1-(-1),\ 1-1,\ -2-1) = (2,\ 0,\ -3)$$

であるので，$\boldsymbol{n} = \frac{1}{3}(x,\ y,\ z)$ とすると，ストークスの定理を利用して

$$\oint_C \boldsymbol{A}\cdot d\boldsymbol{r} = \frac{1}{3}\int_S (2x-3z)\ dS$$

である．例題 3.12 (2) を利用して，S のパラメータ表示を $\boldsymbol{r} = (3\sin\theta\cos\varphi,\ 3\sin\theta\sin\varphi,\ 3\cos\theta)$ $\left(0 \le \theta \le \frac{\pi}{2},\ 0 \le \varphi \le 2\pi\right)$ とすると，$dS = 9\sin\theta\, d\theta d\varphi$ であるので，$D = \left\{(\theta,\ \varphi)\ \middle|\ 0 \le \theta \le \frac{\pi}{2},\ 0 \le \varphi \le 2\pi\right\}$ について

$$\begin{aligned}
&\frac{1}{3}\int_S (2x-3z)\ dS = 3\iint_D (6\sin\theta\cos\varphi - 9\cos\theta)\sin\theta\, d\theta d\varphi \\
&= 18\left(\int_0^{\frac{\pi}{2}} \sin^2\theta\, d\theta\right)\left(\int_0^{2\pi}\cos\varphi\, d\varphi\right) - 27\left(\int_0^{\frac{\pi}{2}}\sin\theta\cos\theta\, d\theta\right)\left(\int_0^{2\pi} d\varphi\right) \\
&= 18\left(\left[\frac{\theta}{2} - \frac{\sin 2\theta}{4}\right]_0^{\frac{\pi}{2}}\right)\left(\left[\sin\varphi\right]_0^{2\pi}\right) - 27\left(\left[-\frac{\cos^2\theta}{2}\right]_0^{\frac{\pi}{2}}\right)\left(\left[\varphi\right]_0^{2\pi}\right) \\
&= 0 - 27\pi = -27\pi.
\end{aligned}$$

◆演習問題

1　(1)　(i)　$\nabla \times \boldsymbol{A}$ について

x 成分：$\dfrac{\partial}{\partial y}(xy\cos xyz) - \dfrac{\partial}{\partial z}(zx\cos xyz)$

$$= (x\cos xyz - x^2yz\sin xyz) - (x\cos xyz - x^2yz\sin xyz) = 0$$

y 成分：$\dfrac{\partial}{\partial z}(yz\cos xyz) - \dfrac{\partial}{\partial x}(xy\cos xyz)$

$$= (y\cos xyz - xy^2z\sin xyz) - (y\cos xyz - xy^2z\sin xyz) = 0$$

z 成分：$\dfrac{\partial}{\partial x}(zx\cos xyz) - \dfrac{\partial}{\partial y}(yz\cos xyz)$

$$= (z\cos xyz - xyz^2\sin xyz) - (z\cos xyz - xyz^2\sin xyz) = 0$$

より $\nabla \times \boldsymbol{A} = \boldsymbol{0}$.

(ii)　$\nabla \times \boldsymbol{B}$ について

x 成分：

$$\frac{\partial}{\partial y}\left(e^{x^2+y^2+z^2}z\right) - \frac{\partial}{\partial z}\left(e^{x^2+y^2+z^2}y\right) = 2yze^{x^2+y^2+z^2} - 2yze^{x^2+y^2+z^2} = 0$$

y 成分：

$$\frac{\partial}{\partial z}\left(e^{x^2+y^2+z^2}x\right) - \frac{\partial}{\partial x}\left(e^{x^2+y^2+z^2}z\right) = 2zxe^{x^2+y^2+z^2} - 2zxe^{x^2+y^2+z^2} = 0$$

z 成分：

$$\frac{\partial}{\partial x}\left(e^{x^2+y^2+z^2}y\right) - \frac{\partial}{\partial y}\left(e^{x^2+y^2+z^2}x\right) = 2xye^{x^2+y^2+z^2} - 2xye^{x^2+y^2+z^2} = 0$$

より $\nabla \times \boldsymbol{B} = \boldsymbol{0}$.

(2)　(4.34) 式を利用すると (1) より

$$\nabla \cdot (\boldsymbol{A} \times \boldsymbol{B}) = (\nabla \times \boldsymbol{A}) \cdot \boldsymbol{B} - \boldsymbol{A} \cdot (\nabla \times \boldsymbol{B}) = 0$$

であるので，S で囲まれた領域を V としてガウスの発散定理を用いると

$$\int_S (\boldsymbol{A} \times \boldsymbol{B}) \cdot \boldsymbol{n} \, dS = \int_V \nabla \cdot (\boldsymbol{A} \times \boldsymbol{B}) \, dV = 0.$$

2　S で囲まれた領域を V としてガウスの発散定理を用いると

$$\int_S (\nabla \times \boldsymbol{A}) \cdot \boldsymbol{n} \, dS = \int_V \{\nabla \cdot (\nabla \times \boldsymbol{A})\} \, dV = 0$$

である．ここで $\nabla \cdot (\nabla \times \boldsymbol{A}) = 0$ を用いた．

3　点 P を中心として十分大きな半径 ρ の球面を S，S で囲まれた領域を V とすると，(5.18) 式から

$$4\pi\phi(\mathrm{P}) = -\int_V \frac{1}{r} \nabla^2 \phi \, dV + \int_S \left\{ \frac{1}{r} \frac{\partial \phi}{\partial n} - \phi \frac{\partial}{\partial n} \left(\frac{1}{r} \right) \right\} dS$$

である．右辺第 2 項の面積分について

$$\left| \int_S \left\{ \frac{1}{r} \frac{\partial \phi}{\partial n} - \phi \frac{\partial}{\partial n} \left(\frac{1}{r} \right) \right\} dS \right| \leq \left| \int_S \left(\frac{1}{r} \frac{\partial \phi}{\partial n} \right) dS \right| + \left| \int_S \left\{ \phi \frac{\partial}{\partial n} \left(\frac{1}{r} \right) \right\} dS \right|$$

である．右辺のそれぞれの積分の絶対値について分けて考える．

(i)　$\left| \int_S \left(\frac{1}{r} \frac{\partial \phi}{\partial n} \right) dS \right|$ について

$$\left| \int_S \left(\frac{1}{r} \frac{\partial \phi}{\partial n} \right) dS \right| = \frac{1}{\rho} \left| \int_S (\nabla \phi \cdot \boldsymbol{n}) \, dS \right| \leq \frac{1}{\rho} \int_S |\nabla \phi \cdot \boldsymbol{n}| \, dS = \frac{1}{\rho} \int_S |\nabla \phi| \, dS$$

である．ここで，ベクトル場 $\nabla \phi$ が $\frac{1}{r^2}$ と同じ程度で零になるので，ある正の定数 N が存在して

$$|\nabla \phi| < \frac{N}{r^2}$$

を満たす．球面 S 上では $r = \rho$ であるので

$$\frac{1}{\rho} \int_S |\nabla \phi| \, dS \leq \frac{1}{\rho} \int_S \frac{N}{\rho^2} \, dS = \frac{N}{\rho^3} \int_S dS = \frac{4\pi N}{\rho}$$

となる．従って，$\int_S \left(\frac{1}{r} \frac{\partial \phi}{\partial n} \right) dS$ は $\rho \to \infty$ の極限で零になる．

(ii)　$\left| \int_S \left\{ \phi \frac{\partial}{\partial n} \left(\frac{1}{r} \right) \right\} dS \right|$ について

$$\left| \int_S \left\{ \phi \frac{\partial}{\partial n} \left(\frac{1}{r} \right) \right\} dS \right| = \left| \int_S \left\{ \phi \frac{\partial}{\partial r} \left(\frac{1}{r} \right) \right\} dS \right| = \left| \int_S \left(-\phi \frac{1}{r^2} \right) dS \right| \leq \frac{1}{\rho^2} \int_S |\phi| \, dS$$

である．ここで，スカラー場 ϕ が $\frac{1}{r}$ と同じ程度で零になるので，ある正の定数 M が存在して

$$|\phi| < \frac{M}{r}$$

を満たす．球面 S 上では $r = \rho$ であるので

$$\frac{1}{\rho^2} \int_S |\phi| \, dS \leq \frac{1}{\rho^2} \int_S \frac{M}{\rho} \, dS = \frac{M}{\rho^3} \int_S dS = \frac{4\pi M}{\rho}.$$

従って，$\displaystyle\int_S \left\{\phi\frac{\partial}{\partial n}\left(\frac{1}{r}\right)\right\} dS$ は $\rho \to \infty$ の極限で零になる．

(i), (ii) から $\rho \to \infty$ の極限で領域 V は全空間 R となるので $\displaystyle\phi(\mathrm{P}) = -\frac{1}{4\pi}\int_R \frac{\nabla^2\phi}{r}\,dV$ となる．

4

$$\boldsymbol{B} = \boldsymbol{A}\times\boldsymbol{k} = (N(x,\,y),\,-M(x,\,y),\,0)$$

より

$$\nabla\cdot\boldsymbol{B} = \frac{\partial N}{\partial x} + \frac{\partial\,(-M)}{\partial y} = \frac{\partial N}{\partial x} - \frac{\partial M}{\partial y}.$$

一方 $\boldsymbol{t}$ を閉曲線 C の単位接線ベクトル，$\boldsymbol{n}$ を閉曲線 C の単位法線ベクトルとすると，$\boldsymbol{n}$, $\boldsymbol{t}$ は xy 平面上の互いに直交する単位ベクトルである．これらは $\boldsymbol{k}$ とも直交するので，周回積分の積分路の向きを考慮すれば $\boldsymbol{t} = \boldsymbol{k}\times\boldsymbol{n}$ である．よって

$$\begin{aligned} M\,dx + N\,dy &= \boldsymbol{A}\cdot d\boldsymbol{r} = \boldsymbol{A}\cdot\boldsymbol{t}\,ds = \boldsymbol{A}\cdot(\boldsymbol{k}\times\boldsymbol{n})\,ds = (\boldsymbol{A}\times\boldsymbol{k})\cdot\boldsymbol{n}\,ds \\ &= \boldsymbol{B}\cdot\boldsymbol{n}\,ds. \end{aligned}$$

以上から平面のグリーンの定理に代入すると

$$\iint_D \left(\frac{\partial N}{\partial x} - \frac{\partial M}{\partial y}\right) dxdy = \iint_D \nabla\cdot\boldsymbol{B}\,dxdy = \oint_C (M\,dx + N\,dy) = \oint_C \boldsymbol{B}\cdot\boldsymbol{n}\,ds.$$

5 (1) 例5.5を参考にすると，ストークスの定理でベクトル場 $\boldsymbol{A} = \nabla\varPhi$ のとき $\nabla\times(\nabla\varPhi) = \boldsymbol{0}$ であるから $\displaystyle\oint_C \nabla\varPhi\cdot d\boldsymbol{r} = \boldsymbol{0}$ である．ここで $\varPhi = \phi\psi$ とすると

$$\nabla\,(\phi\psi) = \psi\nabla\phi + \phi\nabla\psi$$

より $\displaystyle\oint_C \nabla\,(\phi\psi)\cdot d\boldsymbol{r} = \oint_C (\psi\nabla\phi + \phi\nabla\psi)\cdot d\boldsymbol{r} = \boldsymbol{0}$ であるから

$$\oint_C (\phi\nabla\psi)\cdot d\boldsymbol{r} = -\oint_C (\psi\nabla\phi)\cdot d\boldsymbol{r}.$$

(2) ストークスの定理を利用する．ベクトル場 $\boldsymbol{A} = \phi\nabla\psi$ とするとき，$\nabla\times(\phi\nabla\psi)$ と $(\nabla\phi)\times(\nabla\psi)$ を計算する．$\nabla\times(\phi\nabla\psi)$ の x 成分は

$$\begin{aligned} \frac{\partial}{\partial y}\left(\phi\frac{\partial\psi}{\partial z}\right) - \frac{\partial}{\partial z}\left(\phi\frac{\partial\psi}{\partial y}\right) &= \left(\frac{\partial\phi}{\partial y}\frac{\partial\psi}{\partial z} + \phi\frac{\partial^2\psi}{\partial y\partial z}\right) - \left(\frac{\partial\phi}{\partial z}\frac{\partial\psi}{\partial y} + \phi\frac{\partial^2\psi}{\partial z\partial y}\right) \\ &= \frac{\partial\phi}{\partial y}\frac{\partial\psi}{\partial z} - \frac{\partial\phi}{\partial z}\frac{\partial\psi}{\partial y}. \end{aligned}$$

一方 $(\nabla\phi)\times(\nabla\psi)$ の x 成分は $\displaystyle\frac{\partial\phi}{\partial y}\frac{\partial\psi}{\partial z} - \frac{\partial\phi}{\partial z}\frac{\partial\psi}{\partial y}$ となり等しい．y 成分と z 成分についても同様に等しいことが示されるので，

$$\nabla\times(\phi\nabla\psi) = (\nabla\phi)\times(\nabla\psi)$$

である．よってストークスの定理により

$$\oint_C (\phi\nabla\psi)\cdot d\boldsymbol{r} = \int_S \{\nabla\times(\phi\nabla\psi)\}\cdot\boldsymbol{n}\,dS = \int_S \{(\nabla\phi)\times(\nabla\psi)\}\cdot\boldsymbol{n}\,dS.$$

参考文献

本書を執筆するにあたって参考にさせて頂いた本を以下に列挙する．「ベクトル解析」関係の書籍は膨大な数にのぼり，すべての書籍を調べることは不可能である．ここで紹介するのは，過去に筆者が実際の講義の教科書として利用したり，あるいはその際に参考にしたりしたものであり，比較的古いものが多い．従って最近出版されたものは少ないし，これら以外にもよい本は多数ある．それらを挙げていないのは情報として不十分であるが，長い時間が経過してもよい本は残っており，その意味では一つの参考にはなると思う．読者諸氏が求めている教科書は，内容のレベルや興味によって千差万別であるので，それぞれの目的に従って参考にして頂きたい．

[1] A.I.Borisenko and I.E. Tarapov, VECTOR AND TENSOR ANALYSIS WITH APPLICATIONS, Dover Publications, Inc., 1968.

[2] K. マイベルク，P. ファヘンアウア（及川正行訳），工科系の数学 4 多変数の微積分，サイエンス社，1996.

[3] E. クライツィグ（堀素夫訳），線形代数とベクトル解析（原書第 8 版），培風館，2003.

[1]〜[3] は海外で出版されたもので，古典として有名なものから現在でも教科書として多くの講義で使用されているものである．

[4] 安達忠次，ベクトル解析，培風館，1950.

[5] 伊理正夫，韓太舜，ベクトルとテンソル，教育出版，1973.

[6] 青木利夫，川口俊一，ベクトル解析要論，培風館，1978.

[7] 石原繁，ベクトル解析，裳華房，1985.

[8] 竹之内脩，ベクトル解析とその応用，サイエンス社，1987.

[9] 戸田盛和，ベクトル解析，岩波書店，1989.

[10] 渡辺正，ベクトル解析の基礎と応用，サイエンス社，1993.

[11] 平居孝之，福田亮治，使える数学ベクトル解析，共立出版，1993.

[12] 田代嘉宏，ベクトル解析要論，森北出版，1995.

[13] 神谷淳，パワーアップベクトル解析，共立出版，1997.

[14] 寺田文行，木村宣昭，ベクトル解析の基礎，サイエンス社，1998.

[15] 立花俊一，勝野恵子，山口誠一，成田清正，田川正賢，Advanced ベクトル解析，共立出版，2000.

[16] 水本久夫，ベクトル解析の基礎，培風館，2001.
[17] 阿部龍蔵，ベクトル解析入門，サイエンス社，2002.
[18] 小林亮，高橋大輔，ベクトル解析入門，東京大学出版会，2003.
[19] 河村哲也，ナビゲーション ベクトル解析，サイエンス社，2008.
[20] 宮本智之，植之原裕行，スタンダード工学系のベクトル解析，講談社，2014.
[21] 筧三郎，米田元，理工基礎 ベクトル解析，サイエンス社，2018.

これらは初学者から中級者向けの教科書・参考書としてすぐれたものである．[4] は出版されて時間が経っているが，基礎的な説明がとても詳しく，古さを感じさせない良書である．本書ではテンソル解析の内容は入れていないが，擬ベクトルの内容も含め [5] は広範囲にわたり大変詳しく書かれている良書である．[9] は物理学との関連について詳しく書かれており，数学を道具として使う理工系の学生にとってよい教科書である．

[22] 矢野健太郎，石原繁，大学演習 ベクトル解析，裳華房，1964.
[23] 安達忠次，ベクトルとテンソル演習，培風館，1966.
[24] M.R. スピーゲル（高森寛監訳），マグロウヒル大学演習シリーズ ベクトル解析，マグロウヒル出版，1983.
[25] 杉浦光夫，清水英男，金子晃，岡本和夫，基礎数学 7 解析演習，東京大学出版会，1989.

演習書をいくつか挙げておく．[22], [23] はテンソル解析も含むよい演習書である．特に [22] は物理的な内容も含んでおり，応用面においても良書である．またベクトル解析は，微分積分学の一部の領域として構成されているものもあり，[25] はその中でも優れた 1 冊である．

索　引

あ　行

か　行

さ　行

た 行

な 行

は 行

著者略歴

畑《はた》上《うえ》　到《いたる》

1984 年　京都大学大学院工学研究科修士課程修了
1984 年　旭化成工業株式会社，計算流体力学研究所を経て
1987 年　東京大学工学部助手
1990 年　京都大学大学院工学研究科助手
1992 年　熊本大学工学部講師，助教授を経て
2003 年　金沢大学工学部教授
2018 年　東京都市大学共通教育部教授
現　在　東京都市大学共通教育部客員教授　工学博士

主要著書

数値流体力学（分担執筆，東京大学出版会，1991）
応用数学ハンドブック（分担執筆，丸善，2005）
工学基礎 フーリエ解析とその応用［新訂版］
（数理工学社，2014）
ステップ＆チェック 微分方程式（数理工学社，2021）
ステップ＆チェック 複素解析（数理工学社，2022）

新・数理/工学ライブラリ［理工基礎数学］＝4

ステップ＆チェック ベクトル解析

2023 年 1 月 25 日©　　初 版 発 行

著 者 畑上　到　　発行者 矢 沢 和 俊
　　　　　　　　　印刷者 大 道 成 則

【発行】　株式会社　数 理 工 学 社

〒151-0051　東京都渋谷区千駄ヶ谷 1 丁目 3 番 25 号
編集 ☎ (03)5474–8661（代）　サイエンスビル

【発売】　株式会社　サ イ エ ン ス 社

〒151-0051　東京都渋谷区千駄ヶ谷 1 丁目 3 番 25 号
営業 ☎ (03)5474–8500（代）振替 00170–7–2387
FAX ☎ (03)5474–8900

印刷・製本　(株)太洋社

《検印省略》

ISBN978–4–86481–095–1

PRINTED IN JAPAN

サイエンス社・数理工学社のホームページのご案内
https://www.saiensu.co.jp
ご意見・ご要望は
suuri@saiensu.co.jp　まで．